이렇게
맛있고
멋진
채식이라면

IMPRESSIVE :
VOL.
3

사계절이 내 안으로

생강 지음

헤다

계절이 완성한 그대로

미소가 지어지는

순하고 편안한 채소 위주의 식생활

지속 가능한 우리 사계절을 위하여

[PROLOUGE]

계절의 이상 변화,
여러분도
느끼고 계시나요?

어쩌면 이 책과 만나는 독자 여러분과 저는 사계절을 당연하게 생각하고 자란 세대가 아닐까 싶습니다. 봄도 여름도 가을도 겨울도 있는 것이 너무나 당연해 만약 '두 계절이 사라진다면?' 이런 생각은 한 번도 해본 적 없을 수도 있습니다. 저는 사계절을 식탁에 담은 이 책을 준비하면서 세상에 어느 하나 당연한 것이 없음을 깨달았습니다. 영원할 것 같은 이 계절도 우리가, 우리 후대가 잘 지켜나가야만 지속 가능하다는 것을 알게 되었어요.
2021년 봄은 체감상 모든 작물이 전년보다 2주 정도 빨랐습니다.
저는 '매화가 피는', '진달래꽃이 피는' 이런 기준으로 봄나물이 나오는 순서를 기억하는데요. 점점 빨라지는 꽃들의 개화 시기를 보면서 처음엔 반갑다가 이내 안타까운 마음이 들었습니다. 춥고 더운 날이 길어지는 만큼 봄과 가을이 줄어드는 것을 실감했으니까요. 이러다간 언젠가 여름과 겨울이 자석처럼 만나 두 계절 속에 살게 되지 않을까 하는 생각이 들기도 했습니다. 아직 체감하지 못한 분은 별걱정을 다 하며 산다고 할 수도 있겠지만, 부디 저의 이런 염려가 사소한 걱정이 되기를 바랄 뿐입니다.
매일 밥상과 연관한 일을 하는 저에겐 계절의 변화가 아주 예민하게 다가옵니다. 이미 남쪽 지방에선 동남아시아 여러 작물이 유입돼 국내산 아열대 작물을 재배하고 있습니다. 봄의 정점 5월에 새콤달콤한 맛으로 소식을 알리던 노지 딸기는 이제 훌쩍 더워진 날씨를 견디지 못하고 사라졌고, 비닐하우스에서 나온 겨울 딸기가 오히려 제철인 것처럼 돼버렸습니다. 그뿐인가요. 어쩌면 곧 우리 작물이라 여기며 맛있게 먹고 있는 감, 배, 사과가 값비싼 수입 과일처럼 귀해질지도 모릅니다. 단팥소 빠진 찐빵처럼 한국의 식문화에서 빼놓을 수 없는 참깨도 조만간 재배 농가가 사라져 '넉넉히 두른 참기름'이라는 말이 사라지거나 전체를 수입산에 의존해야 할지도 모르지요.
'30년 후 한반도의 계절은 어떻게 될까'라는 사설을 읽은 적 있습니다. 지금 추세라면 지구 온난화로 해수면이 높아져 긴 여름 끝 강력한 태풍이 몇 번 지나간 후 곧바로 겨울로 진입한다는 관측이었습니다. 봄과 가을이 사라진다니요. 정말 슬픈 일이 아닐 수 없습니다. 때문에 '친환경'이 중요한 이슈로 떠오르고, 지구 온난화를 막기 위한 다양한 사회적 대안들도 나오고 있습니다.

일상의 식탁에
사계절이
영원하기를 바라는 마음으로

부디 미래 우리 아이들이 봄과 가을이 없는 세상에서 살지 않기를 바랍니다. 채식 요리를 연구하는 저는 제가 할 수 있는 방식으로 소중한 우리 사계절을 지키고 싶습니다. 앞서 나온 두 책에서 육식의 부정적인 부분보다 채식의 긍정적이고 아름다운 부분을 더 많이 알리고 싶어 했듯, 이번 책에서는 우리에게 주어진 자연환경에 좀 더 가까이 다가가려고 애썼습니다. 당연하게 맞이하는 일상 곳곳에 배여 있는 계절의 아름다움을, 너무나 익숙한 나머지 특별하거나 새롭게 느끼지 못한 계절의 맛을 독자 여러분과 음식으로 함께 공유하고 싶습니다. 책을 따라 시기마다 다른 재료의 맛 차이를 경험하는 과정에서 여러분도 제가 책 작업을 하면서 느낀 식탁 위 계절의 변화에 더 민감하게 반응할 수 있으면 좋겠습니다.
외국에 거주하면서 우리의 '제철 과일, 제철 채소'가 생각날 때마다 한국이 참 그리웠습니다. 특히 가을 홍시, 향긋한 송이버섯, 달콤한 가을 무, 아삭한 겨울 배추가 많이 생각나더군요. 제가 머문 곳들은 모두 더운 나라로 그곳 친구들은 한결같이 눈 내리는 겨울에 대한 로망이 있었고 '제철 채소'라는 말에 생소함을 갖고 있었습니다. 그런 문화적 차이를 느낄 때마다 사계절이 또렷한 이 나라에서 태어난 게 고마웠습니다. 그저 당연한 줄로만 알고 살았는데, 철마다 기후에 맞게 익어가는 여러 채소가 있고, 같은 채소라도 절기마다 맛이 다르기에 우리는 여느 민족보다 섬세한 미각과 다채로운 음식 문화를 갖게 된 것 아닐까요. 이 책을 통해 그 축복 같은 사계의 맛을 놓치지 않기를 바랍니다. 우리가 마주하는 식탁이 채식 위주의 제철 음식으로 가득 채워지기를 소망합니다.

생 강

계절의 맛과 멋

"무엇을 먹는지가 바로 당신을 만듭니다"

[CONTENTS]

지속 가능한 우리 사계절을 위하여
[PROLOUGE]

채소 요리의 기본기
[BASIC]

봄

[SPRING]

[SPRING CADENZA]

[CONTENTS]

여름

[SUMMER]

가을

[AUTUMN]

[CONTENTS]

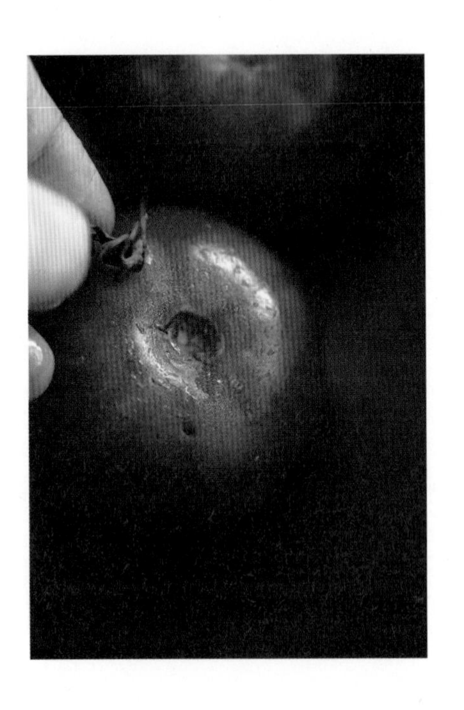

채소 요리의 기본기

[BASIC]

이 책에 소개한 요리는 크게 유제품과 달걀까지는 먹는

베지테리언 요리, 유제품과 달걀도 먹지 않는
[VEGETARIAN]

완전 채식주의자인 비건 요리로 구분했습니다.
[VEGAN]

소개한 베지테리언 요리 중 비건 요리로 적용 가능한 것은

그 방법을 명시해 놓았습니다.

1큰술은 15ml
1작은술은 5ml
1컵은 240ml 계량컵을 기준으로 했습니다.

*

재료 중 표시는 생략 가능한 것입니다.

채수 만들기

BASIC

[A]

재료(2L)

정수 1.8L
말린 다시마 10g
말린 표고버섯 5개
* 무말랭이 20g

채식 요리를 하는 저는 좋은 채수를 만들기 위해 들어가는 재료에 신경을 많이 씁니다. 채수는 다시마와 버섯이 기본 재료입니다. 다시마는 반드시 두꺼운 국물용으로 주로 직거래를 하거나 기장이나 남해에 가서 구입합니다. 무말랭이는 가을 무를 건조해서 사용하지만, 다 소진했을 때는 국산 무말랭이로 사용합니다. 그중 제일 중요하게 생각하는 건 표고버섯을 말리는 일입니다.
말린 표고버섯은 잘못 구입하면 갓이 너무 많이 피거나 갓 두께가 얇아 국물 맛이 덜합니다. 중품 이상의 두툼한 버섯을 골라 직접 볕에 말리는 것이 제일 좋습니다. 볕 잘 드는 곳에 내놓으면 3~4일이면 잘 마른답니다. 표고버섯은 한꺼번에 많이 말리지 않고 한두 달씩 쓸 만큼만 말려 밀폐용기에 보관해 두었다가 사용합니다만, 여름 장마가 오기 전에는 특별히 양을 늘려서 미리 말려 둡니다. 번거로울 것 같지만 국물 맛의 차이를 알면 이렇게 하지 않을 수 없기에 맛있는 채식 요리를 위해 국물의 재료에 정성을 쏟을 것을 권합니다. 이따금 국물 재료에 비용이 많이 드는 것 같아도 고기나 인스턴트 음식, 배달 음식을 사 먹는 값에 비하면 훨씬 저렴하고 무엇보다 건강합니다. 그리고 지금 소개하는 채수 만드는 방법은 자기 전 물에 재료를 넣고 냉장고에 넣어 두면 다음 날 완성되는 방법이니 어렵지도 않아요.
〈이렇게 맛있고 멋진 채식이라면 1, 2〉에서 소개했던 끓이는 방식의 채수는 많은 국물을 필요로 하는 요리에 사용하고, 이 책에서 소개한 채수는 완성하면 2리터 정도로 국물이 많이 들어가지 않는 요리에 다양하게 활용할 수 있습니다.

용기에 준비한 재료를 모두 넣고 냉장고에 넣어둡니다. 최소 5~6 시간 후 사용합니다.

•
이틀 정도 지나면 다시마에서 진액이 나오니 그때 건더기를 빼고 채수만 보관하세요.

•
건더기가 없는 상태로 냉장고에서 일주일 보관 가능합니다.

•
장기 보관을 원한다면 소분해서 냉동실에 보관하세요.

•
첫 채수가 가장 진하고 맛있어요. 남은 건더기에 다시 물을 부어 두 번째 채수를 뽑기도 하는데, 첫물에 맛있는 감칠맛이 다 빠진 상태라 첫 번째 채수에 비해 맛이 상당히 떨어집니다. 두 번째로 우린 채수는 소스나 조림처럼 비교적 깊은 감칠맛이 중요치 않은 요리에 가볍게 사용합니다.

•
무말랭이를 생략하고 다시마와 버섯으로만 채수를 만들어도 됩니다. 하지만 한식 국물 요리에는 무말랭이가 들어가야 확실히 맛있어요. 직접 만들어 보고 두 가지를 비교해 보세요. 표고버섯의 경우 직접 말리기 어려운 경우라면 말려진 표고버섯을 구입해서 사용합니다. 말린 표고버섯은 슬라이스한 것보다 통버섯으로 구입하는 게 좋고 햇볕에 잘 말린 버섯일수록 감칠맛이 좋습니다. 하품인 경우 개수를 한두 개 더해 첫 채수를 진하게 뽑는 것을 추천합니다.

솥밥 짓기

BASIC

[B]

재료(2~3인분)

백미 2컵
물 2컵

저는 솥밥애호자예요. 사실 현미밥만 해 먹다가 도정한 쌀을 먹기 시작한 것도 무쇠를 구입하면서 이 전통 밥솥의 밥맛에 빠져들면서부터였어요. 솥밥 맛에 눈을 떠 압력 돌솥, 일본식 가마도상, 알루미늄 밥솥 등 여러 솥에 밥을 지어 봤는데, 편하게 자주 쓰게 되는 게 따로 있더라고요.
솥밥의 장점은 무엇보다 밥에 여러 변화를 줄 수 있다는 거죠. 계절 꽃이나 옥수수, 말린 나물 등을 얹어 다채로운 맛을 만들 수 있고, 가지나 고추 등 반찬용 채소를 찔 수 있는 것도 솥밥의 장점이에요. 누룽지도 만들 수 있지요. 남들은 유별나다는 생각을 해도 여행을 갈 때 가장 먼저 챙기는 게 1~2인용 밥솥이에요. 1.5인분의 쌀을 안쳐 밥과 누룽지를 만들어 놓고 다음 날 아침까지 맛있게 해결하죠. 무엇보다 밥이 정말 맛있으니, 모두들 어려워하지 말고 주방에 작은 솥부터 하나 들여놓기를 적극 권합니다.

1 쌀은 최소 30분 이상 불립니다.
2 불린 쌀과 물을 솥에 넣고 센 불에서 가열합니다. 밥물이 끓으면서 맛있는 밥 냄새가 납니다. 냄비의 크기와 쌀 양에 따라 밥물이 끓어 넘치기도 하는데, 많이 넘치면 뚜껑을 살짝 열어 쌀을 한 번 섞어 줘도 좋습니다.
3 중간 불로 낮춰 3분 30초 정도 가열합니다. 만약 누룽지를 만들고 싶다면 4~5분 정도 가열합니다. 그런 후 약한 불에서 5~7분 뜸을 들입니다. 이때 밥 익는 정도를 냄새로 알 수 있는데, 만약 눌어가는 듯한 냄새가 나면 바로 불을 꺼야 하니 밥솥 사용이 처음이라면 불 옆에서 관찰하는 게 좋습니다.

•
보통 가마솥이나 뚝배기는 압력솥처럼 완성을 알리는 추가 없어 각자 자신의 솥에 익숙해지는 시간이 필요해요.
•
너무 자주 뚜껑을 열면 내부 김이 모두 새어나가 밥이 설익으니 주의하세요.

현미밥 짓기

BASIC

[C]

재료(2~3인분)

현미 맵쌀 1½컵
현미 찹쌀 1/2컵
물 2컵

제 주방에 오신 분들은 현미밥이 유독 맛있다고 하세요. 제가 생각하기에 특별한 비법은 없는 것 같은데 밥을 어떻게 짓는 거냐는 질문을 받을 때마다 저의 일상적인 방법을 알려 드리는 편이에요. 하나는 현미 맵쌀에 일정 비율로 현미 찹쌀을 섞는 것이고, 또 하나는 씻은 쌀을 충분히 불리는 것, 마지막으로 압력솥을 이용한다는 것이에요. 가끔 가마솥을 이용해 현미밥을 짓기도 하지만 주로 압력솥을 이용해 현미 속 찰기를 고압으로 끄집어냅니다. 밥 짓는 압력솥은 식구 수보다 1~2인분 여유 있는 게 좋아요.

1 쌀을 씻어서 최소 5시간 이상 불립니다.
2 압력솥에 불린 쌀과 분량의 물을 넣고 센 불에 올려 추가 움직이고 나서 1분 30초, 중간 불에서 2분 30초, 약한 불에서 3분 30초~4분 뜸을 들입니다.
3 뚜껑을 열고 주걱을 세워 쌀을 세우듯 살살 섞은 후 뚜껑을 닫고 남아있는 잔열에 뜸을 한 번 더 들입니다. 그런 다음 그릇에 담아요.

•
평소 밥 짓는 루틴대로 만들었을 때의 계량과 시간으로, 쌀의 상태나 압력솥의 종류, 불린 정도에 따라 조금씩 차이는 있습니다.

DATE
CONTENTS

쌀가루(습식) 구비하기

BASIC

[D]

저는 한 해 주방 작업을 쌀가루를 마련하면서 시작하고 있습니다. 이로써 매해 주방이 열리는 셈이죠. 방앗간에 가면 쌀가루를 판매하기도 하지만, 직접 쌀을 씻고 하룻밤 (5~6시간 정도) 불려 물기를 뺀 것을 직접 가져가 빻아오고 있어요. 곱게 빻은 쌀가루는 쑥털털이(쑥설기), 골담초털털이 (골담초설기) 등으로 향이 강하고 여린 여러 봄나물과 섞어 쪄냅니다.

보통 쌀가루는 습식과 건식이 있는데, 대형마트나 인터넷에서 파는 대부분이 건식 쌀가루입니다. 건식 쌀가루는 베이킹이나 전을 부칠 때 사용하고, 습식 쌀가루는 떡을 만들 때 사용합니다. 떡이라고 하니 거창한 것 같지만, 간단히 쑥과 버무려 찌는 설기 같은 음식은 누구나 집에서 손쉽게 해먹을 수 있답니다. 씻어서 불린 쌀을 방앗간으로 가져가면 소금으로 기본 밑간을 해서 빻아줍니다. 요즘은 습식 쌀가루도 온라인으로 판매하니 편의에 맞게 준비하세요.

습식 쌀가루는 말 그대로 쌀에 물이 머금은 상태이기에 냉장 보관을 해도 금방 변질합니다. 빻은 즉시 소분해서 냄새가 배지 않도록 밀봉하고, 넓게 편 상태로 냉동실에 넣어 두었다가 필요할 때 자연 해동해서 사용합니다.

습식 쌀가루만큼 찰기는 덜하지만 부득이 건식 쌀가루로 습식 쌀가루 요리를 해야 한다면, 스프레이로 가루에 물을 뿌려서 사용합니다. 쌀가루를 손바닥에 넣고 살짝 힘을 주어 뭉쳤을 때 가루가 부서지지 않고 뭉쳐진 모양이 유지되는 정도의 물 먹임 상태가 적당합니다.

콩가루 구비하기

BASIC

[E]

저는 생콩가루 음식을 많이 먹고 자랐습니다만, 사실 음식에 직접 생콩가루를 사용하는 것은 그리 오래되지 않았어요. 어쩌면 할머니의 음식에서 먹을 수 있는 촌스러운 재료라고 생각한 탓인지 모르겠습니다. 생콩가루를 음식에 넣는다는 것에 "익숙하지 않다", "비릴 것 같다"는 사람도 있는데, 가장 먼저 향이 있는 봄나물과 함께 요리해 보세요. 그 구수함에 눈이 번쩍 뜨일 겁니다. 저는 이 외에도 칼국수 반죽이나 만두피 반죽에 섞어 쓰거나 국을 끓이는 데에도 사용하는데, 맛도 맛이지만 채식주의자들에게는 중요한 단백질 보충원이 되기도 하지요. 생콩가루는 단골 방앗간이나 한살림, 생협 매장에서 구입해 사용하고 있으며 구입 후 냉장 또는 냉동 보관합니다. 콩가루 자체가 한 번에 많은 양을 쓰는 게 아니니, 한 봉지 구입하면 저절로 장기 보관이 되기 쉬워요. 그럴 것 같다면 냉동실에 넣어두고 사용하세요.

통깨와 깨절구 구비하기

BASIC

[F]

저는 깨를 중요하게 생각하나 음식에 깨를 남용하는 건 좋아하지 않습니다. 꼭 필요한 요리에 쓰되, 신선한 상태를 잘 유지하려고 해요. 국산 생깨를 구입해 냉동실에 넣어 두고, 한두 달 쓸 만큼씩 볶아서 냉동 보관하고 사용하고 있습니다. 그리고 볶은 통깨는 미리 빻아두지 않고, 요리 직전에 바로 빻아서 사용합니다. 이것이 맛있는 요리를 완성하는 중요한 포인트입니다. 그래서 잘 볶은 통깨와 함께 깨절구를 구비해 놓기를 권합니다. 별다른 양념 없는 간단한 나물이나 볶음도 깨 하나 맛있으면 젓가락질이 멈추질 않으니까요.

1 볼에 생깨를 담고 흐르는 물에 볼을 돌려가며 채망에 옮기고 다시 씻기를 반복하면 이물질이 물 위로 뜹니다. 이물질이 보이지 않을 때까지 깨끗이 씻어 채망에 건져 물기를 뺍니다. 이때 사용하는 스테인리스 볼은 일반 볼보다 '함박볼'이라고 부르는 올록볼록 펀칭 볼이 좋습니다. 깨나 들깨, 곡식 등을 씻는 전용 도구로 구비해 두면 훨씬 편리합니다.
2 채반에 올려 두어 물기를 뺀 깨는 깨끗한 팬에 기름 없이 볶습니다. 불 옆에서 주걱으로 잘 저어가며 어느 한 쪽이 갈색으로 변하지 않고 골고루 익게끔 많이 저어 볶아주는 것이 포인트입니다.
3 충분히 익은 통깨는 깨 속의 오일이 차올라 모양이 통통하고, 깨가 주걱에 붙지 않으며 주걱 끝에 닿는 차르르한 느낌이 있습니다. 볶은 깨는 식혀서 밀폐용기에 담아 냉동 보관하고 필요할 때마다 빻아서 사용합니다.

•
소량으로 깨를 볶을 때는 작은 깨 전용 팬이 있으면 그때그때 볶아서 사용할 수 있습니다.

봄

[SPRING]

언 땅을 깨고 보이는 냉이를 시작으로 봄이 열립니다. 긴 겨울 끝
추위와 따뜻함이 공존해 계절이 환승하는 시간, 겨울이 지나
'이제 봄이구나' 하며 그해 첫봄의 따뜻한 기운이 느껴질 때를 저는
좋아합니다. 마치 끝나지 않을 것 같던 긴 터널의 끝에서 서서히
밝아지는 빛이 보이는 것처럼 춥고 긴 겨울 덕분에 따뜻한 봄볕이 더
극적으로 느껴지는 것 같습니다.

저는 채소를 다루는 요리사입니다.

그런 제게 봄은 일 년 중 가장 분주하고 바쁜 계절입니다.

텃밭의 채소를 위해 씨앗을 심는 것부터 시작해 쑥이며 향기로운
봄꽃들, 뽕잎순, 다래순, 두릅 같은 나무의 여린 싹들, 그리고 죽순,
고사리 같은 땅의 힘을 받고 자란 순들, 톳, 미역 같은 바다의 나물까지.
일부러 보약을 챙겨 먹으려는 사람들에게 제가 권하는 보약은 바로
이런 '봄나물'입니다.
자연이 알려주는 순서대로 얼굴을 내미는 나물과 꽃들만 잘 챙겨
먹어도 한 계절이 후딱 지나갑니다. 그래서 봄은 늘 반갑고 아쉬운
계절입니다.

냉이뭇국

VEGAN

[1]

재료(2~4인분)

냉이 100~120g
무 100g(1/3개)
채수 5컵+@
국간장 1큰술
생콩가루 1/4컵
소금 1/2작은술+@

저의 봄은 이른 냉이의 구수하고 달큰한 맛으로 시작합니다. 그래서 냉잇국이 각별할 수밖에 없지요. 아주 오랫동안 냉이는 봄나물이라고 알고 있었어요. 그러다 시골에 살면서 겨울 냉이의 존재를 알았고, 봄 냉이보다 겨울 냉이가 더 맛있다는 것도 알게 되었어요. 겨울 냉이는 맛과 영양이 뿌리에 응축돼 있어 달큰하고, 봄 냉이는 잎 향이 진해요. 꽁꽁 언 땅이 녹아 조용히 봄으로 다가갈 즈음이 뿌리 냉이가 가장 맛있을 때인데 그때가 딱 일주일에서 열흘 남짓한 시간이라 엄마와 부지런히 냉이를 캐러 다닌답니다. 가끔은 국물을 자박하게 잡고 무채를 가늘게 썰어 나물로도 요리를 하고 채수의 농도를 평소보다 연하게 해서 냉이와 무의 온전한 맛을 즐기는 방법도 좋아요. 기호에 따라 채수 대신 멸치 육수를 사용해도 괜찮아요. 뜨끈한 국물을 훌훌 불어가며 한 그릇 먹고 나면 비로소 겨울이 끝나고 봄이 시작하는 듯 몸도 깨어나는 느낌이랍니다.

- 무는 굵직하게 썰어야 다음에 끓일 때 국물이 탁해지지 않아요. 남은 국을 냉장 보관했다가 차갑게 먹어도 좋아요.
- 냉이에 물기가 없으면 콩가루가 잘 묻지 않으니 이럴 땐 물을 살짝 뿌린 후 가루를 입히세요.
- 콩가루는 반드시 생콩가루를 사용하세요. 대형마트, 생협 등에서 구할 수 있어요.
- 센 불에서 국물이 팔팔 끓을 때 냉이를 넣으면 가루옷이 벗겨져 국물에 둥둥 떠다닐 수 있어요. 불을 줄이고 냄비 속 국물이 잔잔해지면 넣으세요.

1

냉이는 물에 잠시 담가 뿌리와 줄기 속 흙이
잘 빠져나갈 수 있게 한 뒤, 깨끗이 씻어
채반에서 물기를 제거합니다.

2

무는 깨끗이 씻어 굵게 채 썹니다.

3

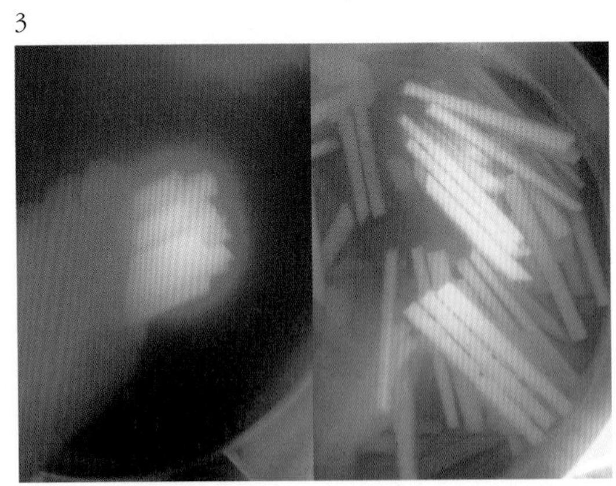

냄비에 분량의 채수와 국간장, 무채를 넣고 뚜껑을 닫아 끓입니다.

4

냉이에 물기가 남은 상태로 믹싱볼이나 비닐봉지에 넣고, 분량의 생콩가루도 넣어 잘 섞습니다.

5

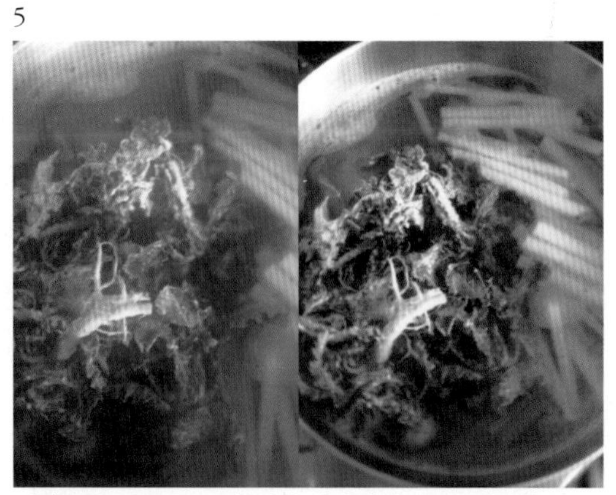

냄비의 물이 끓고 무가 익기 시작하면 불을 줄인 후, 국자로 무를 냄비 한쪽으로 밀고 그 상태에서 반대쪽에 ④의 콩가루 입힌 냉이를 넣어 불을 중간 불로 올리고 한소끔 끓입니다.

6

취향에 따라 국물의 양을 조절해 담습니다. 국물을 적게 해 나물 느낌으로 먹어도 좋습니다.

매화꽃토스트

VEGETARIAN

[2]

재료(식빵 1장 기준)

우리밀 식빵(2cm 두께) 1장
매화꽃 5~10송이
꿀 1큰술
모차렐라 치즈 슬라이스 40g

1

매화꽃은 꽃이 피기 전 봉오리와 활짝 핀 꽃을 준비해 가볍게 씻어 물기를 제거합니다.

2

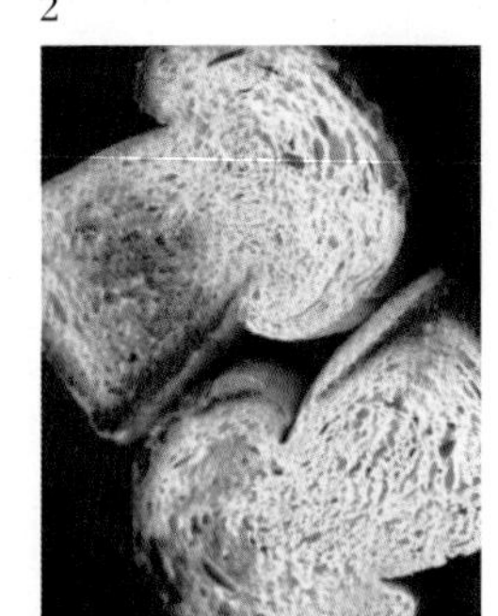

마른 팬에 식빵을 노릇하게 굽습니다.

3

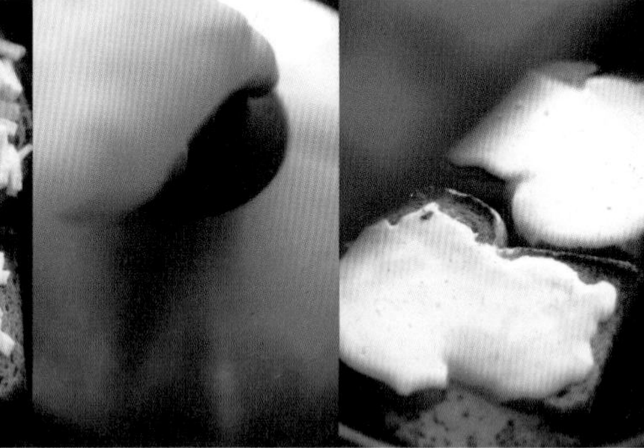

구운 빵 위에 분량의 꿀을 바르고, 치즈와 매화꽃 봉오리를 올린 후 다시 팬에 올려 뚜껑을 닫고 치즈가 녹을 때까지 굽습니다.

4

완성된 토스트 위에 활짝 핀 매화꽃을 올려 예쁘게 장식합니다.

이른 봄, 제가 가장 반기는 게 매화나무에 꽃 핀 소식이에요. 매화꽃이 피면 목련, 진달래, 복숭아, 찔레; 아카시아, 살구도 차례차례 꽃을 피워요. 그래서인지 매화꽃은 봄의 진짜 시작을 알리는 축포 같아요. 오래 전 전남 구례에 있는 월인정원 선생님의 제빵 작업실에 방문한 적 있어요. 선생님이 내놓으신 따끈한 우리밀 빵 위에 뽀얀 치즈와 귀여운 꽃 한 송이가 함께 있었는데, 그 맛이 얼마나 황홀하던지! 저는 그때의 맛과 멋을 잊을 수 없었어요. 꽤 강렬하게 남은 그날의 감동에 힘입어 다음 해부터 그때 맛본 꽃이 무엇인지 더듬어 찾아갔어요. 빵 위에 찔레꽃도 올려보고, 벚꽃도 올려보고, 그렇게 해서 완성한 이 매화꽃토스트는 봄을 알리는 웰컴 디쉬가 되었어요. 꽃은 나중에 귀한 열매가 되기에 욕심 내서 많이 따진 않아요. 향이 강해서 몇 송이만 올려도 충분히 고혹적인 향을 즐길 수 있답니다.

- 식빵이 두툼해야 맛있어요. 얇으면 치즈가 녹는 동안 빵 속의 수분이 다 날라가 과자처럼 돼요. 통식빵을 직접 썰어서 사용하세요.
- 향이 강하지 않은 꿀이 좋아요. 꿀 대신 조청을 사용해도 돼요.
- 꽃봉오리가 활짝 핀 꽃보다 향이 강해요. 그래서 치즈 아래쪽에 꽃봉오리를 넣고, 완성 토스트 위에 활짝 핀 꽃을 올렸어요.
- 꿀을 미리 바르지 않고 완성 후 곁들여도 좋아요.
- 오븐이나 토스터에 만들면 더 좋아요.

- 빵 대신 토르티아를 활용해서 피자 형태로 만들어도 좋아요. 바삭한 도의 맛과 진한 매화 향을 함께 느낄 수 있어요.

시골식 쑥털털이

VEGAN

[3]

재료(1~2인분)

어린 생쑥 80g
습식 쌀가루 150g
유기농 설탕 1½ 큰술
가는소금 1/2작은술

봄나물은 그냥 먹거나 살짝 데쳐도 향이 훌륭하지만, 쌀가루나 밀가루와 같은 뽀얀 옷을 입히면 맛이 더 또렷해요. 이런 방식을 어른들은 어떻게 찾아냈는지, 그들이 완성한 계절의 신선함을 입으로 경험할 때마다 어른들의 지혜에 감탄하게 돼요. 대표적인 게 '쑥버무리'예요.
엄마는 쑥버무리를 '쑥털털이'라고 불러 그렇게 듣고 자란 제게 익숙한 대로 붙인 이름이랍니다. 쑥버무리에 사용하는 쑥은 초봄 어린 쑥이 최고예요. 부드럽고 향이 진하거든요. 그리고 시골식 털털이는 달콤함이 진해 디저트 용으로 좋아요. 평소 설탕을 과용하지 않으려는 분도 이 털털이 만큼 레시피대로 충실히 넣어주세요. 쑥향을 즐기는 음식인 만큼 당분을 적당히 더해야 쓴맛을 감추고 고유의 향을 만끽할 수 있어요. 따뜻할 때 먹으면 맛있고, 한 김 식은 후 먹으면 쑥 향이 진해져 역시 맛있어요.

• 쑥버무리는 초봄의 연한 쑥을 사용합니다. 섬유질이 자라 뻣뻣한 쑥은 질겨서 사용하지 않습니다.

• 씻어 놓은 쑥에 물기가 있어야 쌀가루가 잘 묻어요. 물기가 없다면 물 스프레이로 살짝 적셔 촉촉하게 한 뒤 가루를 묻히세요.

• 버무린 쑥을 올린 후 남은 가루도 찜솥에 얹어 함께 찌세요.

• 찜솥에 반죽을 올릴 때는 바닥의 가운데 부분은 낮게, 혹은 살짝 공간을 비워 둬야 골고루 잘 쪄져요.

1

쑥은 손질 후 흐르는 물에 헹궈 가볍게
물기를 빼놓습니다.

2

찜솥에 물을 넣고 끓이는 사이 버무릴
재료들을 한데 모읍니다.

3

큰 믹싱볼에 손질한 쑥과 나머지 재료를 섞습니다.

4 찜솥에 김이 오르면 젖은 면포를 깔고 ③의 버무린 쑥을 올립니다.

5

김이 오르고 10분 정도 지나면 불을 끄고 그 상태로 5분 정도 뜸을 들입니다. 젓가락으로 찔러 보아 묻어나는 게 없으면 완성입니다.

봄 향 가득 쑥전

VEGAN

[4]

쑥전은 엄마의 학창 시절 얘기를 듣다가 만들게 되었어요. 엄마는 학교에서 집으로 오면 외할머니께서 만들어 놓은 쑥털털이를 그렇게도 많이 집어 먹었다고 해요. 제가 만든 쑥털털이를 드시며 설탕을 적게 넣는 제게 조금 더 달아야 한다고 말씀하시다가, 예전엔 꿀도 찍어 먹었다고 하시더라고요. 문득 봄을 만끽할 수 있는 한국식 고르곤졸라 피자가 생각났어요. 바삭하게 부친 쑥전에 달콤한 꿀을 곁들여 엄마의 추억 속 맛을 찾았습니다.
쑥전은 얇게 부쳐야 맛있고, 한 김 식어 먹으면 향이 더 도드라져요. 밀가루가 훨씬 맛있었지만, 쌀가루를 사용해도 괜찮아요. 단, 마른 쌀가루를 사용해야 해요.

재료(1~2인분)

어린 생쑥 80g
밀가루 70g
물 150mL
소금 1/2작은술
식물성 오일 1큰술+@
꿀(또는 조청) 취향껏

- 통밀가루보다 흰밀가루로 할 때 쑥향이 더 도드라져요.
- 쑥은 초봄의 어린 쑥이 맛있어요.
- 비건식은 꿀 대신 조청으로 대체합니다.
- 식물성 오일은 포도씨유, 카놀라유, 해바라기씨유, 현미유처럼 향이 적은 기름을 사용하세요.
- 반죽 시 분량의 물을 한꺼번에 다 붓지 말고, 반죽 상태를 봐가며 조절하세요. 한꺼번에 넣었다가 너무 묽으면 낭패예요.
- 밀가루 반죽은 오래 섞지 말고 재료가 엉겨 붙을 정도로만 해서 부쳐도 충분해요.

1

쑥은 손질 후 흐르는 물에 헹궈 물기를
완전히 뺍니다.

2

큰 믹싱볼에 분량의 밀가루와 물, 소금을
섞어 반죽물을 만듭니다.
그런 다음 손질한 쑥을 넣고 잘 섞습니다.

3

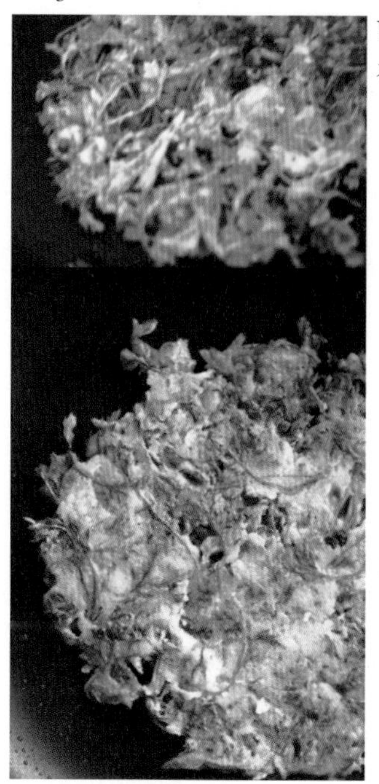

달군 팬에 기름을 두르고 버무린 쑥 반죽을 한 국자 올려 얇게 펴 전을 부칩니다.

4

접시에 담고 꿀을 곁들여 냅니다.

일본식 머위꽃된장

VEGAN

[5]

재료

머위꽃 120g(약 20송이)
미소된장 140g
혼미림 3큰술
유기농 설탕 1/2작은술
식물성 오일 $1\frac{1}{2}$큰술

영화 '리틀 포레스트'를 봤다면 머위꽃 된장을 기억하실 거예요. 저는 그 영화를 보고 한국에서도 머위꽃을 먹는지 궁금해졌어요. 시골 어른들에게 그 얘길 하면 "머구꽃(머위꽃)을 먹는다고? 라고 오히려 반문하시더라고요.
처음에는 생소한 일본 음식이라고 생각해 일본식 요리법에 우리 된장을 섞거나 견과류를 넣어 응용해 보기도 했는데, 여러 번 만들어 본 결과 순수한 일본식 조리법이 제일 좋았어요. 특히 여러 맛술 제품이 나와 있지만, 양념의 맛과 깊이가 달라 꼭 일본산 '혼미림' 을 사용해야 해요.
뜨거운 채수를 붓고 한 숟갈 넣어 간편하게 미소국(된장국)으로 훌훌 마셔도 좋고, 파스타에 넣어 머위꽃 된장 파스타로 응용해도 좋아요. 여러 방법 중 가장 추천하고 싶은 건 주먹밥이에요. 급하게 도시락을 준비해야 할 때 이 머위꽃 된장 한 병 있으면 훌륭한 한 끼 만찬을 만들어 낼 수 있어요. 봄에 만들어 둔 일본식 머위꽃 된장 한 병만 있어도 활용도가 높아진답니다.

•
설탕은 취향대로 더 넣어도 되고 생략해도 괜찮아요. ① 과정에 함께 섞어도 좋아요.

•
냄비 바닥이 타기 쉬우니 ④ 과정에서는 꼭 불을 꼭 줄여야 해요.

•
머위는 손대면 금세 절단면이 갈색으로 변해요. 볶기 전 잘라서 바로 조리하세요.

•
바로 만들었을 때보다 숙성되면 감칠맛이 더 좋아져요. 냉장 보관하세요.

1

머위꽃을 가볍게 씻어 물기를 제거합니다.

2

작은 볼에 분량의 미소 된장과 맛술을 넣고 섞습니다.

3

씻어 놓은 머위꽃을 송송 잘게 썹니다.

4

달군 냄비에 오일 1큰술을 두르고, ③의 머위꽃을 넣어 중간 불에서 달달 볶습니다. 머위 꽃대에 반질반질 기름이 돌고 한풀 숨이 죽을 때까지 바짝 볶습니다.

5

미리 섞어 둔 ②의 된장을 넣고, 불을 약한 불로 낮춰 머위꽃과 된장이 잘 섞이도록 볶습니다.

6

분량의 설탕으로 당도를 조절합니다.

7

유리병에 담아 냉장 보관합니다.

한국식 머위꽃된장

VEGAN

[6]

일본식 머위꽃 된장이 주먹밥, 미소된장국, 파스타 같은 요리에 활용하는 달큰짭쪼롬한 맛이라면, 우리 된장으로 볶은 한국식 머위꽃 된장은 쌈 채소와 기가 막히게 잘 어울려요. 첫해엔 줄곧 일본식으로 만들었지만, 한국 사람이라 그런지 입에는 재래된장으로 만든 머위꽃 된장이 착 달라붙었어요. 얼마나 맛깔나는지 조금 만들어 먹고 아쉬워 머위꽃 아닌 다른 채소로도 만들어 봤지만 여러 재료 중 역시 머위꽃으로 만든 맛을 따라가지 못했어요. 한 병 만들어 산마늘(명이나물) 나오는 4월 말까지 남겨 두었다가, 보드라운 산마늘 잎에 밥 올리고 머위꽃 된장도 얹어 싸 드셔 보세요. 밥도둑이 따로 없어요.

재료

머위꽃 70g(약 15송이)
마늘 2쪽
재래된장 3큰술
올리고당(또는 꿀) 1큰술
채수 100mL
식물성 오일 1큰술

•
머위는 칼로 자르는 순간 또는 꽃대를 꺾은 순간 금세 절단면이 갈색으로 변해요. 특별히 맛에 차이는 없지만, 가급적 볶기 전 잘라 바로 조리하는 것이 좋습니다.

•
오래 보관하는 저장용은 머위꽃을 기름에 볶는 것보다, 데친 다음 잘게 썰어 분량의 양념을 넣고 강된장 끓이듯 자박하게 졸여 쌈장처럼 만들면 좋아요.

•
한 김 식은 후 상에 내야 머위의 맛과 향이 더욱 잘 느껴져요. 냉장 보관하세요.

1

머위꽃은 가볍게 씻어 물기를 제거합니다.

2

마늘은 칼 옆으로 으깨어 곱게 다집니다.

3

머위꽃을 송송 잘게 썹니다.

4

달군 냄비에 오일 1큰술을 두르고 ③의 머위를 넣어 중간 불에서 달달 볶습니다. 머위 꽃대에 반질반질 기름이 돌고 한풀 숨이 죽을 때까지 볶습니다.

5

다진 마늘을 넣고 다시 한번 크게 볶다가 분량의 된장과 올리고당을 넣고 볶습니다.

6

분량의 채수를 넣고 바글바글 끓여 조리듯 가열합니다.

7

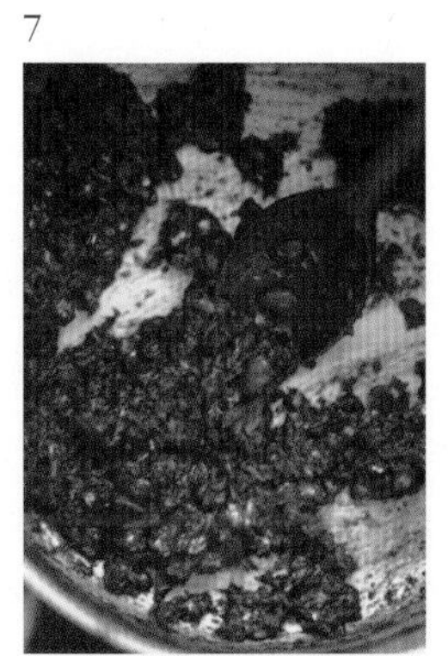

저었을 때 냄비 바닥이 보일 정도로
되직하면 완성입니다.

8

유리병에 담아 냉장 보관합니다.

미나리유채꽃밥

VEGAN

[7]

미나리를 넣고 유채꽃밥을 짓게 된 건 애매하게 남은 미나리 때문이었어요. 잎보다 줄기의 아삭함이 식욕을 당기게 하기에 미나리를 송송 썰어서 뜸 들일 때 올렸어요. 포인트는 노란 유채꽃이에요. 봄꽃의 색감과 나물 향을 그대로 느낄 수 있기에 양념 없이 향과 식감, 색깔로만 밥을 음미해 보세요. 미나리 한 단 사 온 날 몇 줄기 빼놓았다가 다음 날 해 먹기 좋은 음식이랍니다. 갖은양념에 익숙한 미각이라면 다소 심심할 수 있지만 애쓰지 않고 만들어 경이로운 맛을 경험할 수 있어요.

재료(2~3인분)

백미 2컵
물 2컵
미나리 40~50g
유채꽃 10g

- 유채꽃을 구하기 어려울 땐 기장쌀로 밥을 지어 색을 돋구어 주세요.
- 현미보다 백미일 때 미나리와 유채꽃 색이 더 잘 살아나요.
- 밥은 압력솥이나 전기밥솥보다 솥밥으로 지어야 맛있어요.

1

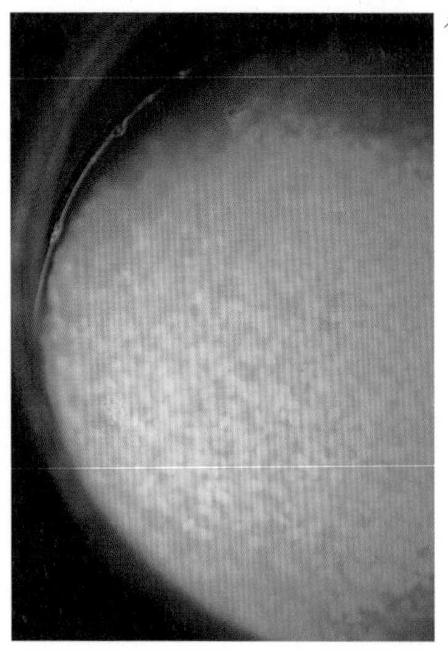

쌀을 씻어서 동량의 물에 30분 이상 불립니다.

2

밥을 짓습니다. 밥이 돼가는 사이 잘 씻어 놓은 미나리를 1~1.5cm 길이로 송송 썹니다.

3

유채꽃은 흐르는 물에 가볍게 씻어 물기를 제거한 후 꽃송이만 훑어 준비합니다.

4 밥이 끓어오르면 중간 불에서 약한 불 순으로 불 조절을 하고, 약한 불에서 뜸을 들이기 직전 미나리를 올려 밥을 완성합니다.

5

상에 내기 전 ③의 유채꽃을 넣고 크게 섞어 그릇에 담습니다.

미나리밥지짐

VEGAN

[7+@]

재료(1~2인분)

남은 미나리밥 200g
송송 썬 미나리 20g
달걀 1개
소금 한 꼬집
식물성 오일 1½ 큰술

초고추장 딥

고추장 1큰술
사과식초 1작은술
유기농 설탕 1작은술

1

남은 미나리밥을 한입 크기로 모양을 냅니다.

2

작은 볼에 달걀을 풀고 소금과 송송 썬 미나리를 넣고 잘 섞은 다음 모양 낸 밥을 담급니다.

미나리밥을 해 먹고 남았을 때 만들 수 있는 별미 메뉴예요. 먹기 좋게 모양 내 달걀물을 입히고, 그런 다음 노릇노릇 지지면 브런치나 도시락 메뉴로 아주 좋아요. 고향인 부산에서는 파전을 초간장이 아닌 초고추장에 찍어 먹곤 하는데 미나리밥을 초고추장에 찍어 먹으면 미나리와의 조화를 제대로 만끽할 수 있어요. 달걀물에 미나리가 잘 버무려져 주먹밥 곳곳에 잘 올라갈 수 있도록 해 구우세요. 남은 김밥을 같은 방법으로 응용해도 좋아요.

3

달군 팬에 오일을 두르고, ②의 주먹밥을 앞뒤로 굴려 가며 노릇하게 구워 초고추장 재료를 섞어 만든 딥과 함께 냅니다.

봄나물오렌지된장샐러드

VEGAN

[8]

재료(2인분)

여린 머위 잎(또는 봄나물)
70~100g
한라봉 1/2개
아보카도 1/2개

드레싱
된장 1작은술
마늘 1쪽
화이트 발사믹 식초 1큰술
올리브 오일 1큰술
살구잼 1/2큰술

저에겐 감동의 머위 샐러드가 있어요. 언젠가 친애하는 요리 선생님 댁에 갔을 때 선생님께서 생으로 무친 머위순을 내놓으셨어요. 이전까지만 해도 독성 때문에 반드시 데치거나 익혀 먹어야 한다고 생각했었는데, 그때 맛본 여리고 보드라운 머위 잎의 쌉쌀한 맛을 도저히 잊을 수 없어서 그후로 봄이면 선생님의 음식을 해 먹어요. 아주 잠깐 나오는 식재료라 여린 머위순을 만나는 게 포인트예요. 시기를 놓치면 미나리, 쑥갓, 루콜라처럼 향과 맛이 또렷한 채소로 대체해 만들어 보세요. 밥반찬으로 좋고, 막걸리 안주로도 잘 어울려요.

- 구입한 살구잼과 과일의 당도가 제각각일 테니 드레싱을 넣을 때 먼저 1/2 큰술을 넣어 간을 본 후 취향에 따라 나머지 양을 조절해 넣으세요.
- 한라봉은 오렌지나 귤로 대체할 수 있어요.
- 된장은 집집마다 염도가 다르니 적절히 조절하세요.
- 다른 종류의 잼도 응용할 수 있지만, 딸기잼만은 된장과 어울리지 않으니 예외예요. 유자청도 좋아요.
- 여린 머위 잎이 없을 땐 미나리나 쑥갓 같은 봄나물로 대체 가능해요.
- 화이트 발사믹 대신 일반 식초로 대체한다면 분량을 줄이고 당분을 더 넣어야 해요.

1

머위 잎은 흐르는 물에 깨끗이 씻어 물기를 뺀 후
한입 크기로 자릅니다.

2

아보카도는 껍질째 1/4 크기로 잘라 칼집을 넣은 후
숟가락으로 과육을 분리합니다.
한라봉도 과육만 분리합니다.

3

아보카도와 한라봉을 먹기 좋은 크기로 슬라이스합니다.

4

분량의 드레싱 재료를 섞어 놓습니다.

5 믹싱볼에 손질한 머위 잎을 담고 만들어 놓은 드레싱의 절반을 넣어 버무립니다.

6

샐러드 접시에 ⑤를 담고 아보카도, 한라봉을 보기 좋게 얹은 후 남은 드레싱을 끼얹어 냅니다.

미나리전

VEGAN

[9]

재료(2인분)

미나리 200g
밀가루 1/2컵
물 150mL
소금 1/4작은술
식물성 오일 1큰술+@

초고추장 소스

고추장 1큰술
식초 1큰술
올리고당(또는 설탕)
1/2큰술
* 통깨 취향껏

제가 살고 있는 경산은 미나리로 유명한 고장이에요. 이곳에선 미나리가 아주 흔한 채소이다 보니 미나리를 잘 안다고 착각한 것일까요. 난생처음 하천이나 들판에서 자란 돌미나리를 맛보고 깜짝 놀랐어요. 야생의 미나리는 익숙한 일반 미나리와 달리 특유의 달큰함이 강했거든요. 시골 어른들 말씀이 야생 미나리는 반드시 식촛물에 담가 잘 씻고 익혀서 먹으라고 하세요. 또 어른들은 미나리전을 부칠 때 잎은 시크하게 다 잘라 버리시더라고요. 처음엔 왜 아까운 걸 다 버리나 이해가 안 갔는데, 지금은 저도 잎에는 눈길도 주지 않아요. 그만한 이유가 있었어요. 미나리는 잎보다 야들한 줄기의 아삭한 맛을 즐기는 식재료이기 때문이죠. 미나리전은 줄기를 가지런히 놓고 반죽물을 최대한 적게 잡아 얇게 구워야 맛있어요. 초고추장 소스와 함께 내세요.

•
레시피에 사용한 미나리는 돌미나리라고 부르는 노지 미나리이며, 밭미나리라고도 불러요. 수경 재배한 일반 미나리보다 맛과 향이 진하고 달아요. 없을 땐 일반 미나리로 해도 괜찮아요.

•
손질한 돌미나리는 식촛물에 10분 정도 담가 헹구세요. 식초의 양은 미나리 200g 기준 1큰술이에요.

•
팬에 미나리가 다 들어가면 자르지 말고 그대로 사용하세요.

•
두껍고 긴 일반 미나리로 전을 부칠 때는 적당한 크기로 잘라 반죽물에 한데 넣고 버무린 뒤 부치세요.

•
반죽물을 뜰 때 숟가락을 사용하면 밀반죽이 적게 스며들어 채소를 더 많이 먹을 수 있어요.

•
통밀가루보다 흰밀가루일 때 나물의 향이 더 잘 살아납니다.

•
손에 잘 익은 팬을 사용하세요. 팬이 손에 안 익어 오래 구우면 전이 질겨져요.

1

미나리는 깨끗이 씻은 후 물기를 완전히 제거합니다. 채반에 1시간 정도 두거나 뿌리를 잡고 탈탈 털어서 물기를 빼주세요.

2

분량의 초고추장 소스 재료를 섞습니다. 식초에 설탕을 충분히 녹이고, 고추장을 넣으세요.

3

미나리 뿌리 부분을 가지런히 손에 잡고 도마 위에 올린 후, 줄기 끝부분을 2cm 정도 자릅니다. 잎 부분은 팬 크기에 맞춰 적당히 자릅니다.

4

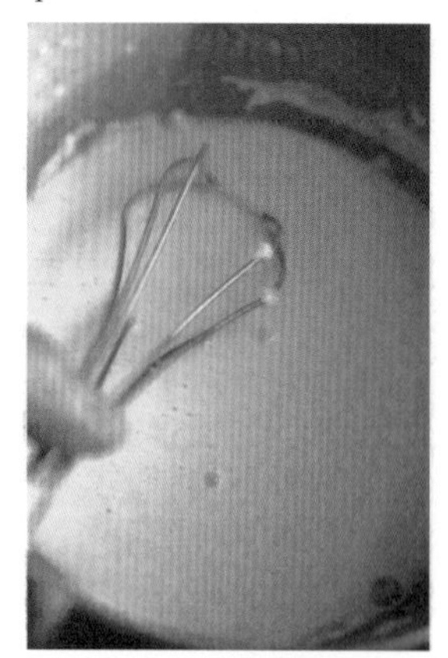

볼에 분량의 밀가루, 소금, 물을 넣고 잘 섞어 반죽을 만듭니다. 약간 묽은 듯하면 적당합니다.

5

달군 팬에 오일을 두르고, 미나리 줄기 부분을 한 움큼 손에 잡아 반죽물에 잎 부분을 넣고 반죽옷을 입힙니다.

6

팬 위에 ⑤를 올리고, 손으로 줄기에 묻은 반죽을 얇게 편다는 느낌으로 형태를 만듭니다.

7

숟가락으로 반죽물을 떠서 비어있는 부분을 메워 예쁘게 모양을 만듭니다.

8

한쪽 면이 다 익으면 뒤집고 비어 있는 곳이 있으면 반죽물로 메워 뒷면도 잘 굽습니다.

9

한 번 더 뒤집어 모양을 살피고 반죽물이 필요한 부분이 있으면 같은 방식으로 메워 노릇노릇하게 굽습니다.

10

그릇에 담아 초고추장 소스와 함께 내세요.

진달래꽃죽순주먹밥

VEGAN

[10]

재료(2~3개 기준)

쌀 1½컵
물 1½컵
진달래꽃 40g
삶은 죽순 70g(p.187 참고)
들기름 1/2큰술
소금 1/2작은술
머위꽃된장 1큰술+@
(p.66~73 참고)

봄이면 꽃 요리를 많이 해요. 그래서인지 간혹 '꽃이 무슨 맛이 나서 넣느냐'는 질문을 받기도 하지만, 저는 혀에서 느끼는 맛만 '맛'이라고 생각하지 않아요. 식감이나 색에서 오는 첫인상도 다양한 맛 중 하나라고 생각하거든요.
진달래 꽃잎은 다른 봄꽃들에 비해 유독 보드랍고 여려 물에 닿으면 금세 물러지기에 가능하면 꽃을 따온 날 모두 사용하려고 합니다. 화전을 부치고 샐러드도 만들고 남은 건 꽃밥을 짓죠. 꽃 몇 송이로 향이나 맛은 전해지지 않겠지만, 밋밋한 밥에 소박한 봄의 아름다움을 표현할 수 있어요.
진달래가 한창 피고 저물 즈음 맹종 죽순도 나옵니다.
그냥 솥밥으로도 충분하지만, 그럴 때 죽순과 진달래꽃 얹어 밥 지어 머위꽃 된장 넣고 주먹밥을 만들면 그 맛이 진짜 '봄이구나!' 하지요.

- 생죽순 손질법은 p.187에 있습니다.
- 죽순 없이 진달래꽃만 넣어도 돼요. 특별히 맛이 튀지 않는 다른 재료를 추가해도 되고요.
- 바로 먹지 않을 경우 밥이 마를 수 있으니 비닐 랩으로 싸 놓으세요. 식으면 더 맛있어요

1

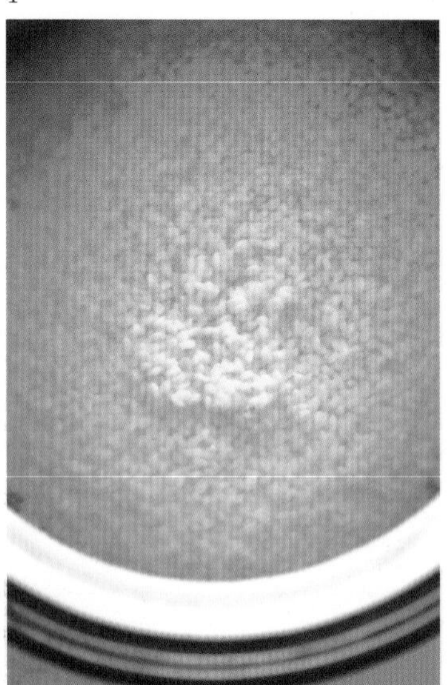

쌀을 씻어서 동량의 물에 30분 이상
불립니다.

2

진달래꽃은 꽃술을 따고 흐르는 물에 가볍게 씻은
후 면포에 올려 살짝 닦아 물기를 제거합니다.

3

삶은 죽순은 얇게 채 썹니다.

4

솥에 불린 쌀을 넣고 죽순을 올려 밥을 짓고, 뜸 들일 때 ②의 진달래꽃을 올려 가볍게 섞은 후 뚜껑을 닫습니다.

5

밥이 다 되면 분량의 소금과 들기름을 넣어 잘 섞은 뒤 한 주걱 손바닥에 올려 머위꽃 된장 넣고 동그랗게 주먹밥을 만듭니다.

꽃새알심 맑은 쑥국

VEGAN

[11]

재료(2~3인분)

진달래꽃 60g
찹쌀가루 30g
밀가루 30g
물 2큰술
소금 한 꼬집
채수 4컵
어린 쑥 15g(한 줌)
감자 1/2개
국간장 1/2큰술+@
소금 1/2작은술

봄에 맛볼 수 있는 맑고 연한 쑥국입니다. 포인트는 진달래꽃 경단을 넣었다는 거예요. 봄꽃을 듬뿍 사용했을 때 쑥과 어우러지는 맛이 어떻게 달라지는 지 직접 경험할 수 있어 '진달래가 이렇게 달콤했구나!' 확실히 알게 됩니다. 부지런해야 봄꽃 채취를 할 수 있지만, 가끔 재래시장에서 진달래꽃을 팔기도 하니 맘에 드는 메뉴라면 기억 속에 저장해 두었다가 꼭 도전해 보세요. 진달래 철이 아닐 때에는 장미 꽃을 활용합니다. 장미 꽃잎은 진달래보다 두껍고 쓴맛이 있어 분량의 절반만 필요하지만, 반죽의 계량을 정확히 맞추지 않아도 돼요.
꽃을 엉겨 붙게 하기 위한 최소의 가루와 물이면 되니 적절히 응용해 보세요. 소중한 사람과 특별한 봄의 호사를 누리고 싶을 때 추천해요.

•
장미꽃으로도 응용할 수 있어요. 분량은 진달래꽃의 절반입니다.

1

진달래꽃은 꽃술을 떼어내고 물에 가볍게 씻어 물기를 최대한 뺍니다.

2

쑥도 이물질을 제거하고 흐르는 물에 가볍게 씻어 물기를 뺍니다.

3

볼에 진달래꽃을 담고, 분량의 찹쌀가루와 밀가루를 넣어 손으로 살살 섞으면서 가루가 엉기는 상태를 봐가며 물을 부어 반죽을 뭉칩니다. 완성한 반죽은 랩이나 비닐에 싸서 냉장고에 3~4시간 숙성합니다.

4

숙성한 반죽을 꺼내 동그랗게 새알심을 빚습니다.

5

끓는 물에 새알심을 넣고 데쳐 놓습니다.

6

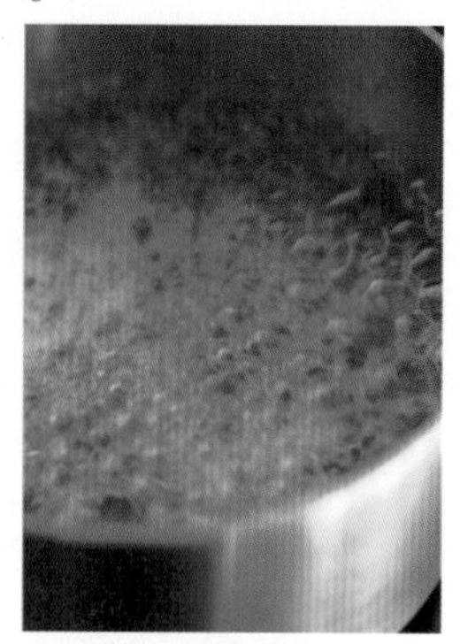

냄비에 분량의 채수를 넣고 끓입니다.

7

감자를 반달 모양 혹은 한입 크기로 썰어 끓는 채수에 넣고, 데쳐 놓은 새알심도 넣어 한소끔 끓입니다.

8

국간장과 소금으로 간을 맞추고 쑥을 넣고 바로 불을 끕니다.

•
새알심 대신 끓는 채수에 바로 떠 넣는 수제비 형태로 만들어도 됩니다.

•
수압이 센 물줄기로 진달래꽃을 씻으면 꽃잎이 찢어지기 쉬우니 꼭 물을 받아놓고 헹구세요.

•
쑥은 초봄 여린 쑥을 사용하세요.

•
물과 가루의 양은 직접 반죽을 하면서 적절히 조절하세요.

래디시솥밥

VEGETARIAN

[12]

재료(2~4인분)

백미 2컵
물 2컵
래디시(방울 무) 200g
* 불린 병아리콩 1/2컵
* 무염 버터(또는 기버터) 10g
소금 약간

저는 요리에 버터를 사용한 지 오래되지 않았어요. 동물성 재료를 최대한 피하고 싶은 마음에 늘 오일만 고집했지요. 그랬던 제가 버터를 사용하게 된 건 저 나름의 재료를 선택하는 기준이 명확해지면서예요. 적절히 잘 사용하면 고기 섭취를 줄일 수 있고, 채소를 맛있게 먹을 수 있다는 부분에 가치를 두게 되었어요. 특히 육식을 쉽게 줄이지 못하는 사람들에게 적은 양으로도 채소에 눈뜰 수 있게 해주는 조력자 역할을 하죠. 빨간 래디시와 버터의 조합도 그런 이유라고 할 수 있어요.
요즘은 래디시 구하기가 쉬워졌지만 먹는 방법은 샐러드 이상 새로운 게 없죠. 언젠가 파리 유명 브런치 카페에서 래디시와 버터, 소금을 곁들여 낸 것을 본 적 있어요. 그 맛을 떠올리며 완성한 래디시 솥밥이에요. 아주 심플한데, 맛의 조화로움은 기가 막혀요. 이 맛은 직접 먹어봐야 알 수 있어요.
포인트는 신선한 래디시로 직거래 농장이나 한살림, 생협 등 유기농 매장에서 구입하세요.

- 압력솥에 밥을 지을 때는 뜸을 짧게 들이고 불을 끈 후, 뚜껑을 열어 래디시를 얹은 후 약한 불에서 다시 뜸을 들여요.
- 병아리콩은 씻어 놓은 쌀을 불릴 때 같이 불려도 돼요. 이때는 물양을 조금 더 넣으세요
- 소금은 기호에 따라 넣어도 되고 안 넣어도 되지만, 밥 위에 조금씩 뿌려 먹으면 무 맛이 살고 버터의 풍미가 깊어져요.
- 밥을 지을 때 바닥이 두껍고 뚜껑이 무거운 무쇠솥을 사용하세요.
- 버터 없이 비건식 메뉴로도 충분히 래디시의 매력을 만끽할 수 있어요. 이 경우 소금으로 무 맛을 끌어 올리세요.

1

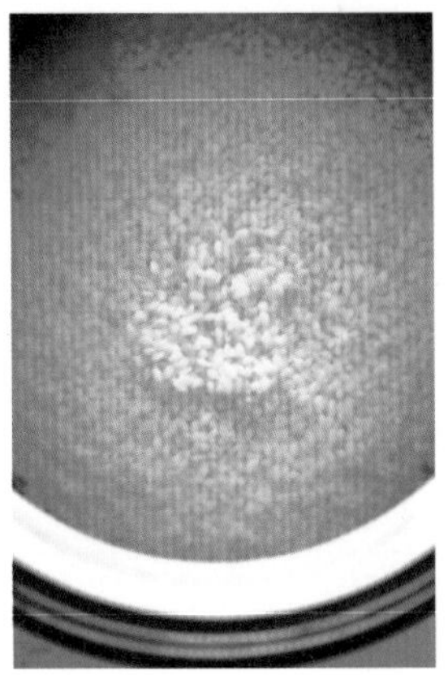

쌀을 씻어서 동량의 물에 30분 이상 불립니다.

2

래디시를 손질해 깨끗이 씻습니다.

3

래디시는 줄기 부분과 무를 분리합니다. 무의 크기가 작은 것은 그대로 사용하고 큰 것은 먹기 좋은 크기로 자릅니다.

4

줄기 부분도 무와 비슷한 크기로 자릅니다.

5

불린 쌀 위에 불린 병아리콩을 얹어 솥밥을 짓습니다.

6

밥물이 끓고 김이 모락모락 나면 뚜껑을 열고 썰어둔 래디시를 얹습니다. 뚜껑을 닫고 약한 불로 낮춰 5~10분 뜸 들입니다.

7

밥이 다 되면 그대로 내어도 되지만, 뜨거울 때 버터를 넣어 잘 섞은 후 뚜껑을 덮고 잔열에 한 번 더 뜸을 들인 후 냅니다.

8

질 좋은 소금을 가늘게 빻아 밥 위에 살짝 뿌려 먹습니다.

달래치즈딥

VEGETARIAN

[13]

재료

달래 50g
크림치즈 150g
잘게 썬 호두 30g(1/4컵)
양파 1/4개
꿀 1큰술
디종 머스터드 1작은술

베이글과 함께 먹는 달래를 활용한 치즈 딥이에요. 중학생 때 매일 화실에 가서 그림을 그렸는데, 그때 자주 먹던 빵이 양파 듬뿍 넣은 크림치즈 베이글이었어요. 가끔 그 맛이 그리워 자주 해 먹는데, 누구나 좋아할 만한 소박하고 즐거운 맛이랍니다. 일반 하우스 달래도 무난하지만, 이왕이면 노지에서 겨울을 나고 자란 야생 봄 달래로 만들면 더 맛있어요. 알뿌리가 매콤한 게 아주 매력적이에요. 딥 하나로 강한 생명력에서 오는 힘 있는 맛을 느낄 수 있어요.

1

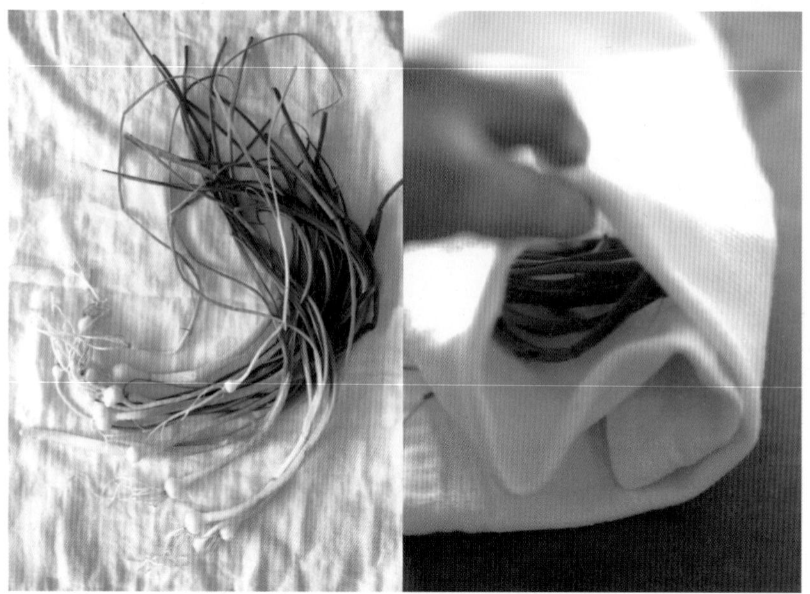

달래는 뿌리 부분에 흙이 남아 있지 않게 깨끗이 씻은 후 최대한 물기를 제거합니다.

2

손질한 달래의 알뿌리 부분을 칼로 쪼갠 후 잘게 다집니다.

•

씻어 놓은 달래의 물기를 뺄 때는 샐러드 스피너를 이용하거나 깨끗한 면포에 올려 가볍게 닦으세요. 채반에 올려 말려도 되고요.

•

치즈는 미리 꺼내 놓아 부드러운 상태에서 요리하세요.

•

먹고 남은 딥은 냉장 보관하고, 달래에서 물이 나오니 일주일 내 드세요.

3

양파도 곱게 다집니다.

4

믹싱볼에 분량의 크림치즈와 나머지 재료를 모두 넣고 골고루 섞습니다.

5

따끈하게 구운 베이글이나 호밀빵과 함께 냅니다. 빵 위에 딥을 듬뿍 올려 드세요.

달래브리치즈달걀말이

VEGETARIAN

[14]

봄철 달래는 무쳐 먹고 된장찌개에도 넣어 먹지만, 넉넉할 땐 무심하게 송송 썰어 달걀말이를 만들어도 괜찮아요. 밥반찬으로 좋고 아침 식사용 빵과 함께 곁들여도 좋아요. 언뜻 늘 해 먹는 달걀말이와 다를 게 없어 보이지만, 여기에 포인트는 '치즈'예요. 부드러운 브리 치즈를 넣으면 달래 향이 더 강해져 먹는 내내 "아, 봄이구나" 하는 감탄이 절로 나옵니다. 저는 가끔 꿀을 곁들이기도 해요. 그러면 어른들은 "흔한 달걀말이에 꿀까지 찍어 먹냐"며 유별나다고 하시지만, 한 입 베어 물고 나면 자꾸 들어가는지 빠뜨리지 않고 '콕' 찍어 드시더라고요. 꿀 한 종지로 익숙한 메뉴에 참신한 맛을 끌어낼 수 있어요.

재료(13×18cm 팬, 1롤 기준)

달걀 3개
달래 10뿌리+@
브리 치즈 1/3개
소금 1/4작은술+@
식물성 오일 1/2큰술
꿀 적당히

- 달래를 좋아한다면 취향껏 듬뿍 넣어도 괜찮아요.
- 새로운 맛을 추구한다면 꿀(또는 메이플 시럽)을 곁들이세요.
- 브리 치즈는 냉장고에서 꺼내 바로 썰어야 해요. 실온에 오래 두면 썰기가 힘들어요.
- 브리 치즈 대신 카망베르 치즈나 모차렐라 치즈를 사용해도 괜찮아요.

1

달래를 총총 썰어요.

2

분량의 달걀을 풀어서 썰어놓은 달래와 소금을 넣고 잘 섞어요.

3

브리 치즈는 두툼하게 슬라이스합니다.

4

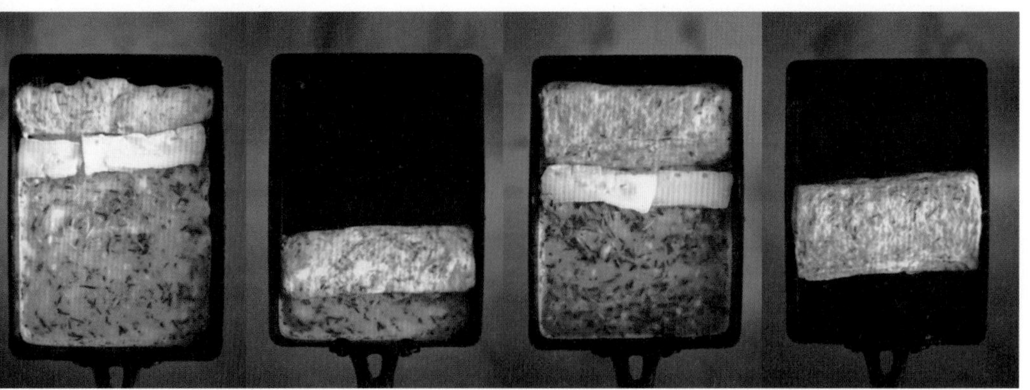

달군 팬에 오일을 두르고 달걀물-브리 치즈, 달걀물-브리 치즈-달걀물 순으로 넣어가며 말아주세요.

5

먹기 좋은 크기로 썰어 그릇에 담습니다.

대저토마토와 달래마리네이드

VEGAN

[15]

재료(2인분)

대저 토마토 300g
달래 20g
화이트 발사믹 식초 1큰술
올리브 오일 $1\frac{1}{2}$큰술
질 좋은 소금 1/2작은술

빨갛게 익은 완숙 토마토를 좋아하지만, 대저 짭짤이 토마토만은 예외예요. 봄에만 먹을 수 있는 참신한 맛이니까요. 그래서 대저 토마토를 먹을 땐 강한 양념을 배제하고 본연의 맛을 즐길 수 있게 요리합니다. 카르파초처럼 얇게 슬라이스한 후 올리브 오일과 소금만 넣고 여기에 달래 향으로 풍성한 맛을 더했어요. 단단한 토마토라면 얇게 슬라이스하는 게 좋고, 말랑말랑한 토마토라면 조금 더 두껍게 썰어도 괜찮아요. 봄 지나 여름 토마토가 나오면 같은 방법에 다양한 허브를 더해 먹을 수 있는 요리법입니다.

• 달래 대신 쪽파를 송송 썰어 넣고 레몬 제스트와 함께 내도 좋습니다.

• 소금은 취향에 맞게 조절하지만, 넣어야 토마토의 맛이 더 단단해져요.

• 만들어서 바로 먹어야 맛있는 음식이에요.

1

달래는 깨끗하게 씻어 최대한 물기를 제거합니다.

2

두꺼운 알뿌리 부분을 1/4등분으로 쪼갠 후 3~4cm 길이로 자릅니다.

3

작은 볼에 달래를 담고 분량의 화이트 발사믹 식초를 넣고 섞어 가볍게 마리네이드합니다.

4

토마토는 깨끗하게 씻은 다음 0.3cm 두께로 슬라이스합니다.

5

접시에 슬라이스한 토마토를 펼치고
젓가락으로 절인 달래를 군데군데
올립니다.

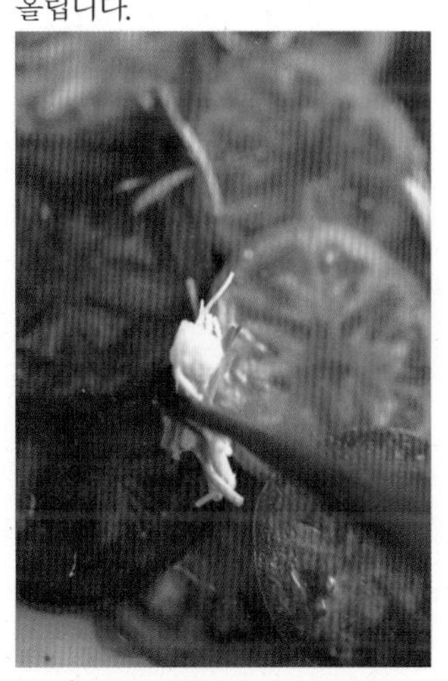

6

분량의 소금을 뿌리고 올리브 오일을 둘러 마무리합니다.

햇쪽파김무침

VEGAN

[16]

맵지 않고 부드러운 어린 쪽파를 보면 마음이 설레어 보이는 족족 집어 오기 바쁩니다. 송송 썰었을 때 예쁜 모양도 생각나고, 소박하고 얌전하게 무친 겉절이도 생각나서요. 뭘 해도 맛있지만, 저는 생으로 무쳐 먹는 것을 좋아해요. 김이 들어가 물기 없이 바싹하게 무친 게 포인트로 감칠맛을 더했어요. 여기에 두툼하게 썬 아보카도와 함께 곁들이면 아주 잘 어울립니다.

재료(1~2인분)

어린 쪽파 100g
마른 김 1장
고춧가루 2큰술
매실청 2큰술
양조간장 1½큰술
유기농 설탕 1/2작은술
올리고당 1½작은술
볶은 통깨 1큰술
* 아보카도 1/2개

•
묵은 김이라면 굽는 과정을 신경 써서 해야 김이 질기지 않아요. 잘 구운 김은 쉽게 뜯기고 양념과 버무렸을 때 물기도 잘 잡아줘요.

•
촉촉한 양념을 원한다면 매실청을 추가하세요.

•
무쳐서 바로 먹는 음식입니다.

•
기호에 따라 마무리 단계에 들기름이나 참기름을 더해도 좋아요.

1

쪽파는 깨끗하게 씻어서 물기를 최대한 제거하고
5cm 길이로 자릅니다.

2

김은 마른 팬 또는 석쇠에 올려 약한
불에서 앞뒤로 굽습니다.

3

구운 김을 손으로 비벼 잘게 부숩니다.

4

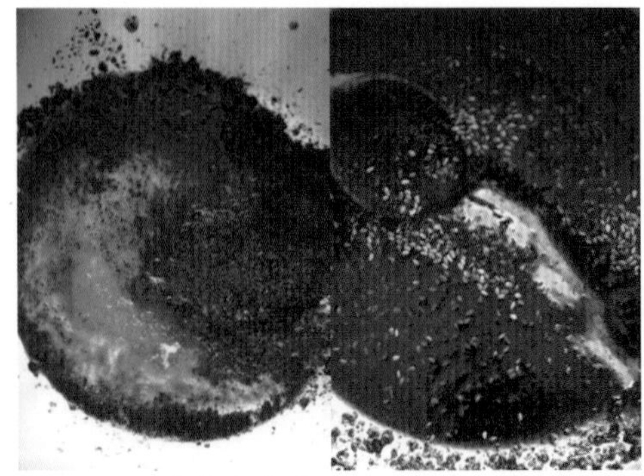

믹싱볼에 분량의 양념 재료를 모두 넣고 잘 섞습니다.

5 ④에 쪽파를 넣고 크게 버무려 섞은 후, 구운 김을 넣고 다시 크게 버무리면 완성입니다.

6

부드럽게 잘 익은 아보카도와 함께 곁들여 드세요.

골담초꽃털털이

VEGAN

[17]

재료(1~2인분)

골담초꽃 100g
습식 쌀가루 200g
유기농 설탕 1큰술
소금 1/2작은술

제가 사는 곳은 진달래가 피고 질 무렵 골담초꽃도 만개해요. 아마 생소하다는 분도 많을 거예요. 버선 모양이라 '버선꽃'이라 하는 이 꽃을 엄마는 어릴 적 학교 가는 길에 오며 가며 한 줌씩 따서 간식처럼 먹었다고 해요. 소복이 딴 꽃을 집으로 가져가면 할머니는 솥 한가득 털털이를 해주셨다고 하고요. 그뿐인가요. 약재로도 쓰이는 골담초는 시골집 마당에 한 그루씩 심어 놓고 꽃을 따서 볕에 말려 두면 약재상에서 사가기도 했다지요. 엄마의 추억 속 꽃이지만 저에게는 낯설고 생소한 이 꽃이 바로 봄의 특별식 메뉴의 주재료예요. 꽃 한 송이를 입에 넣어 보면 꿀 한 방울 들어간 듯 끝맛이 달콤하답니다. 버무리(털털이)를 만들어서 따뜻할 때 먹으면 꽃의 아삭한 식감과 달콤함을 한가득 느낄 수 있지요. 골담초꽃버무리는 쑥버무리보다 당분을 적게 넣고 찌는 시간도 짧아요. 유심히 잘 보고, 어느 날 이 꽃을 만나면 잊지 말고 꼭 도전해 보세요.

- 찜솥에 반죽을 올릴 때 가운데 부분은 낮게, 또는 약간 공간을 비워 두어야 골고루 잘 쪄져요.
- 씻는 과정 꽃 속에 물이 갇히니, 물기를 최대한 제거하세요. 물기가 너무 없으면 가볍게 물 스프레이 후 가루옷을 입히세요.
- 꽃반죽을 올리고 남은 쌀가루도 가장자리에 함께 올려 찌면 됩니다.
- 소금은 입자가 작고 가늘게 빻아 사용하세요.
- 쑥버무리보다 찌는 시간이 짧아요. 쌀가루만 한 김 쐬어 익으면 됩니다. 따뜻할 때 먹어야 맛있어요.

1

골담초꽃을 흐르는 물에 가볍게 헹궈 물기를 뺍니다.

2

찜솥에 물을 끓이고, 그사이 큰 믹싱볼에 씻어둔 골담초와 나머지 재료들을 넣고 섞습니다.

3

찜솥에 김이 오르면 바닥에 젖은 보자기를 깔고, ②를 올린 후 뚜껑을 덮고 찝니다.

4

김이 오르고 약 3분 후 젓가락으로 찔러 보아 묻어나는 게 없으면 완성입니다.

제철 두릅을 손쉽게 살 수 있는 세상이라고 해도 참두릅은 여전히 귀한 식재료입니다. 봄이면 두릅을 다양한 경로로 구해 먹지만, 가장 좋은 요리법은 살짝 데치거나 찌는 최소의 조리법과 최소의 양념으로 먹는 거라 생각해요. 두릅 솥밥을 지어 먹는 이유도 같아요. 손질한 두릅을 밥 뜸에 살짝 익혀 먹는 것이죠. 마늘이나 파가 들어간 갖은양념은 두릅의 향을 해치기에 쓰지 않습니다. 같은 시기에 나오는 향긋한 제피순을 넣어 만든 간장은 정관 스님의 요리법으로 배운 것인데 아주 잘 어울려 근사한 솥밥을 즐길 수 있답니다.

참두릅솥밥

VEGAN

[18]

재료(2~3인분)

두릅 100g
쌀 $1\frac{1}{2}$컵
물 $1\frac{1}{2}$컵(375mL)
국간장 1/2큰술
소금 약간

양념장

* 제피잎(초피순) 5g+@
국간장 1큰술
통깨 1/2큰술

1

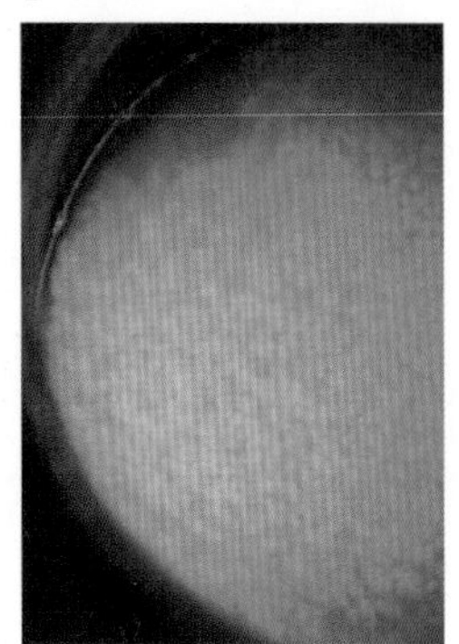

쌀을 씻어서 동량의 물에 30분 이상 불립니다.

2

두릅은 손질 후 끓는 물에 소금을 넣고 10초 정도 짧게 데칩니다.

3

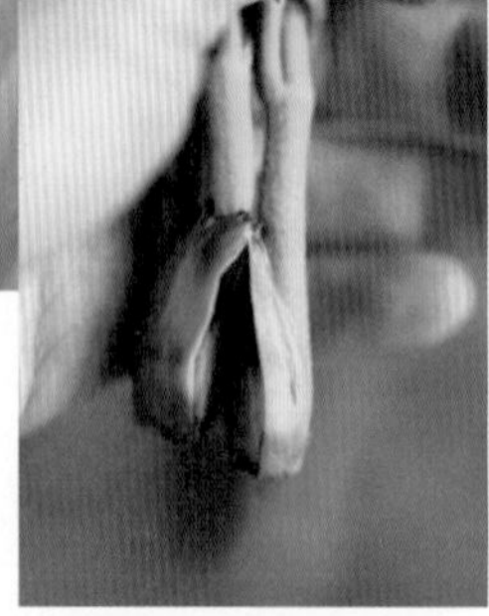

데친 두릅을 찬물에 헹궈 물기를 꼭 짜고 먹기 좋은 크기로 자릅니다. 길이가 긴 두릅은 줄기를 반 자르고, 두꺼운 두릅은 먹기 좋게 쪼개어 준비합니다.

4

데친 두릅에 분량의 국간장을 넣고 버무려 잠시 둡니다.

5

밥을 짓습니다. 밥물이 끓으면 뚜껑을 살짝 열고 양념한 두릅을 살포시 얹어 밥 냄새가 솔솔 날 때 약한 불로 줄이고 10~15분 뜸을 들입니다.

6

제피잎은 억센 부분을 떼어 내고 칼로 송송 썹니다. 통깨는 절구에 가볍게 찧은 후 종지에 분량의 간장, 썰어둔 제피잎, 갈은 깨를 넣고 섞지 말고 그대로 둡니다.

7
뜸 들인 밥을 옮겨 담는데, 이때 섞지 말고 두릅 모양이 흐트러지지 않게 그대로 퍼 넓은 용기에 담습니다.

- 깨소금은 듬뿍 넣지만 참기름이나 들기름은 사용하지 않아 맛이 담백해요.

- 제피잎은 취향에 따라 생략해도 돼요.

- 통깨는 바짝 볶은 것을 냉동 보관해 두었다가 그때그때 필요한 만큼 절구에 찧어서 사용하면 향과 맛이 좋아요.

- 양념장은 미리 섞어 놓으면 송송 썬 제피가 금세 숨이 죽어 볼품 없어져요.

8

준비해 놓은 종지 속 양념을 가볍게 섞고, 밥그릇에 적당히 덜어서 양념장을 올려 먹습니다.

두릅프리타타

VEGETARIAN

[19]

익숙한 재료도 담음새나 먹는 방법에 아이디어를 더하면 즐길 수 있는 폭이 넓어집니다. 우리 식재료인 두릅과 서양식 오믈렛 프리타타의 조합이 그렇습니다. 신선한 두릅을 프리타타로 구워 놓으면, 다음 날까지 두릅 향을 만끽할 수 있는 별미 간식이 됩니다. 심심하면서 은은하고 감칠맛까지 느껴져요. 한 조각씩 잘라 포장해 놓으면 어른 아이 할 것 없이 모두 좋아합니다.

재료(2~4인분)

두릅 100g
생완두콩 1/2컵
달걀 5개
올리브 오일 1큰술
마늘 2쪽
곱게 간 파마산 치즈 1/4컵+@
소금 1/2작은술+@
굵게 간 후추 1/4작은술

• 오븐이 없다면 양면 팬이나 크기가 같은 팬 두 개를 위아래로 붙여서 사용하세요. 달걀물을 팬에 부은 후 다른 팬을 뚜껑처럼 덮어 열을 가두는 방식입니다. 이때는 약한 불에서 천천히 익혀야 해요.

• 두릅의 향을 방해하지 않는 다른 봄 채소를 더해도 좋아요. 아스파라거스가 잘 어울려요.

• 바로 먹을 때보다 한 김 식어서 먹으면 두릅 향을 더 진하게 느낄 수 있어요.

• 두릅은 생으로 볶아서 사용해요. 데친 것을 구우면 씹는 맛이 없어요.

1

오븐을 180도로 예열하고 두릅을 손질합니다. 두릅의 밑동을 잘라 겉겹을 분리하고 두께나 크기에 따라 두꺼운 것과 긴 것은 반 잘라 준비합니다.

2

마늘을 칼 옆으로 으깨어 다집니다.

3

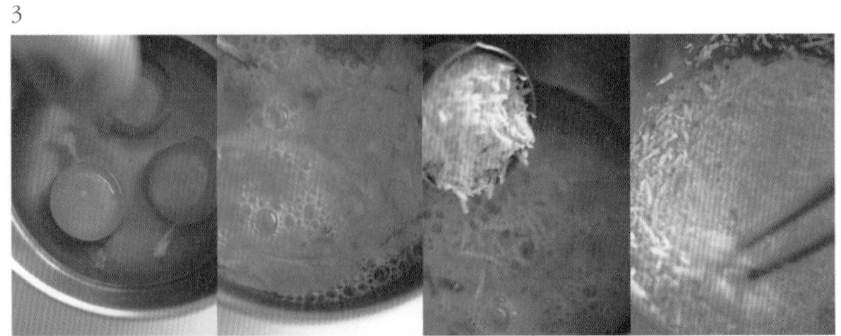

달걀은 풀어 소금, 후춧가루, 파마산 치즈를 넣고 섞습니다. 싱거우면 치즈로 간을 맞추세요.

4

달군 팬에 올리브 오일을 두르고 으깬 마늘을 넣어 향을 낸 후, 두릅과 완두콩을 넣고 가볍게 볶습니다. 이때 소금 한 꼬집 넣어 밑간 합니다.

5

베이킹 디쉬에 오일을 바르고, ④의 볶은 두릅과 완두콩을 담습니다.

6

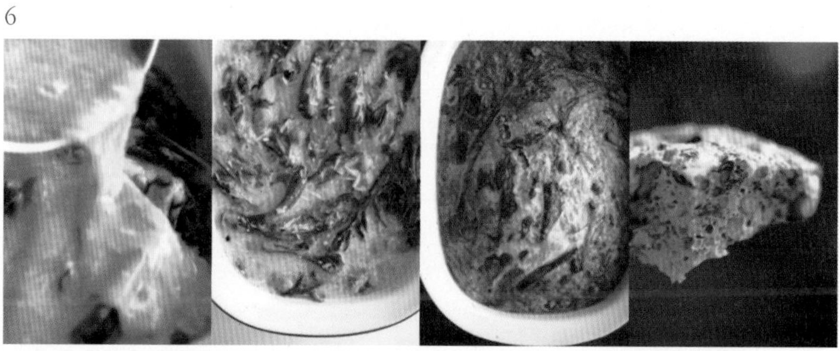

③의 달걀물을 부어 예열한 오븐에서 20~30분간 익힙니다. 나무 꼬챙이로 찔러 보아 달걀물이 묻어나지 않으면 완성입니다.

완두후무스

VEGAN

[20]

후무스는 달큰한 햇완두가 나올 때 제가 꼭 만드는 중동식 소스입니다. 병아리콩의 구수한 맛과 완두콩의 달큰한 맛이 어우러져 부드럽고 담백해요. 완두 후무스는 달지 않은 칩이나 식사 대용의 과자류와 잘 어울려서 한 끼 건너뛰고 싶을 때 간단하게 탄수화물과 단백질을 섭취할 수 있답니다. 완두는 단연코 햇완두가 가장 달고 맛있어요. 제철 콩을 추천하고, 끓는 물에 삶는 것보다 껍질째 찐 콩이 완두의 장점을 그대로 느낄 수 있어요. 제철이 지나면 냉동 완두를 활용하세요.

재료(2~4인분)

생완두(껍질째) 400g
삶은 병아리콩 100g
* 민트잎 1/4컵
타히니 2큰술
소금 1/2작은술+@
레몬즙 1큰술
마늘 1쪽
올리브 오일 1큰술+@
콩 삶은 물 1/2컵+@

•
상황에 따라 완두 알만 분리해 끓는 물에 소금을 넣고 데쳐도 됩니다. 냉동 콩을 사용할 때도 방법은 같아요(깍지 완두콩 400g=완두콩 200g)

•
구운 빵이나 단맛이 없는 크래커와 곁들이면 좋아요

•
완두콩은 햇콩을 껍질째 찌는 게 콩의 단맛을 가장 잘 느낄 수 있어요.

•
만들고 바로 먹어야 맛있는 음식으로, 냉장고에서 7일 정도 보관할 수 있어요.

1

껍질째 구입한 완두를 씻어서 물기를 제거합니다.

2

불 위에 찜솥을 올리고 물이 끓어오르면 ①의 완두를 올려 소금을 살짝 뿌리고 10~12분 정도 찝니다

3

쪄낸 완두를 껍질에서 분리하고 가니시 용으로 1~2큰술을 따로 빼놓습니다.

4

블렌더에 쪄 놓은 완두와 분량의 민트잎, 타히니, 소금, 레몬즙, 다진 마늘을 넣고 갑니다.

5

가는 중간 콩 삶은 물을 나누어 넣어가며 곱게 갑니다.

6

접시에 후무스를 올리고 빼놓은 완두를 가니시로 올린 다음 올리브 오일을 뿌립니다. 구운 빵이나 과자를 곁들입니다.

고사리절임으로 만든 고사리토마토샐러드 VEGAN

[21]

일본식으로 절인 고사리를 활용한 시원한 에피타이저 샐러드입니다. 고사리(고비)철 슴슴하고 깔끔한 절임을 만들어 놓으면, 재료 특유의 맛과 향을 잘 표현하면서 여러 음식에 그럴듯한 베이스 양념으로 활용할 수 있어요. 대표적인 게 바로 이 고사리 토마토 샐러드입니다. 개인적으로 절임물 그대로 사용해 고사리와 토마토, 양파가 어우러지며 나오는 재료 본연의 맛을 좋아하지만, 약간의 신맛과 단맛을 더하면 고사리의 맛이 더욱 또렷해집니다. 취향에 따라 두 가지 맛을 즐겨 보세요.

재료(2인분)

고사리 절임

손질한 고사리(고비) 250g
(p.182~185 참고)
채수 2컵
양조간장 2큰술
혼미림 2큰술
청주 2큰술

고사리토마토샐러드

절인 고사리 100g
토마토 2개
양파 1/4개
* 식초 1큰술
* 유기농 설탕 1작은술

•
담을 때 한꺼번에 섞지 않고 접시에 재료들을 조금씩 담아 각자 섞어 먹어도 좋아요.

•
시원하면 더 맛있어요.

•
국산 조미술은 브랜드마다 맛의 차이가 크니, 일본산 혼미림을 사용하세요.

•
양파가 맵다면 차가운 물에 담궈 매운 맛을 빼고, 물기를 최대한 제거해서 사용하세요.

•
⑥ 과정에서 식초와 설탕을 넣지 않고 절임 국물만 부어 내면 재료 고유의 맛을 느낄 수 있어요.

고사리 절임 만들기

1

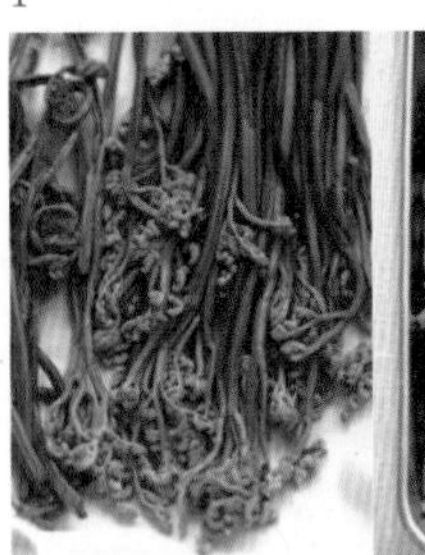

손질한 고사리는 물에 헹군 다음 깨끗한 면포를 깔고 채반에 널어 표면의 물기를 살짝 제거합니다.

2

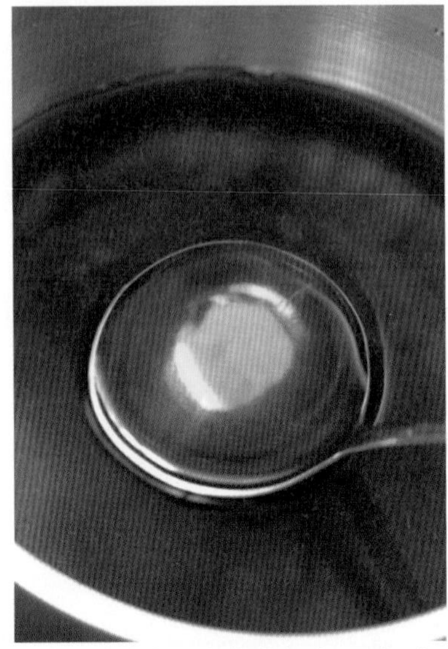

냄비에 나머지 고사리 절임 재료들을 넣고 한소끔 끓여 식힙니다.

3

①의 고사리를 용기에 담고 ②를 부어 냉장고에서 하룻밤 둡니다.

4

절인 고사리를 꺼내 5cm 길이로 썹니다.

5

토마토는 1/4등분 또는 한입 크기로 자르고, 양파는 슬라이스합니다.

6

절임 국물 2큰술에 분량의 식초와 설탕을 넣고 잘 섞어 양념장을 만듭니다.

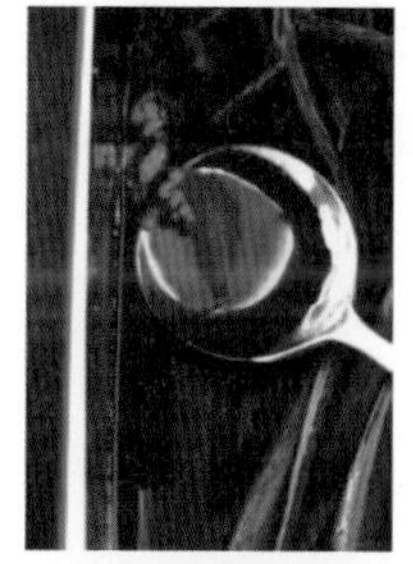

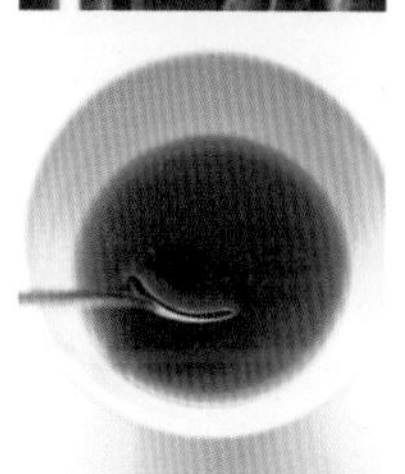

7

샐러드용 볼에 토마토, 양파, 고사리를 담고 가볍게 섞은 후 양념장을 붓습니다.

고사리(고비)파스타

VEGETARIAN

[22]

고사리(고비)철 만들어 놓는 고사리(고비) 절임으로 손쉽게 만들 수 있는 요리입니다. 고사리를 맛있게 먹는 방법 중 하나인 삼겹살과 함께 구워 나오는 요리에서 아이디어를 얻었어요. 고사리가 동물성 지방과 어우러지니 맛이 한층 더 살아났는데, 그 방법을 참고해 알리오 올리오 파스타에 고사리와 소량의 버터, 치즈를 함께 넣었습니다. 고비는 같은 고사리과 가족이라고 생각하면 돼요. 고비는 부드러운 맛이 나고, 고사리는 씹는 식감이 좋습니다. 비슷한 시기에 나오는 죽순도 같이 넣어 볶으면 맛있어요. 봄이 가면 말린 고사리(고비)를 불려서 만들고요. 이 요리의 포인트는 재료의 컬래버레이션입니다. 파르메산(Parmigiano-Reggiano) 치즈는 가루로 된 치즈를 구입해서 쓰는 것보다 고체 치즈를 그레이터로 바로 갈아 쓸 때 음식이 훨씬 맛있어요.

재료(1인분)

절인 고사리 120g
(p.138 참고)
롱파스타 90g
마늘 1쪽
채수 1/2컵
절임물 2큰술
올리브 오일 $1\frac{1}{2}$큰술
말린 페퍼론치노 1작은술
파르메산 치즈 1/4컵
소금 1/4작은술
* 버터 7g

•
기호에 따라 버터를 생략해도 돼요. 하지만 파르메산 치즈는 꼭 넣어야 맛있어요.

•
고사리절임은 봄철 생고사리로 절이며, 만약 생고사리가 없다면 말린 고사리를 불려 만드세요. 맛의 차이는 있어요.

1

고사리 절임을 120g 정도 덜어내 절임물을 꼭 짜고 5cm 길이로 자릅니다.

2

마늘은 으깨어 다집니다.

3

끓는 물에 파스타를 넣고 알덴테(약간 덜 삶아 심지 부분이 하얗게 보이는 정도)로 삶아 건집니다.

4

면을 삶는 동안 다른 쪽 화구에 팬을 달구어 오일을 두르고 고사리와 마늘을 잘 볶습니다.

5

④에 분량의 채수를 부어 끓어오르면 삶은 파스타를 넣고 가볍게 섞은 후 절임물과 페퍼론치노를 넣고 국물이 없어질 정도로 자박하게 볶습니다.

6

소금으로 간하고 버터를 넣어 버무린 다음 불을 끄면 완성입니다.

7

그릇에 담고 파르메산 치즈를 갈아서 뿌려 상에 냅니다. 부족한 간은 치즈로 맞출 수 있습니다.

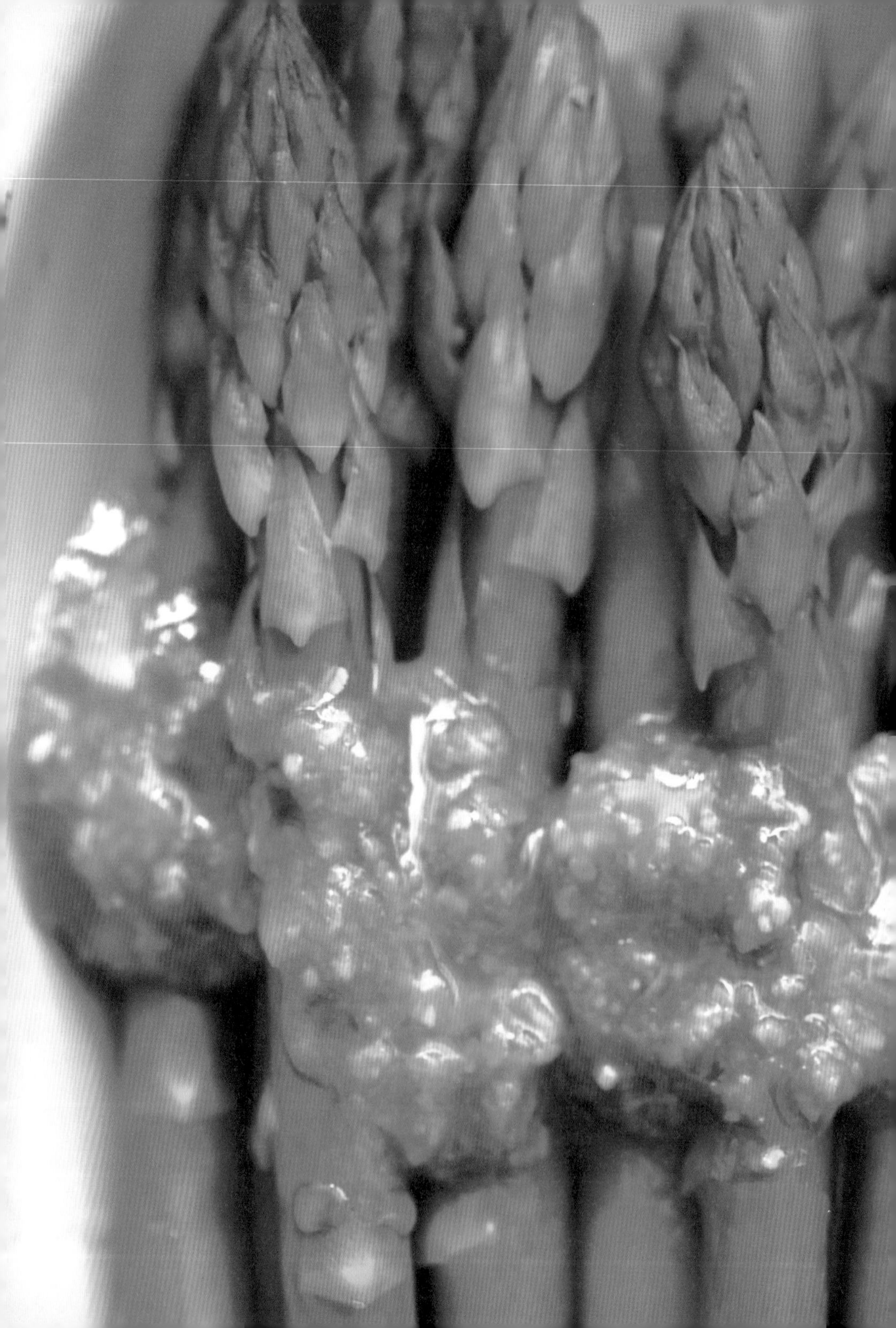

아스파라거스를 오렌지미소드레싱으로 즐기는 두 가지 방법

VEGAN

[23]

재료(1~2인분)

아스파라거스(굵은 것) 10대
오렌지(큰 것) 1개
오일 넉넉히

드레싱
미소된장 1큰술
오렌지즙 1½큰술
화이트 발사믹 식초 1/2큰술
마늘 1쪽

아스파라거스 좋아하세요? 아삭하고 부드러운 게 그냥 먹어도 맛있고, 조리해서 먹어도 맛있어서 봄철 빼놓지 않고 즐기는 식재료입니다. 제가 알고 있는 아스파라거스를 가장 맛있게 먹는 방법은 살짝 익혀서 맛있는 소스에 찍어 먹는 거예요. 이 요리는 일본의 노부 마츠히사 셰프의 요리책 속 아스파라거스 튀김을 보고, 튀긴 아스파라거스의 맛이 궁금해 호기심에 시작했어요. 지금은 봄 되면 꼭 상에 올라와 온 가족이 좋아하는 음식이 되었고요. 아스파라거스는 굵기에 따라 어울리는 요리가 다르기에 굵기별로 분류해서 판매하는 농장도 많아요. 이번 요리는 굵은 아스파라거스로 만들 때 더욱 맛있는 요리입니다. 향긋한 된장 양념에 아삭한 아스파라거스의 식감이 아주 매력적이에요.

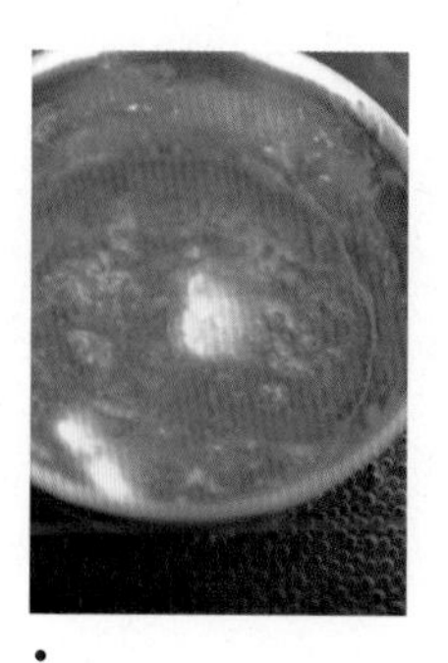

•
소스에 녹인 버터를 소량 첨가하면 맛이 한결 풍부해져요.

오렌지 미소 드레싱 만들기

1

2

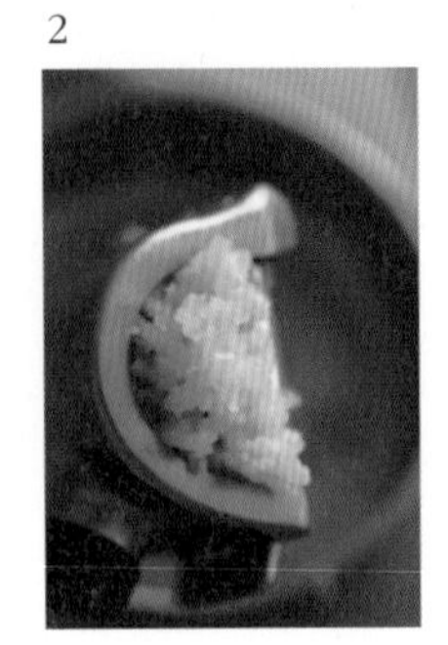

1 오렌지는 1/2등분 한 뒤 반은 껍질을 벗겨 과육을 슬라이스 하고, 나머지 반은 즙을 짭니다.

2 분량의 마늘을 으깨거나 곱게 다집니다.

3

작은 그릇에 분량의 오렌지즙, 미소된장, 화이트 발사믹 식초, 으깬 마늘을 넣고 잘 섞어 소스를 만듭니다.

4

5

4 아스파라거스가 찜기에 들어갈 수 있게 적당한 길이를 자릅니다.
5 찜기에 김이 충분히 오르면 아스파라거스를 넣고 센 불에서 3~5분 찝니다. 갓 수확해 신선한 것은 2분 정도, 오래 냉장 보관한 것도 5분을 넘지 않아야 아삭합니다.

6

접시에 슬라이스한 오렌지와 찐 아스파라거스를 보기 좋게 담고 소스를 끼얹어 냅니다.

4

아스파라거스의 단단한 밑둥 부분을 1.5~2cm 잘라 버립니다.

- 화이트 발사믹 식초는 일반 식초 1/2큰술과 설탕 1작은술로 대체해도 됩니다.
- 소스를 붓지 않고 따로 찍어 먹어도 돼요.
- 튀길 용도의 아스파라거스는 마른 면포나 키친타월로 물기를 완전히 제거해주세요.
- 남은 드레싱은 냉장 보관했다가 올리브 오일을 더해 샐러드 드레싱으로 활용해도 좋아요.
- 기름을 넉넉히 두른 팬에서 가볍고 빠르게 튀기는 팬프라이로 튀겨야 맛있어요.

5

손질한 아스파라거스를 물기 없게 닦은 후 채반에서 가볍게 말립니다.

6

팬에 오일을 넉넉히 두르고 센 불에서 아스파라거스를 굴려 가며 1분 정도 튀깁니다.

7

접시에 슬라이스한 오렌지와 튀긴 아스파라거스를 보기 좋게 담고
드레싱을 끼얹어 냅니다.

죽순나물

VEGAN

[24]

재료(1~2인분)

삶은 죽순 250g
들기름 1/2큰술
국간장 1/2큰술
마늘 1쪽
대파 10g
채수 1/2컵
들깻가루 3큰술
소금 1/4작은술+@
식물성 오일 1큰술

죽순이 흔한 고장에서는 봄이면 죽순을 삶아 얼리고 말려서 일 년 먹을 것을 준비한다고 하는데, 죽순과 거리가 먼 곳에서 자란 제게는 아주 낯선 이야기였습니다. 20대에 전라남도로 여행을 가보니, 들어가는 백반집마다 맛있는 죽순나물이 상에 올라와 신기했던 기억이 있습니다. 자주 먹던 식재료는 아니었지만 어쩌면 맛에 관한 추억이 없는 식재료라 오히려 더 자유롭게 요리할 수 있는지도 모르겠어요.
죽순으로 만든 요리 중 들깨 향 폴폴 나는 죽순나물을 소개할게요. 반드시 부드럽게 삶은 죽순으로 해야 해요. 죽순을 칼로 써는 것보다 손으로 죽죽 찢어서 조물조물 밑간을 해 만듭니다. 햇죽순을 삶아 얼려서 보관하면 가끔씩 꺼내 별미로 만들어 먹기 좋은데 이렇게 한 번 얼린 죽순이 더 잘 찢어져요. 다른 반찬이 필요 없을 정도로 밥도둑 나물이랍니다.

•
햇죽순의 아삭함도 좋지만 냉동 죽순은 부드러워 나물로 만들기 좋아요.

•
삶은 죽순은 칼로 써는 것보다 푹 삶아 손으로 찢으면 더 맛있어요.

•
⑤ 과정에서 들깻가루를 생략하고 간장과 소금으로 간을 마치면 깔끔한 맛 나는 죽순나물이 됩니다.

1

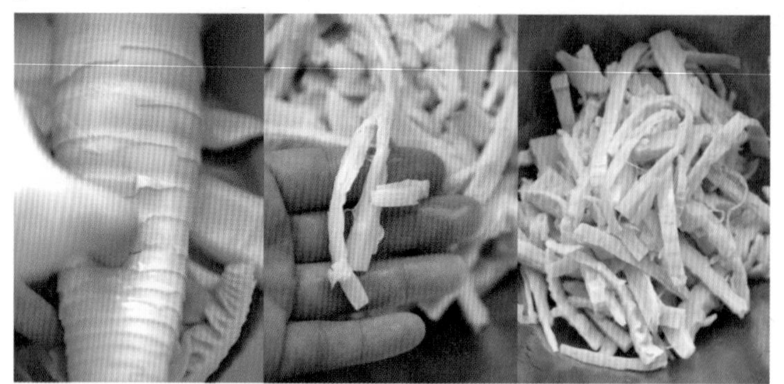

삶은 죽순을 손으로 찢어 채반에서 물기를 뺍니다.

2

①에 분량의 들기름과 국간장을 넣고 조물조물 버무립니다.

3

죽순에 간이 배는 동안 마늘과 대파를 잘게 썹니다.

4

웍이나 팬을 달군 후 식물성 오일을 넣고 양념한 죽순을 볶습니다. 그런 다음 마늘과 대파를 넣고 볶다가 분량의 채수를 부어 국물이 끓어오르면 간장과 들깻가루를 넣어 좀 더 볶습니다.

5

부족한 간을 소금으로 맞추고 들깨 양념이 자박하게 나물에 붙으면 불을 끕니다. 농도는 젓가락으로 저었을 때 흥건하지 않은 정도가 적당해요.

죽순버터볶음

VEGETARIAN

[25]

재료(2~4인분)

삶은 죽순 200g
마늘 1쪽
버터 20g
간장 $1\frac{1}{2}$큰술
혼미림 $1\frac{1}{2}$큰술
유기농 설탕 1작은술
* 송송 썬 쪽파 1큰술

일본식 이 죽순볶음은 2021년 저희 집에서 정말 큰 사랑을 받았습니다. 들어가는 양념만 봐도 맛이 없을 수 없는 조합이에요. 불향 나게 바짝 볶은 후 짭조롬하게 조린 죽순은 밥반찬으로 좋고, 술안주로도 손색 없는 한 그릇 뚝딱 요리입니다.

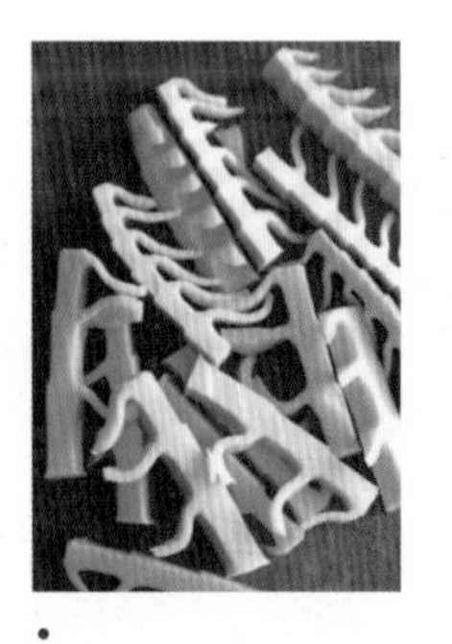

• 조미술과 설탕이 들어가 양념이 타기 쉬우니 마지막까지 불 조절에 주의하세요.

• 송송 썬 파는 없어도 무방해요. 넣으면 맛을 더 깔끔하게 잡을 수 있어요.

• 죽순의 연한 윗부분으로 만들면 더 맛있어요. 단단한 아랫부분은 크기나 두께를 조절해 볶으세요.

1

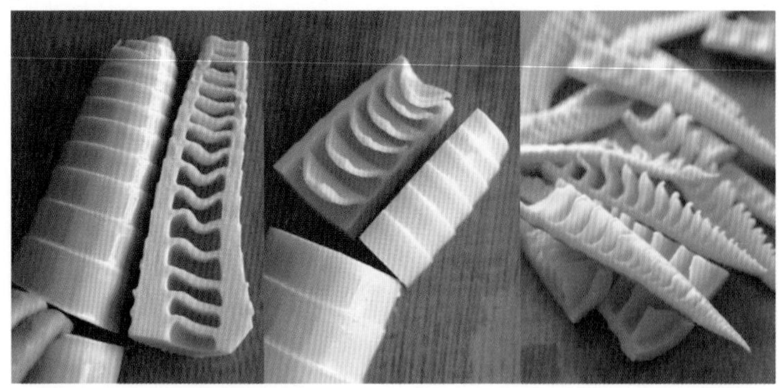

죽순은 크기나 두께에 따라 절반 또는 1/4등분 합니다.

2

마늘은 칼 옆으로 가볍게 으깹니다.

3

작은 볼에 분량의 간장, 미림, 설탕을 넣고 설탕이 녹을 때까지 잘 저어 놓습니다.

4

중간 불로 달군 팬에 버터를 넣고 마늘과 죽순을 넣어 볶습니다.

5

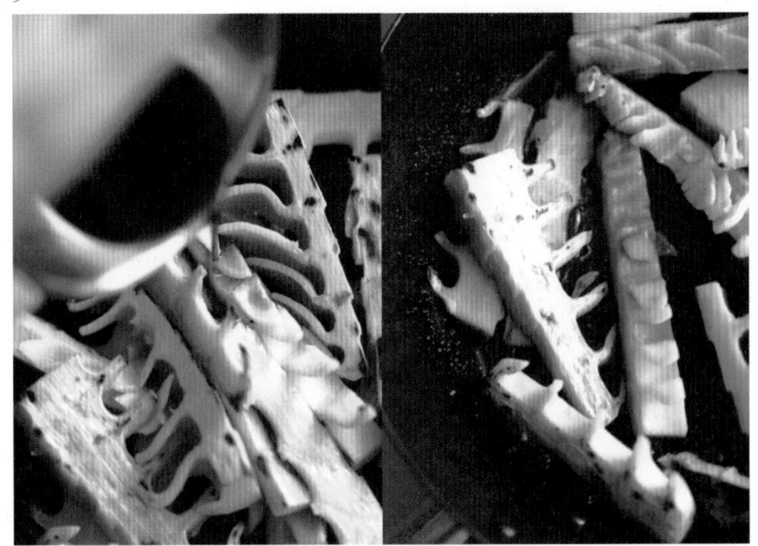

죽순의 표면이 충분히 노릇해질 정도로 볶아지면 약한 불로 줄이거나 팬을 불 옆으로 잠시 옮겨 놓은 뒤, 만들어 놓은 양념을 넣어 볶습니다.

6

마무리로 불을 중간 불로 올려 크게 한 번 볶아 완성합니다.

7

송송 썬 쪽파를 올려 서브합니다.

아삭한 봄채소야키소바

VEGAN

[26]

재료(1인분)

죽순 70g
마늘종 50g
고사리(또는 고비) 50g
스노우피 10g
야끼소바 면 150g
소스 1큰술+@
파래가루 1작은술
식물성 오일 1큰술+@
물 1/4컵

소스

양조간장 1큰술
현미식초 1/2큰술
비건용 우스터 소스 1/2큰술
메이플 시럽 1/2큰술
* 스리라차 소스 1작은술

봄이 절정에 이르러 조만간 여름이 올 것 같은 날, 냉장고에 남아있는 봄 채소로 만든 일본식 야키소바입니다. 봄의 첫나물은 향을 즐기는 데 집중했다면, 봄의 절정에 만나는 나물은 생나물의 아삭한 맛을 제대로 느낄 수 있어요. 죽순, 고사리, 마늘종, 껍질콩은 모두 식감이 매력 있어요. 이 채소들을 실컷 즐길 즈음이면 시원한 맥주 생각이 절로 나는 여름이 코 앞에 있을 겁니다.

•
봄의 첫 마늘종은 연해서 마지막에 넣고 볶아도 좋아요. 대가 굵고 세다면 맵거나 식감이 강하니 일찍 넣어 볶는 게 좋고요.

•
고사리와 죽순 손질법은 p.182~187을 참고하세요.

•
스노우피 대신 그린빈스나 줄콩을 사용해도 돼요. 이 경우 팬에 일찍 넣어 볶는 시간을 늘리거나 부드러운 식감을 위해 뜨거운 물에 살짝 데친 후 볶는 것도 좋아요.

•
비건용 우스터 소스는 앤초비가 들어가지 않은 제품입니다. 구입이 어려우면 돈가스 소스(불독)를 확인 후 구입하세요. 엄격한 채식주의자가 아니라면 일반 우스터 소스나 야키소바 소스를 넣어도 돼요.

1

분량의 소스 재료를 섞어 야키소바 소스를 만듭니다.

2

죽순, 마늘종, 고사리를 5cm 길이로 가지런하게 썹니다.

3

달군 팬에 죽순, 고사리, 마늘종 순서로 넣어 볶습니다. 센 불에 재빨리 볶는 느낌으로 채소에 윤기가 돌 정도면 충분합니다.

4

볶은 채소에 스노우피를 넣고 크게 한 번 섞은 후, 야키소바 면과 분량의 물을 부어 중간 불에서 면을 풀어줍니다. 면을 넣자마자 풀려고 하면 끊어질 수 있으니, 물을 붓고 그 열기로 자연스럽게 풀어지게 하세요.

5

면과 채소가 골고루 섞이면 약한 불로 줄여 소스를 넣고 잘 섞습니다.

6

센 불에서 크게 한 번 섞듯이 볶은 후 불을 끄고 파래가루를 뿌려 따뜻할 때 내놓습니다.

- 국산 파래가루(일본식 아오노리)를 넣으면 맛이 풍성해집니다. 없을 땐 김가루로 대체해도 좋아요.
- 야키소바 면은 온라인 매장에서 구매할 수 있어요.
- 볶는 시간이 짧으니 모든 재료와 소스를 팬 가까이 두고 바로 조리하세요.
- 시판 소스를 응용해 사용해도 됩니다.
- 취향에 따라 마요네즈나 달걀 프라이를 올려도 좋아요.
- 취향에 따라 좋아하는 다른 채소를 활용해도 돼요.

제피잎장떡

VEGAN

[27]

재료(2인분)

제피순(초피순) 50g
밀가루 1컵
물 1컵
된장 $1\frac{1}{2}$큰술
고추장 1작은술
식물성 오일 적당량

제가 기억하는 장떡은 할머니를 따라 시골에서 논 일 하는 분들께 시원한 막걸리와 함께 갖다 드린 식사 같은 새참, 안주 같은 음식이랍니다. 하지만 어린 제 기억에 그때 먹었던 장떡은 인상 찌푸릴 정도로 짰어요. 그 장떡을 어른이 되어 다시 먹어 보니 나름의 이유가 있더라고요. 오전에 부쳐 놓고 밭에 나가도 잘 상하지 않고, 쌀밥 같은 막걸리의 안주가 되어야 했으니까요. 그래서인지 지금도 장떡을 부칠 때면 엄마와 저의 계량이 엇갈려요. 조금 더 간간해야 한다는 엄마와 요즘 누가 그렇게 짜게 먹냐는 요즘 손맛이 충돌하는데, 부쳐 놓고 나면 장떡은 장 중심이어서 그런지 간간하게 만든 게 식어도 맛이 좋았어요. 제피잎이 낯설 수 있는데, 봄철 재래시장에서 유심히 살펴보세요. 생각보다 쉽게 구할 수 있어요. 향이 강한 제피잎 외에도 방앗잎, 부추, 깻잎 같은 한국식 허브라면 뭐든 잘 어울려요. 그리고 장떡은 얇게 부쳐 뜨거울 때 먹는 것보다 한 김 식으면 더 맛있어요.

•
기름을 적게 두르고 얇게 부쳐야 해요. 팬을 잘 달구어 굽거나 코팅팬을 활용하세요.

1

제피순은 가지에서 순만 분리해 손질하고 흐르는 물에
깨끗하게 씻어 물기를 최대한 제거합니다.

2

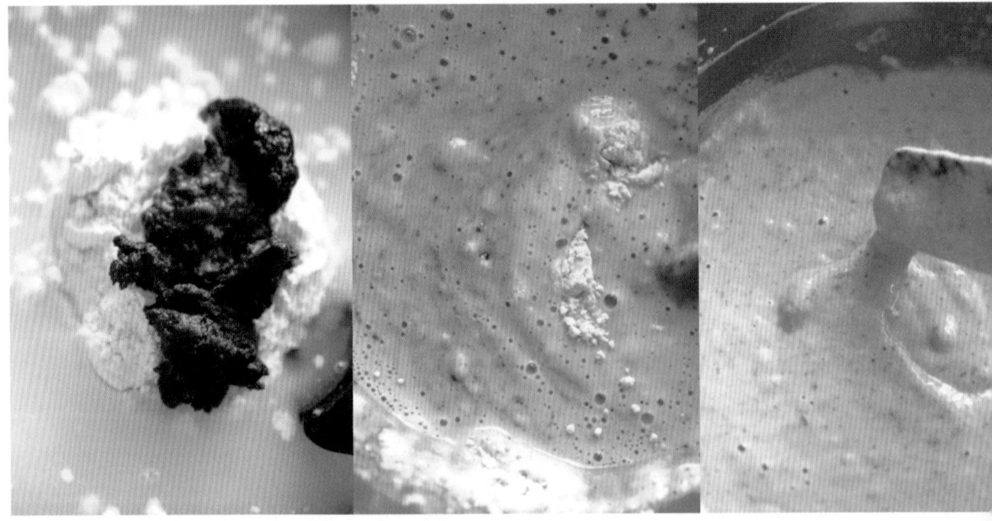

분량의 밀가루와 양념을 잘 개어 반죽을 만듭니다.

•
제피 철이 아니라면 부추나
방앗잎을 섞어 부쳐도
돼요.

•
여린 제피순은 그대로
넣어도 되지만, 어느 정도
자란 순은 칼로 잘게 썰어서
넣는 게 식감이 좋아요.

•
된장은 집집마다 염도가
다르므로 1큰술 먼저
넣어 보고 맛을 본 후에
추가하세요. 장떡은 굽고
나면 반죽물보다 짠맛이
강해지니 심심한 게 좋아요.

3

①의 제피순을 반죽에 넣고 섞습니다.

4

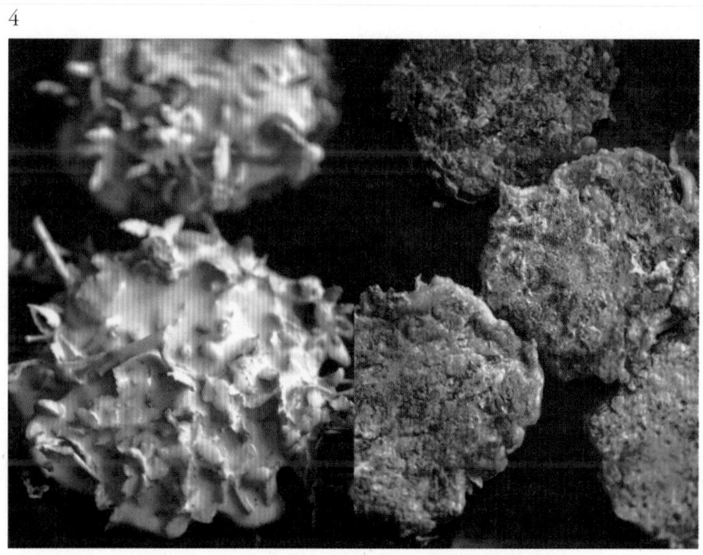

달군 팬에 기름을 두르고 한 숟가락씩 떠서 장떡을 부칩니다.

시골식 마늘종무침

VEGAN

[28]

재료(2인분)

마늘종 250g
생콩가루 1/4컵
소금 1/4작은술
양조간장 1작은술
참기름 1큰술
통깨 1큰술

엄마 반찬 하면 각자 떠오르는 음식이 있잖아요. 저는 빨간색 감자볶음이나 김무침, 꿀 넣은 멸치볶음, 그리고 이 콩가루에 찐 마늘종 무침이 생각나요. 콩가루에 버무린 채소를 찌는 건 엄마에게도 오래 기억하고 싶은 '엄마 요리'예요. 어렸을 적 외할머니댁에 가면 큰 가마솥에 밥을 지으면서 여러 반찬거리를 함께 올리셨어요. 지금 시대 멀티 쿠커처럼 쌀 위에 마늘종, 고추, 가지도 쪄냈고, 작은 밥그릇에 푼 달걀도 올려 달걀찜까지 한 번에 만드셨죠. 마늘종은 뜨거운 김에 쪄내 간장, 참기름만 넣고 조물조물 무치는데, 간단한 양념으로 최고의 맛을 끌어낼 수 있어요. 5월에 나오는 통통하고 길쭉길쭉한 마늘종을 이렇게 쪄서 무쳐 놓으면 얼마나 달큰한지요. 처음엔 엄마가 마늘종을 한 솥 가득 찌는 걸 보고 '저걸 언제 다 먹으려고 하나' 싶었는데, 별걱정이었어요. 2인분 레시피라지만, 슴슴하고 구수한 시골 맛에 반해 혼자서도 금세 다 먹게 될지 몰라요.

•
마늘종 대신 아스파라거스로 응용해도 좋아요.

1

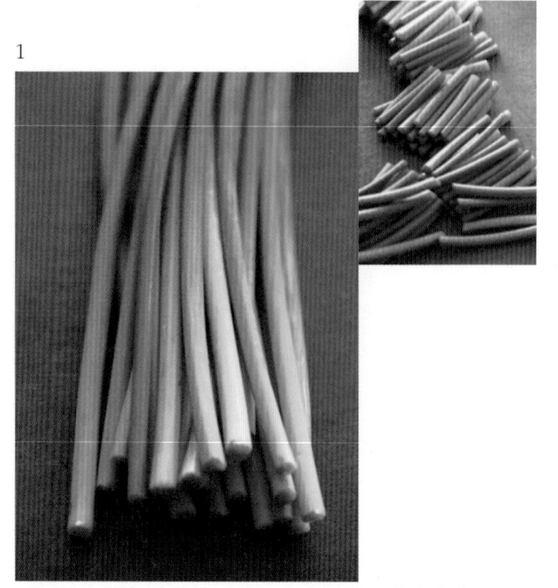

마늘종은 깨끗하게 씻어 물기가 남아있는 상태에서 5cm 길이로 자릅니다.

•
비닐백에 마늘종과 콩가루를 넣고 흔들어 가루옷을 입혀도 괜찮아요.

•
냉장 보관하면 맛이 떨어지니 그때그때 먹을 만큼 만드세요.

•
콩가루는 반드시 생콩가루를 사용하세요.

•
마늘종에 콩가루가 충분히 묻어야 쪘을 때 맛있어요. ③ 과정에서 마늘종의 표면이 말라 있으면 물 스프레이를 한 뒤 콩가루를 입히세요.

2

찜솥을 불에 올리고 물이 끓는 사이, 믹싱볼에 썰어 놓은 마늘종과 분량의 소금, 생콩가루를 넣고 잘 섞어 마늘종에 콩가루옷을 입힙니다.

3

찜솥에 김이 오르면 젖은 면포를 깔고 ②의 마늘종을 얹어 10~15분 정도 찝니다.

4

손으로 눌렀을 때 부드럽게 눌러지면 면포째 들어내 믹싱볼에 담습니다.

5

뜨거울 때 양조간장, 참기름, 통깨를 넣고 버무립니다.

봄열매마낫토샐러드

VEGAN

[29]

우연히 본 중국의 마 요리는 생소했어요. 마를 길게 썰어 찜솥에 찐 다음 딸기콤포트 같은 딸기 소스를 곁들여 먹는데, '대체 저게 무슨 맛일까?' 너무 궁금해서 직접 만들어 봤어요. 봤던 대로 요리하기에는 제가 너무 한국 사람이었던지 별 매력을 느끼지 못하겠더라고요. 그래서 제 스타일대로 봄 열매와 낫토를 섞어 즐겨 먹는 청국장 샐러드로 완성했어요. 마를 생으로 넣는 방법과 쪄서 넣는 방법이 있어요. 잘게 썬 생마는 식감이 좋고, 포근하게 찐 마는 따뜻한 샐러드가 필요한 날 구운 빵과 함께 먹으면 좋아요. 산딸기나 오디, 블루베리 같은 열매를 듬뿍 즐길 수 있는 것도 좋아요.

재료(1인분)

마 200g
산딸기(오디, 딸기 등 봄 열매) 100g+@
낫토 1팩(50g)
오미자청 1/2큰술
올리브 오일 1큰술
* 양조간장 1/4작은술

•
간장은 생략해도 되지만, 낫토 향이 익숙지 않을 경우 넣으면 한결 먹기 편해요.

•
마를 통으로 쪄서 깍둑썰기해도 돼요.

•
마와 낫토는 먹기 전 힘차게 휘저어 끈끈한 점액질을 만들어 먹어야 낫토 속 뮤신을 활성화시킬 수 있어요.

•
찐 마가 뜨거울 때 섞으면 낫토의 유익균이 죽으니 반드시 한 김 식어 적당히 따뜻한 상태에서 완성하세요.

1 잘 씻어 껍질 벗긴 마를 깍둑썰기해서 접시에 담습니다. 김 오른 찜통에 넣고 10분 정도 찐 다음 꺼내 한 김 식힙니다.

2 낫토를 젓가락으로 잘 휘저어 포근하게 찐 마 위에 올린 후 잘 섞습니다. 산딸기를 취향껏 듬뿍 얹습니다.

1 작은 그릇에 산딸기 50g과 분량의 오미자청, 간장, 올리브 오일을 넣고 과육을 순가락으로 으깨어 드레싱을 만듭니다.

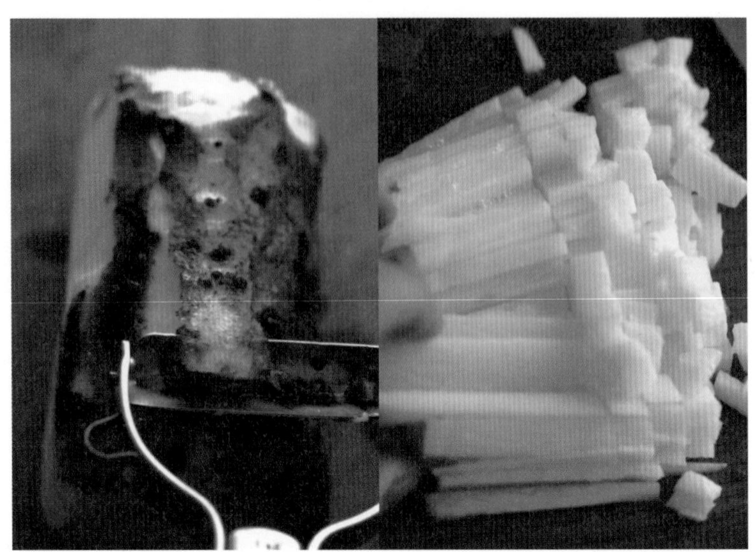

2 마는 깨끗이 씻어 필러로 껍질을 벗긴 후 곱게 채 썬 다음 다시 잘게 썹니다.

3 볼에 썰어놓은 마를 담고 젓가락으로 휘저어 끈끈한 점액질을 만듭니다.

4 낫토도 젓가락으로 휘저어 ③에 넣고 섞습니다.

5 산딸기를 취향껏 듬뿍 얹습니다. 만들어 놓은 드레싱을 뿌려 잘 섞어가며 먹습니다.

햇양파그라탱

VEGETARIAN

[30]

햇양파도 봄이면 밥상에 자주 올라오는 채소예요. 맵지 않고 달아 생으로, 쌈장 아닌 날된장에 찍어 먹거나 양파 듬뿍 넣고 오이와 무쳐 먹지요. 대부분 이렇게 햇양파를 즐기지만, 작고 단단한 장아찌용 양파가 나오면 얘기가 달라져요. 저는 이때가 되면 작은 양파들로 그라탱을 만들어 저만의 세리머니를 해요. "올해 햇양파 제대로 먹었어!" 하면서요. 사실 그라탱 용도의 양파는 수분이 많은 햇양파보다 맛이 강한 저장 양파가 더 좋아요. 하지만 봄 양파는 그 나름의 매력이 있어서 시기를 놓치지 않고 꼭 만들어 먹지요. 연한 봄 잎처럼 순한 그라탱의 맛을 느낄 수 있어요.

재료(30×23×5cm 타원형 용기 기준)

장아찌용 양파 800~1kg
완숙 토마토 400g
마늘 5쪽
소금 1/2작은술
올리브 오일 1½큰술
우리밀 빵가루 40g
파르메산 치즈 40g
타임잎 5g

- 소금 간을 충실히 해야 맛있어요. ⑤ 과정에서 소금의 양을 꼭 지켜주세요.
- 부족한 간은 파르메산 치즈로 맞추세요.
- 갓 구워 뜨겁게 먹어도 맛있고, 다음 날 식은 상태로 먹어도 맛있어요.
- 양파는 겉껍질만 벗겨 씻은 후, 얇은 껍질 그대로 통으로 구우면 맛이 더 깊어져요.

1

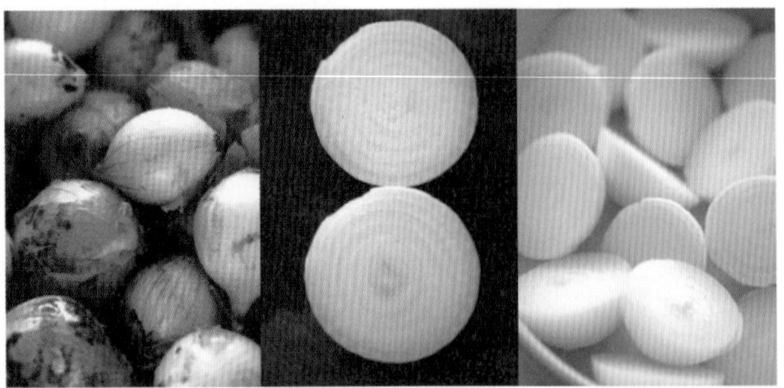

재료를 손질하기 전 오븐을 180도로 예열하고, 양파의 껍질을 벗겨 가로로 절반 자릅니다.

2

완숙 토마토는 크기에 따라 1/2 또는 1/4 크기로 자릅니다.

3

마늘은 향을 더 짙게 내기 위해 도마에 놓고 칼 옆으로 가볍게 으깹니다.

4

타임의 절반 분량은 잎을 분리하고, 나머지는 줄기를 남겨 두세요.

5

베이킹 볼에 손질한 양파와 마늘을 넣고 분량의 소금, 올리브 오일을 넣어 마사지하듯 버무립니다.

6

준비한 토마토를 ⑤에 넣고 오일이 묻을 정도로만 가볍게 버무려 겹치지 않고 평평하게 만듭니다.

7

작은 볼에 분량의 빵가루, 파르메산 치즈, 타임잎을 넣고 골고루 섞습니다.

8

양파와 토마토 위로 ⑦을 소복하게 올립니다.

9

타임 줄기를 올리고 알루미늄 포일을 덮은 다음 예열한 오븐에 넣어 굽습니다.

10

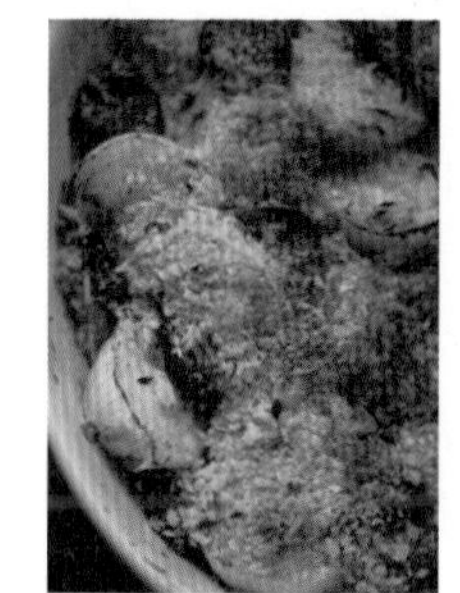

30분 정도 구워 속을 익힌 후 포일을 제거하고, 20~30분 빵가루의 윗면이 노릇해질 때까지 구우면 완성입니다.

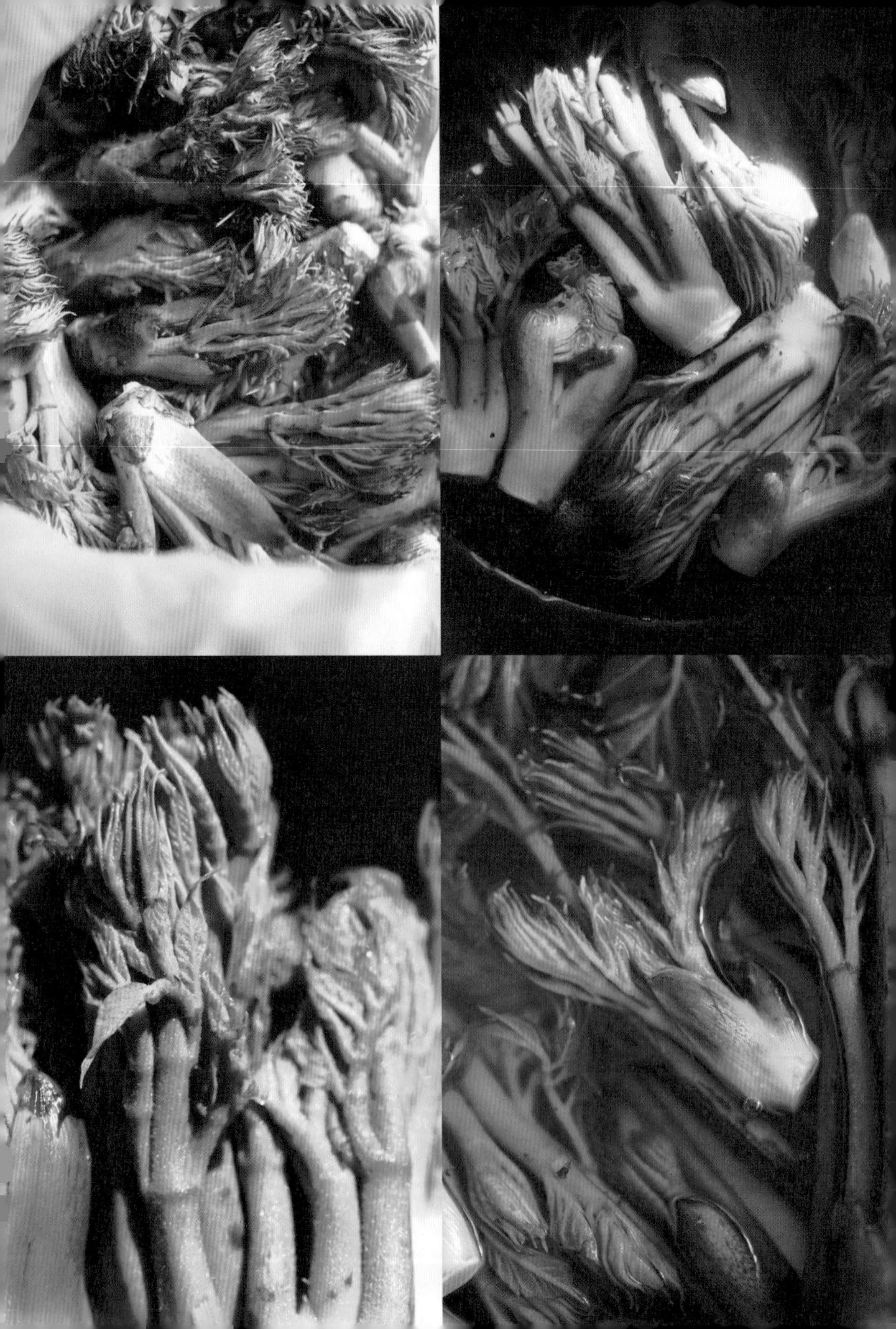

두릅 다루기

[A]

버섯과 마찬가지로 순이 모두 활짝 피어나지 않은 두릅이 향이 진한 상품입니다. 겉순이나 중간 마디에서 나오는 순보다 통통하고 부드러운 초벌 두릅이 좋습니다

손질하기 껍질이 남아있는 두릅의 밑동을 잘라내면 옆 껍질이 함께 떨어져요. 붙어있는 가시는 데치는 과정에서 부드러워지니 그냥 둬도 돼요. 하지만 굵고 가시가 억셀 땐 칼등으로 살살 긁어내 정리합니다.

데치기 끓는 물에 소금을 넣고 1분 이내로 살짝 데칩니다. 시간 엄수보다 줄기가 부드럽게 눌리면 적당해요. 데친 두릅은 찬물에 헹굽니다. 숙회나 나물무침용은 부드럽게 익는 게 좋고, 볶음이나 오븐구이 등 2차 요리를 할 경우라면 데치는 시간을 좀 더 짧게 잡으세요.

보관하기 씻지 않은 상태로 종이나 키친타월에 싸 냉장 보관합니다. 데친 두릅은 1~2일 이내에 드세요.

고사리 다루기

[B]

봄의 순들은 적은 양이지만, 독성이 있는 경우가 많아 이를 식용으로 쓸 수 있게끔 손질하는 과정이 필요합니다. 이것은 약초의 독성을 제거하고 성질을 바꾸어 식용할 수 있게끔 법제하는 과정과 일맥상통하는데 두릅, 고사리, 고비, 죽순 등이 반드시 이 과정이 필요한 재료입니다. 우리가 흔히 나물을 데칠 때 넣는 소금이나 밀가루, 쌀뜨물 등도 색을 좋게 할 뿐만 아니라 재료 속 독성을 빼내고 중화시키는 역할도 한답니다. 특히 고사리의 경우, 소금을 사용하는 방법이 한식에 가장 잘 맞았습니다

손질하기 이물질을 고르고 끓는 물에 소금을 넣고 5분 정도 데칩니다. 시간 엄수보다 나물의 상태를 잘 체크하는 게 더 중요해요. 고사리 줄기가 부드럽게 눌리면 적당해요. 건나물로 만들고 싶다면 조금 더 부드럽게 데치세요. 데친 후에는 바로 건져 찬물에 헹굽니다. 수시로 물을 갈아주며 물에 하루 동안 담가 남아 있는 쓴맛과 독성을 빼냅니다. 실내 온도가 높다면 그릇을 냉장고에 넣어두고 물을 갈아주세요.

보관하기 물기를 뺀 뒤 지퍼백에 넣어 7일 이내 먹을 것은 냉장고에, 그 이후 먹을 것은 냉동실에 보관합니다. 또는 데친 고사리를 채반에 널어 햇볕에 말린 후 건나물로 보관합니다.

고비 다루기

[C]

생긴 건 고사리와 비슷한데, 고사리보다 연하고 씹는 맛이 있어요. 개인적으로 식감은 고사리, 맛은 고비라고 생각해요. 고사리보다 맛이 좀 더 선명한 느낌이에요.

데치기 끓는 물에 소금을 넣고 가져온 그대로 넣어 5분 정도 데칩니다. 줄기를 살짝 눌렀을 때 부드럽게 눌리면 적당해요. 그러면 바로 건져 찬물에 헹굽니다. 이때 양손으로 비벼가며 겉비늘을 벗깁니다. 한두 번으로 되지 않고 여러 번 해야 해요. 깨끗한 물이 나올 때까지 살살 비벼가며 헹구는 것이 포인트예요. 그런 후에는 수시로 물을 갈아주면서 물에 하루 동안 담가 남아 있는 쓴맛과 독성을 빼냅니다. 실내 온도가 높다면 그릇을 냉장고에 넣어두고 물을 갈아주세요.

보관하기 물기를 빼고 지퍼백에 넣어 7일 이내 먹을 것은 냉장고에, 그 이후 먹을 것은 냉동실에 보관합니다. 또는 데친 고비를 채반에 널어 햇볕에 말린 후 건나물로 보관합니다.

죽순 삶기

죽순 속잎

죽순 속잎 된장국

죽순 말리기

죽순 다루기

[D]

생죽순은 한 철만 나오는 식재료라 한 번에 충분히 구입해 손질해 놓으면 오랫동안 입이 즐거워요. 연한 윗부분은 죽순회로 초장에 찍어 먹기 좋아요. 중간 부분은 식감이 좋아 볶음이나 나물로 활용해요. 아래쪽 단단한 부분은 조리 시간이 긴 조림용으로 적당해요. 회로 먹는 윗부분을 감싼 보드라운 속껍질도 버리지 말고 잘라서 맑은 된장국으로 끓여 먹으면 그 맛이 일품이에요.

손질하기 죽순을 반으로 쪼개어 껍질을 벗긴 후 알맹이만 삶는 방법과 겉껍질 몇 장만 벗겨내고 단단한 아랫부분을 자른 후 통째로 삶는 방법이 있어요. 커다란 냄비에 죽순을 넣고 물, 쌀겨 가루(또는 쌀뜨물), 마른 고추를 넣고 40분~1시간 죽순이 부드러워질 때까지 삶습니다. 쌀겨는 단단한 죽순을 부드럽게 하고 죽순 속 수산 성분을 빼내는 역할을 해요. 삶은 후에는 찬물에 하루 동안 담가 아린 맛을 제거해요.

보관하기 일주일 내 먹을 것은 지퍼백에 담아 매일 물을 갈며 냉장 보관합니다. 2~3개월 두고 먹고 싶다면 유리병에 넣어 진공 처리하세요. 소독한 유리병에 삶은 죽순을 넣고 물을 가득 채운 다음 뚜껑을 살짝만 닫은 상태로 냄비에서 15~20분 중탕 소독하면 돼요. 병 내부에서 기포가 올라오며 공기가 빠져나가면 고무장갑을 끼고 병뚜껑을 꽉 잠근 후 다시 물에 넣고 15~20분 삶습니다. 그런 다음 꺼내어 병을 거꾸로 엎어놓고 식혀요. 더 오래 보관하고 싶다면 냉동실에 넣거나 길이로 썰어 볕에 말려서 건나물로 만들면 됩니다.

양념장

겉절이

토스트

유부초밥

제피순 활용하기

[E]

초봄에 초피나무에서 나오는 순이에요. 특유의 향이 있어 호불호가 있지만, 그 맛에 빠지면 봄 되면 일부러 찾아 먹게 되는 별미 식재료예요. 제피순은 어린 순은 줄기째 쓰지만 다 자라 줄기가 억세다면 부드러운 부분만 사용합니다.

겉절이 고추장에 조청이나 올리고당을 섞어 겉절이로 버무려 먹어요. 두부구이나 죽순전처럼 기름진 음식과 함께 곁들여 먹으면 좋아요. **양념장** 제피순을 송송 다져 초간장이나 국간장에 섞어 양념장으로 만들면 제피순의 향을 제대로 즐길 수 있어요. **토스트** 제피의 향긋함을 빵으로 즐기는 방법도 있어요. 빵에 모차렐라 치즈를 얹고 치즈가 녹으면 그 위에 제피순을 올려요. **유부초밥** 밥에 제피순을 넣고 섞거나 완성한 초밥 위에 고명으로 얹어요.

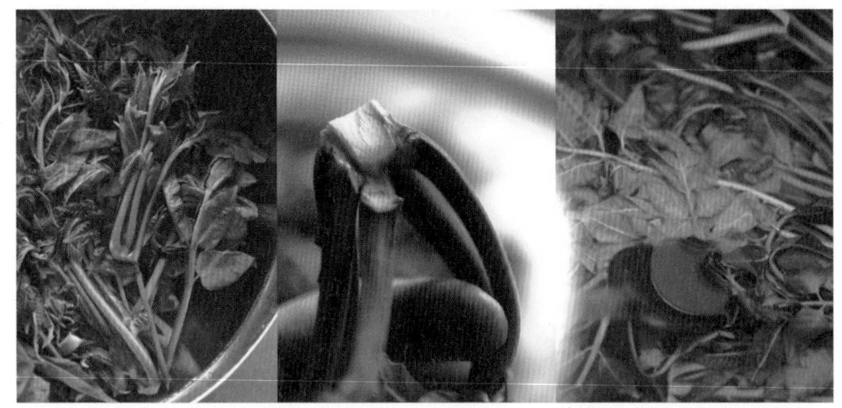

나물

부침

김밥

가죽나물 활용하기

[F]

가죽나물은 잎이 너무 작지 않고 싱싱한 것을 골라야 해요. 아주 여린 것은 그대로 사용하고, 크기가 크거나 부드럽지 않은 것은 옆 가지를 구부려 톡톡 꺾어가며 손질해 부드러운 부분만 사용합니다. 손질 후 생으로 무치거나 데쳐서 무치거나 장아찌로 만들어 먹어요. 전으로 부쳐 먹어도 맛있어요.

나물 끓는 물에 소금을 넣고 살짝 데쳐 참기름과 소금을 넣고 조물조물 무칩니다. **겉절이** 고추장, 당분, 통깨를 넣고 무쳐요. 바로 먹을 땐 참기름을 살짝 넣고, 냉장고에 두고 먹으려면 참기름과 깨를 빼고 고추장과 당분으로만 버무려요. 순에서 물이 나오니 고추장에 무칠 땐 양념을 홍건하게 하지 않는 것이 포인트예요. **김밥** 생으로 고추장에 무치거나 데쳐서 참기름에 무친 나물을 김밥 속 재료로 활용해 보세요. 이렇게 만든 김밥은 가죽나물 특유의 맛으로 여러 재료 없이 당근, 달걀만으로도 충분해요.

봄꽃 & 봄 채소튀김 즐기기

[G]

튀김을 좋아하지 않는 사람도 봄에는 봄 향기 물씬 나는
튀김 한 접시는 꼭 먹어야 해요. 이때 어울리는 재료로
아카시꽃, 머위꽃, 햇양파, 두릅, 쑥갓을 추천합니다.
그 외에도 향이 있는 봄 채소, 봄꽃이라면 무엇이든 응용할
수 있답니다. 꽃은 가급적 비 오기 전 수확해야 꽃봉오리에
머금은 향을 온전히 느낄 수 있어요. 지나다 머위꽃이 보이면
이것도 함께 사용해도 좋습니다. 5월의 머위꽃은 살짝
억센 듯하지만 한 입 베어 물면 머위의 쌉싸름한 맛과 향에
달콤함까지 더해져 봄의 별미가 아닐 수 없어요. 두릅이며
쑥갓, 햇양파도 함께 튀겨내 한 접시에 봄의 다양한 맛과 향을
담아보세요. 재료에 마른 가루를 한 번 입힌 후 튀김 가루나
밀가루에 얼음물을 넣고 가볍게 섞어 만든 물반죽을 입혀
튀깁니다.

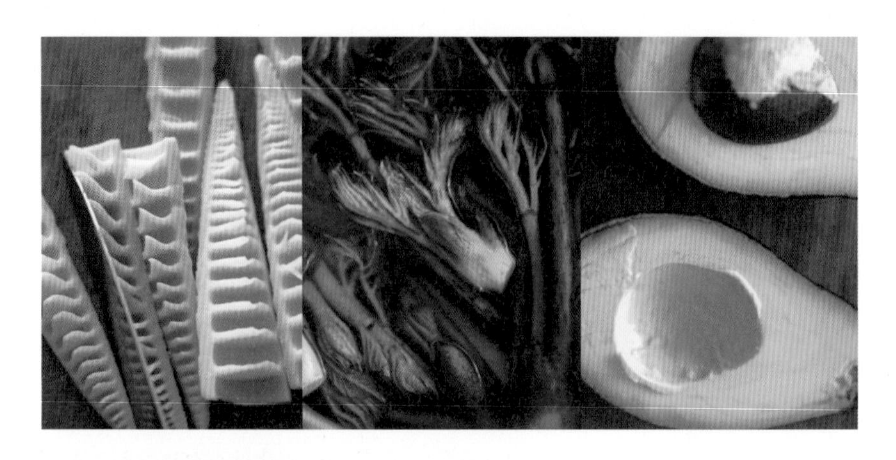

봄나물손김밥 즐기기

SPRING CADENZA

[H]

보약 같은 봄나물을 어떻게 하면 더 맛있게 먹을 수 있을지 고민하는 게 제 일입니다. 물론 클래식한 조리법을 따라갈 수 없겠지만, 새롭게 즐기는 방식을 찾을 때 그 기쁨은 말로 표현할 수 없죠. 갖가지 봄나물이 모이면 대부분 나물비빔밥을 생각하는데, 이렇게 손으로 아기자기하게 말아먹는 나물 한 상의 반응은 정말 폭발적이었어요. 특히 나물 좋아하시는 어른들이 이 신식 담음새와 먹는 법에 푹 빠져 예약 문의까지 받을 정도였어요. 방법은 의외로 간단합니다. 두릅, 엄나무순, 햇죽순, 제피순, 아스파라거스, 오가피순 등 여러 봄의 순들을 각자의 방식대로 데치거나 생으로 준비합니다. 여기에 빠져서는 안 되는 게 잘 익은 아보카도예요. 질 좋은 김일수록 쌈에도 품격이 생기고, 나물은 부족하지 않게 풍성하게 준비하는 것이 좋습니다.

준비한 재료

두릅, 죽순, 아스파라거스, 제피잎(초피순), 쪽파, 아보카도, 토마토, 양념장(양조간장 1큰술+국간장 1작은술+참기름 1작은술+깨소금 적당량), 와사비간장(양조간장+와사비), 구운 김, 밥

여 름

[SUMMER]

자고 일어나면 쑥쑥 자라는 여름 채소지만, 장마를 만나면 텃밭은 대략 난감입니다. 토마토는 터지기 일쑤고, 오이는 향이 하나 없이 물맛만 가득하고, 가물거나 비가 많이 오느냐에 따라 호박의 아랫배는 통통하지만 허리는 가득 졸라맨 것처럼 홀쭉하기도 합니다. 텃밭에는 비닐멀칭도 하지 않고 제초제도 쓰지 않아 잡초는 뽑아주는 것만이 답입니다. 손바닥 만한 텃밭이지만, 도시농부 정도는 되지 않을까 싶습니다. 첫해 물만 열심히 길러주던 때와 달리 이제 작물에 주는 물이 채소의 맛을 좌지우지 할 수 있음을 배웠고, 잡초 제거는 비 온 뒤에 하는 것이 좋으며, 물은 아침 일찍 또는 해 질 녘에 주는 것이 좋다는 것도 텃밭 이웃을 통해 배우고 있으니까요.
그럼에도 불구하고 저는 변화무쌍한 여름의 채소밭이 좋습니다.

성질 급한 저를 닮아서인지 비 온 후 드라마틱하게 자라고 있는

가지에서 활기찬 생명력을 느낄 때마다

과일 한 알, 채소 한 알 다루는 마음가짐이 달라집니다.

애초 텃밭을 일구는 목적도 채소를 길러 먹는 목적보다 점 같은 씨앗에서 싹이 트고 잎이 자라 꽃을 피우고 열매가 열리는 과정에서 채소를 이해하고 싶은 마음이었습니다.

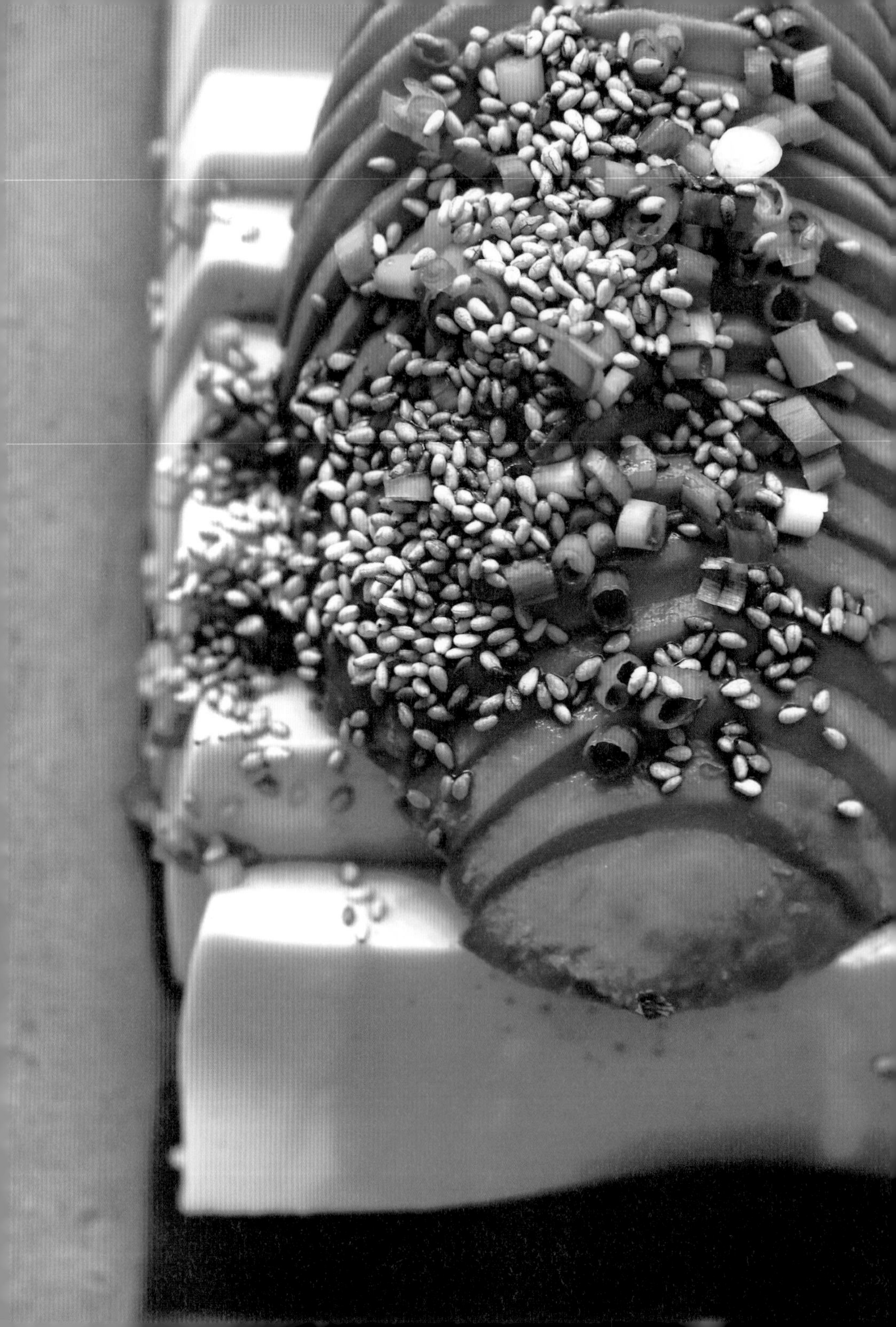

아보카도냉두부

VEGAN

[31]

재료

연두부 1모(400g)
잘 익은 아보카도 1/2개
쪽파 3~5대
통깨 1큰술
양조간장 1큰술

만들기 아주 간단한데 눈에 띄는 요리는 매력 있습니다. 이번에 소개할 아보카도 냉두부처럼요. 이 요리는 제가 싱가포르에서 지낼 때 중국식 요리법을 참고해서 만들었어요. 만드는 방법보다 재료의 상태가 맛을 좌우하는 요리로 잘 익은 아보카도가 있으면 누구라도 쉽게 만들 수 있습니다. 아보카도가 익은 상태와 두부의 질감이 맛의 퀄리티를 결정지을 만큼 중요한 역할을 하는데, 해외에선 'Silken Tofu', 우리 식으로 치면 연두부에 가까운 두부를 사용했습니다. 국내에선 잔다리마을 공동체에서 나온 두부가 제 레시피에 가장 잘 어울리는 맛을 냈습니다. 부득이할 경우 일반 연두부를 사용하세요. 간단한데 모두 "어머, 이게 뭐야!" 하며 환호를 부르는 맛입니다.

•
기호에 따라 참기름 1작은술을 올려도 좋아요.

•
구운 김에 싸 먹어도 맛있어요.

•
아보카도의 숙성 정도가 맛을 결정하는 요리로 아보카도가 부서질 정도로 과숙 되었다면 두부와 비슷한 두께로 도톰하게 자르세요.

•
연두부와 일반 두부의 중간 정도의 잔다리마을 '전두부'를 추천해요. 구입이 어렵다면 일반 연두부를 사용하세요.

•
통깨가 맛있으면 음식 맛이 한결 살아납니다(p.39 통깨 볶기 참고).

1

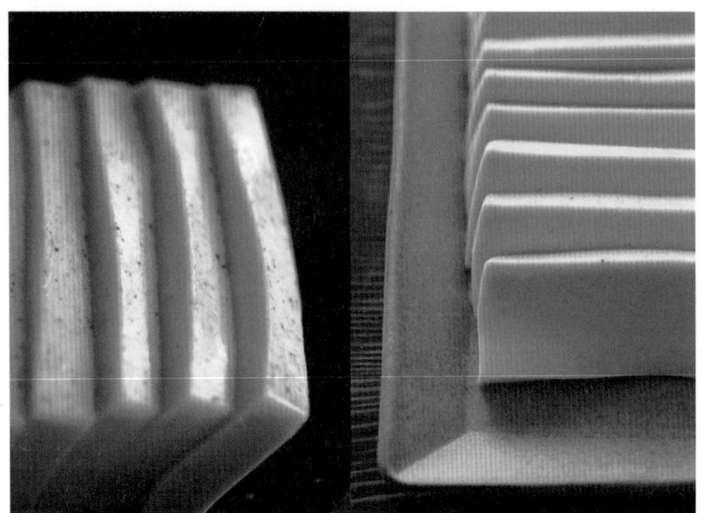

두부는 슬라이스 해서 접시에 담습니다.

2

쪽파를 송송 잘게 썹니다.

3

아보카도는 절반으로 잘라 씨를 빼고 얇게 슬라이스한 다음 칼 옆면을 이용해 ①의 두부 위로 얹습니다.

4

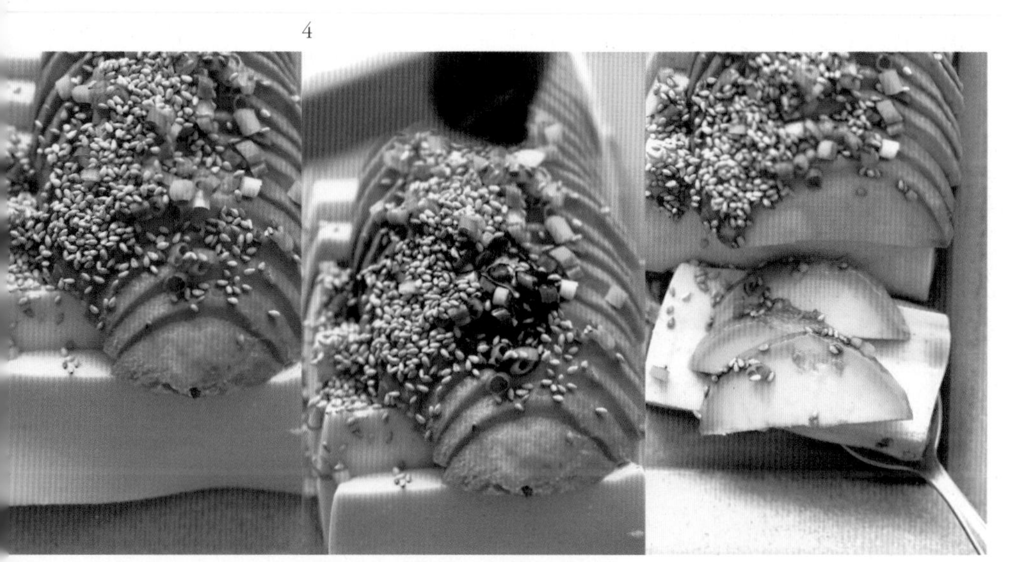

쪽파와 통깨를 얹고 분량의 간장을 아보카도 위로 끼얹듯 뿌리면 완성입니다.

주변에 권하기를 봄에 바질 심듯 방아도 함께 키워 보라고 말합니다. 바질이 여러모로 유용한 것처럼 방앗잎 또한 못지않습니다. 키우기도 쉽고요. 방앗잎은 향도 좋지만, 맛이 달콤해요. 생으로 쌈 싸 먹어도 좋고, 장떡으로 해 먹어도 맛있어요. 이번에는 여름 감자와 함께 볶아 먹는 방법을 소개할게요. 특유의 향 때문에 입에 넣으면 "오호!"하는 소리가 절로 나옵니다.

여름감자방앗잎볶음

VEGAN

[32]

재료(1~2인분)

감자 2개
방아 10g(2~3줄기)
식물성 오일 2큰술+@
물 1큰술+@
소금 1/2작은술

1

감자는 껍질을 벗겨 슬라이스한 다음 곱게 채 썹니다.

2

채 썬 감자를 물에 담가 전분을 뺍니다.

3

방아는 줄기에서 잎만 떼어 칼로 잘게 썰거나
손으로 적당한 크기로 뜯어 놓습니다.

4

②의 감자를 채반에 건져 물기를 빼고 팬을 예열합니다.

5

달군 팬에 오일을 넉넉히 두르고, 감자를 넣고 볶습니다.

6

감자에 기름이 배면 물을 1~2큰술 넣어 감자 속까지 잘 익힙니다. 너무 익으면 부서질 수 있으니 주의하세요.

7

준비한 방앗잎과 소금을 넣고 좀 더 볶아 완성합니다.

한여름 비빔밥을 위한 애호박된장찌개

VEGAN

[33]

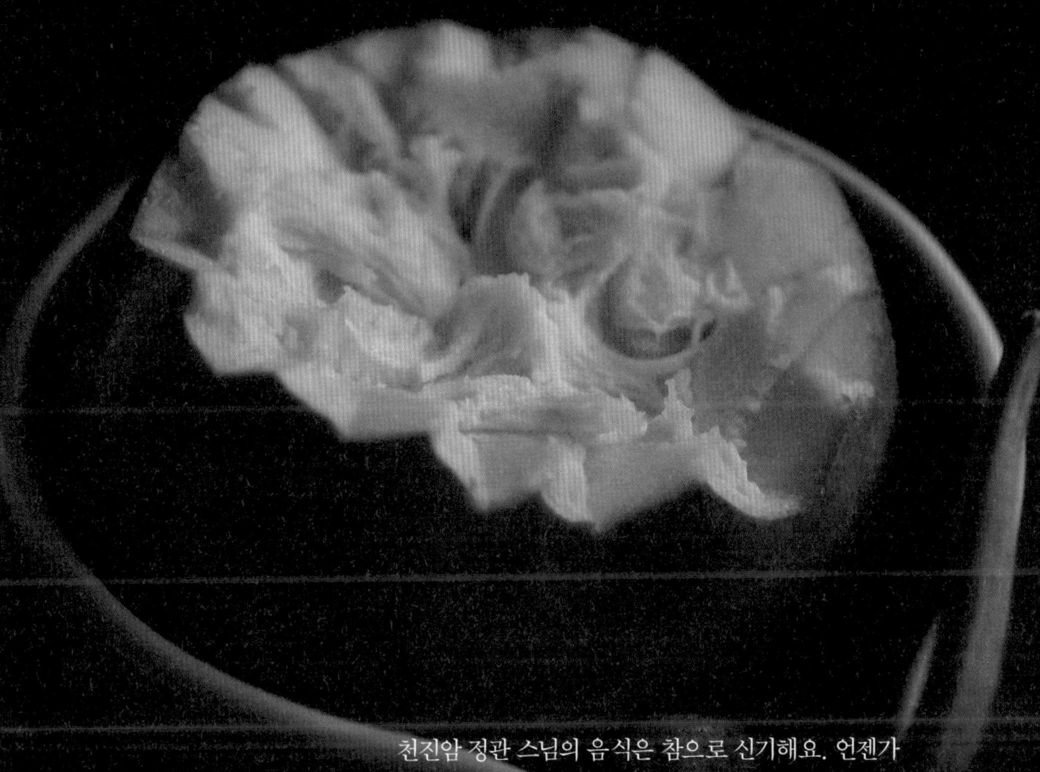

재료(작은 뚝배기 1개분)

애호박 1/2개(120g)
된장 2큰술
채수 240mL
표고버섯 1/2개
양파 1/4개(40g)
매운 고추 1개
붉은 고추 1개

천진암 정관 스님의 음식은 참으로 신기해요. 언젠가 부처님오신날에 대중공양 준비를 할 때였어요. 호박 한 덩이를 칼끝으로 쪼개듯 잘라 넣는 모습에서 큰 깨달음을 얻었어요. 스님은 둥그런 호박을 손바닥 위에 올려놓고 휙휙 돌려가며 한입 크기로 뜯어내듯 자르셨는데, 깍뚝썰 때보다 호박의 맛이 된장에 한층 더 부드럽게 잘 어우러졌어요. 이렇게 만든 된장찌개를 연한 열무나 상추 듬뿍 넣고 비벼 드셔 보세요. 호박잎이나 양배추쌈에 곁들여도 좋아요. 평소 먹는 된장찌개보다는 짭짤해 땀을 많이 흘리는 더운 여름날 특히 잘 어울린답니다.

1 애호박은 칼끝으로 뜯어내듯 자릅니다.

2

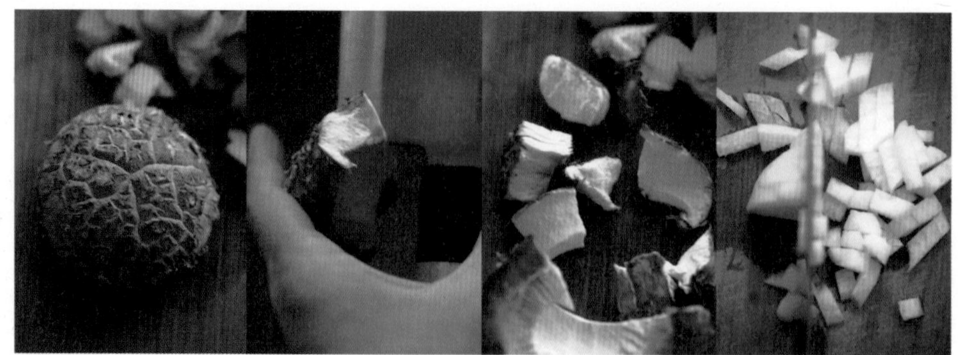

버섯도 같은 방법으로 자르고, 양파는 잘게 썰어 준비합니다.

3

매운 고추와 붉은 고추는 잘게 썹니다.

4

뚝배기에 채수를 붓고 불을 켜 끓어오르면 호박, 버섯, 양파, 고추를 넣고, 다시 끓어오르면 된장 2큰술을 넣습니다.

5

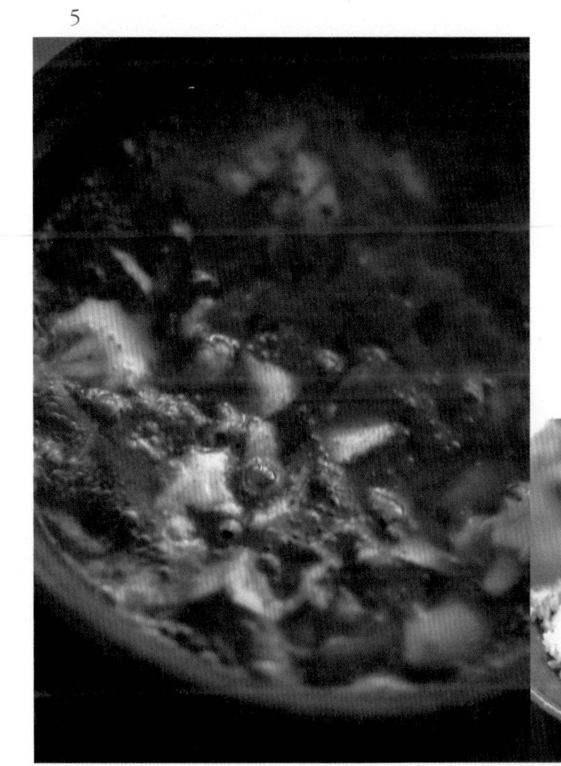

한 번 더 바르르 끓어오르면 불을 끕니다.

체리라디치오샐러드

VEGAN

[34]

쌉싸름한 채소를 잘 먹는 편인데도 이상하게 라디치오(적채)는 손이 잘 가지 않는 음식 재료였어요. 예쁜 색에 이끌려 한 봉지 구입하지만, 번번이 냉장고에서 제일 오랫동안 남아 있더라고요. 남은 라디치오를 보며 맛있게 먹을 수 있는 방법을 찾아보기로 했지요. 그날 우연히 농장에서 가져온 체리를 함께 넣어 상에 냈는데 새콤달콤한 체리의 맛과 쌉싸름한 라디치오의 맛이 환상의 궁합을 발휘했어요. 이 샐러드 덕분에 이제 라디치오 한 통 먹는 건 일도 아니게 되었어요. 색깔은 또 얼마나 예쁜지, 아름다운 색 때문에 내 손으로 만들어 그릇에 담아 놓고도 한참을 바라보며 감탄하게 되는 요리예요.

재료

라디치오 100g
체리 200g
산딸기 30g
화이트 발사믹 식초 $1\frac{1}{2}$큰술
올리브 오일 1큰술
굵게 간 후추 1/4작은술

- 산딸기가 없을 땐 일반 딸기나 블루베리 같은 열매류로 대체하세요.
- 체리는 수입산보다 국산 체리가 과즙이 더 많아요.

1

라디치오는 잎을 한 장씩 떼어 흐르는 물에 씻은 후 채반에 올려 물기를 뺍니다. 샐러드 스피너로 확실히 빼면 더 좋습니다.

2

체리는 과도로 과육과 씨앗을 분리합니다. 씨앗 제거기를 이용하면 편리해요.

3

절구에 손질한 체리 30g과 분량의 산딸기, 화이트 발사믹 식초를 넣고 으깨어 드레싱을 만듭니다.

4

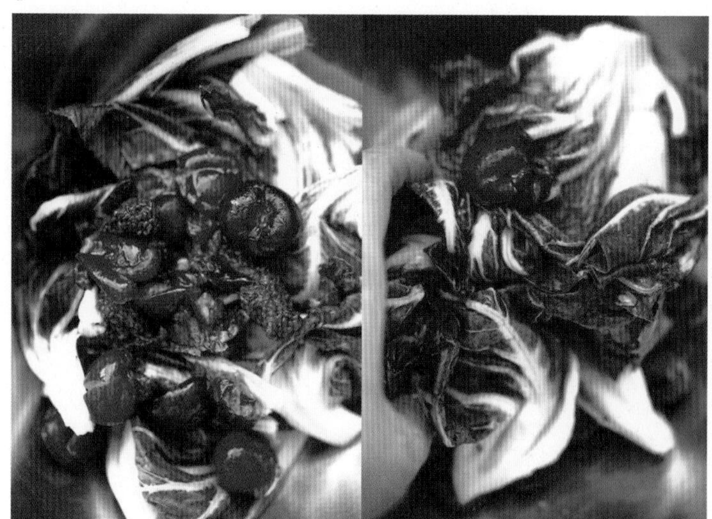

씻어 놓은 라디치오잎에 ③의 드레싱과 분량의 올리브 오일을 넣고 마사지하듯 잘 버무립니다.

5

샐러드 볼에 ④의 라디치오와 남은 체리를 듬뿍 올려 냅니다.

옥수수파스타

VEGETARIAN

[35]

〈뉴욕타임스〉에서 본 이 옥수수 파스타는 잊어버릴 만하면 생각이 나는 마성의 음식이에요. 옥수수의 맛을 해치지 않기 위해 마늘도 쓰지 않아 재료가 가진 장점을 최대한으로 끌어내는 음식인데 새삼 인간의 맛 다루는 능력에 감탄하게 됩니다. 어른들은 파르메산 치즈 올려 와인과 함께 먹으면 좋고, 아이들은 달콤한 소스에 버무리는 것만으로도 샛노란 옥수수 맛에 눈을 뜰 수 있지 않을까 기대를 해봅니다.

재료(2~3인분)

익힌 초당 옥수수 2개
오르키에테(또는 다른 형태의 숏 파스타) 130g
양파 1/4개 30g
대파 흰 부분 1대분
버터 2큰술
물 $1\frac{1}{2}$컵+@
소금 1/4작은술+@
파르메산 치즈 적당량
* 바질잎 적당량

•

비건이라면 버터 대신 올리브 오일이나 코코넛 오일을 사용하세요.

•

④에서 대파와 양파는 색이 진해지지 않게 볶습니다. 노릇하면 옥수수의 순수한 맛을 해치기도 하고 소스에 갈색빛이 묻어나 그릇에 담았을 때 덜 예쁩니다.

1

옥수수는 칼로 알만 분리합니다.

2

남은 옥수숫대는 냄비에 옥수수가 잠길 정도로
물을 넣고 중간 불에서 끓여 채수를 냅니다.

3

대파의 흰 부분과 양파를 곱게 다집니다.

4

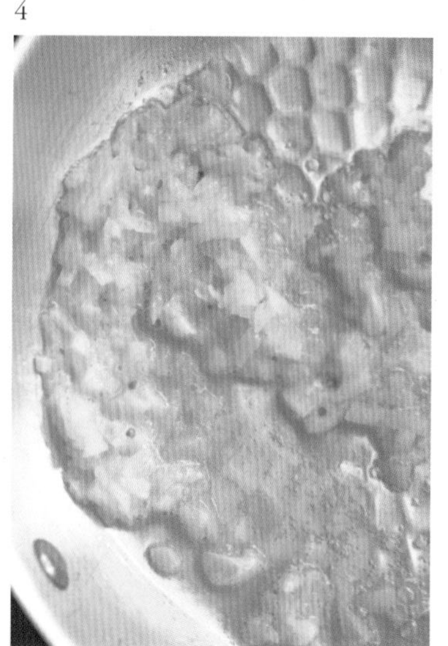

달군 팬에 버터 1큰술을 넣고, 다진 대파와 양파를 넣고 노릇해지지 않게 볶습니다.

5

④에 분리한 옥수수알 중 1/4컵을 넣고 소금 한 꼬집을 더해 볶습니다.

6

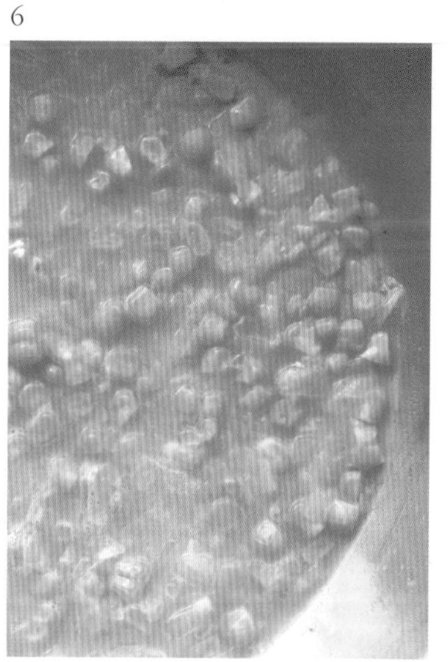

그런 다음 옥수수 채수를 1/4컵 부어 보글보글 끓인 후 불을 끄고 식힙니다.

7

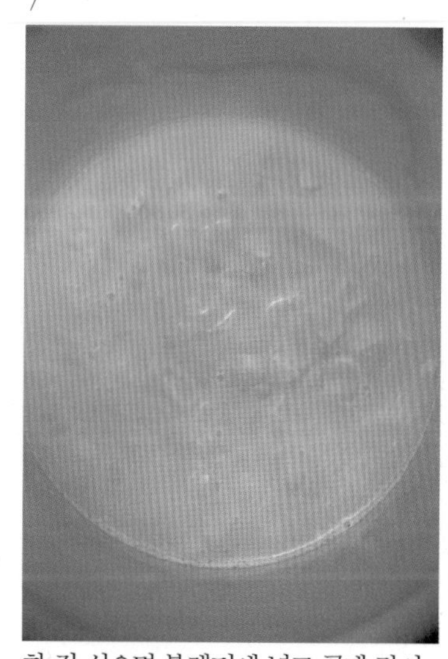

한 김 식으면 블렌더에 넣고 곱게 갈아 소스를 만듭니다.

8

오르키에테 파스타를 알 덴테로
삶습니다.

9

팬을 다시 가열해 버터 1큰술을 두르고 남은
옥수수알을 넣어 노릇하게 볶습니다.

10

삶은 파스타와 ⑦의 옥수수 소스를 넣고 잘 볶습니다. 이때 농도는 남아 있는
옥수수 채수로 맞추고 소금으로 간을 해 완성합니다.

11

접시에 담고 파르메산 치즈를 뿌리고, 바질잎을 손으로 뜯어 올립니다.

옥수수수프

VEGETARIAN

[36]

재료(2~4인분)

익힌 옥수수 2개
셀러리 2대(50g)
감자 1/2개(100g)
식물성 오일 1½큰술
물 1컵+@
우유 1½컵
소금 1/4작은술+@
굵게 간 후추
* 다진 차이브

옥수수수프는 몸이 아파 입맛이 없을 때 만들어 먹은 음식이에요. 건더기를 체에 걸러 곱게 만들 힘도 없어서 걸쭉한 차우더 형태로 만들었는데, 그게 오히려 셀러리와 옥수수 속 섬유소까지 다 먹을 수 있게 해 포만감을 주면서 속도 편안한 수프가 되었어요. 양파와 마늘을 넣지 않아서 가볍게 먹을 수 있고, 옥수수 맛에 집중할 수 있어요. 따뜻하게 먹어도 좋고 냉장고에 넣어두었다가 시원하게 먹어도 좋아요.

- 후추는 그라인더로 굵게 간 것을 사용하세요.
- 옥수수는 노란 초당 옥수수를 사용하세요.
- ⑤ 과정에서 감자가 익기 전 탈 것 같으면 물을 1~2큰술 더 넣어도 됩니다.
- 차이브는 수프의 맛을 깔끔하게 잡아줘요. 없을 땐 실파로 대체 가능하고 기호에 따라 생략해도 돼요.

- 입자가 고운 수프를 원한다면 블렌더에 최대한 곱게 간 다음 체망에 걸러 조리하세요.

1

옥수수는 칼로 알만 분리합니다. 이 중 2~3 큰술은 가니시용으로 따로 빼놓습니다.

2

셀러리는 길이로 반 자른 후 잘게 썰어 놓습니다.

3

감자는 잘게 깍둑썰기합니다.

4

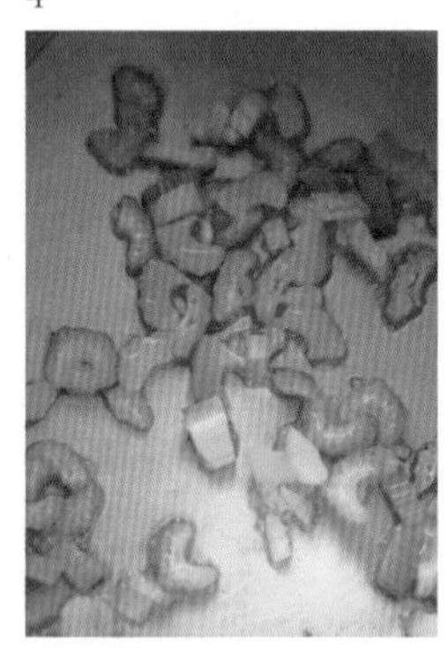

달군 냄비에 오일을 두르고 셀러리를 볶아 향을 냅니다.

5

셀러리가 투명해지면 감자를 넣고 충분히 볶은 후 물 2큰술을 넣고 중간 불에서 감자와 셀러리 색이 유지되면서 잘 익을 수 있게 볶습니다.

6

⑤에 분리해 놓은 옥수수알을 넣고 잘 볶습니다.

7

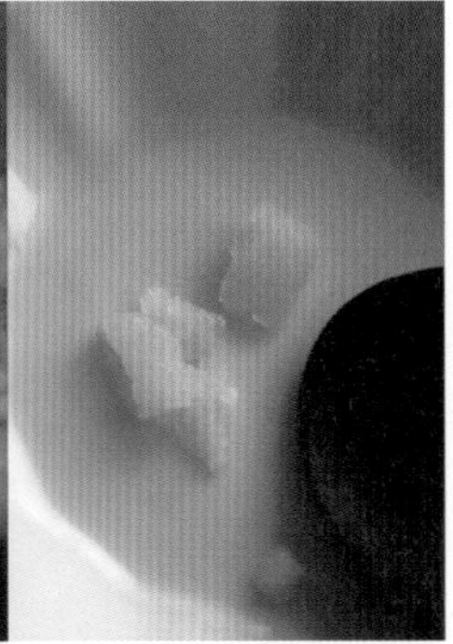

⑥에 물 1컵을 넣고 끓인 다음 감자가 잘 으깨어지면 뚜껑을 덮고 실온 정도로 식힙니다. 국물이 자작한 상태이면 적당합니다.

8

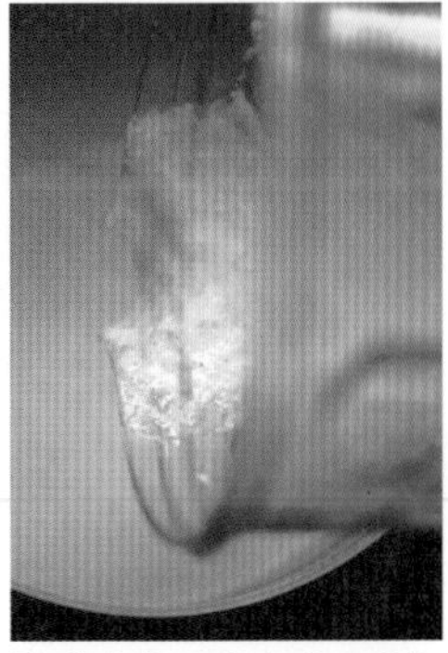

블렌더에 ⑦과 우유 1컵을 넣고 곱게 갈아 냄비에 붓습니다.

9

입자가 있는 수프이니 블렌더에 남은 우유 1/2컵을 넣고 헹궈내듯 냄비에 붓고 끓입니다.

10

한소끔 끓어오르면 완성입니다.

11

그릇에 담고 다진 차이브, 후춧가루, 옥수수알을 올려 냅니다.

튀긴 여름채소절임

VEGAN

[37]

이번에는 여름 가지를 튀겨 절인 일본식 요리예요. 처음엔 가지로만 만들다가 채소의 종류를 하나씩 더 넣어가며 풍성한 채소 절임으로 발전하게 되었어요. 여름에 튀긴 음식이라니 기름지지 않을까 생각할지 모르겠지만, 사실 시원한 절임을 냉장고에서 꺼내 먹으면 재료가 튀겨졌다는 생각은 전혀 들지 않을 요리예요. 부드러운 채소의 과육에 감칠맛 나는 간장이 은은하게 배어 담백하게 먹을 수 있어요. 오래 두고 먹는 저장식 요리는 아니지만, 여유 있을 때 만들어 냉장고에 넣어 두면 반찬 만들기 귀찮을 때나 술 생각날 때 안주로 편하게 먹을 수 있어요.

재료(2~4인분)

가지 2개
꽈리고추 60g
그린빈 100g
오크라 100g
튀김용 오일 적당량

양념

채수 1½컵
양조간장 1/4컵
혼미림 1/4컵
청주 2큰술

- 가지에 칼집을 넣어야 골고루 잘 튀겨집니다.
- 완성 후 1시간 정도 지나면 채소에 양념이 배어들어 맛있어요.
- 냉장고에서 5일 정도 보관할 수 있지만, 되도록 3일 이내에 드세요.

1

가지는 반으로 가른 후 앞뒤로 칼집을 넣습니다.

2

꽈리고추는 꼭지를 따고 그린빈도 꼭지 부분을 잘라 둡니다.

3

오크라는 오이를 씻듯 소금으로 문질러 겉면의 솜털을 매끈하게 제거하고 흐르는 물에 씻은 뒤,
꼭지 부분을 칼로 바짝 자르고 모서리를 돌려 깎습니다.

4 냄비에 분량의 양념 재료를 넣고 끓인 후 식힙니다.

5

튀김솥에 오일을 붓고 열기가 오르면 손질한 채소들을 넣어 튀긴 후 건집니다.

6 뜨거울 때 용기에 담고 ④의 소스를 붓습니다.

그린빈볶음

VEGAN

[38]

지난봄 외삼촌 댁에 그린빈 씨앗을 드렸어요. 제 작은 텃밭보다 외삼촌네 넓은 텃밭에서 더 잘 클 수 있을 것 같아서요. 예상대로 여름 되어 엄마 손에 들려온 그린빈은 어찌나 탱글탱글하던지, 제가 키운 채소와는 비교가 되지 않을 정도로 실했어요. 푸짐하게 한가득 중국식 양념으로 볶았는데, 그 맛이 너무 좋아 소개할게요. 그린빈의 아삭한 식감을 살리면서 간장 베이스에 촉촉한 전분 양념이 잘 배어들어 밥반찬으로 열렬히 추천해요.

재료(2인분)

그린빈 200g
마늘 2쪽
생강 7g
양조간장 2큰술
물 2큰술
감자전분 1작은술
설탕 1작은술
소금 적당량
식물성 오일 $1\frac{1}{2}$큰술
* 참기름 1/2작은술

•
그린빈은 조리 시간을 지켜 아삭함이 남아 있는 상태로 데쳐야 해요.

•
전분이 들어가 양념이 타기 쉬우니, 중간 불에서 볶아 양념 국물이 자박하게 없어지면 완성합니다.

•
그린빈 대신 브로콜리로 응용해도 좋아요.

•
감자전분 대신 고구마전분, 옥수수전분도 괜찮아요.

1

그린빈은 콩깍지 윗부분을 자릅니다.

2

마늘과 생강을 잘게 다집니다.

3

작은 종지에 분량의 간장, 물, 전분,
설탕을 넣고 섞어 놓습니다.

4

끓는 물에 소금을 넣고 손질한 그린빈을 2~3분 데친 후 흐르는 물에 헹궈 채반에서 물기를 뺍니다.

5

달군 웍에 오일을 두르고 다진 마늘과 다진 생강을 넣고 향을 냅니다.

6

데친 그린빈을 넣고 전체적으로 기름 코팅이 될 정도로 2~3분 볶습니다.

7

불을 켠 상태에서 팬을 불 옆으로 옮기고 ③의 양념을 넣습니다. 그런 후 다시 양념이 고루 섞이게 재빨리 볶고 참기름을 두르면 완성입니다.

감자그린빈샐러드

VEGAN

[39]

재료(2~4인분)

조림용 감자 400g
그린빈 120g
적양파 1/4개
화이트 발사믹 식초 1큰술
두유마요네즈 3큰술
디종 머스터드 1작은술
차이브 5g

대부분 사람이 과일이나 채소는 큰 게 좋다고 하는데, 저는 작은 것에 눈길이 먼저 가요. 올망졸망한 과일, 장아찌용 양파, 조림용 감자는 큰 것보다 대접을 못 받고 나올 때부터 쓰임이 결정돼 버린 것 같아 안쓰러워요. 작아서 더 맛있는 요리가 얼마든지 있을 텐데 싫어서요. 이 샐러드는 조림용 감자로 만들어 작은 감자가 주는 맛의 진가를 전하고 싶어요. 맛이야 당연한 거고, 껍질째 익혀 접시에 담으면 담음새도 참 예쁘답니다. 감자 샐러드는 〈이렇게 맛있고 멋진 채식이라면 2〉에서도 볼 수 있는데, 해마다 새로운 버전이 탄생하니 이번에도 소개해 볼게요. 그만큼 반응이 좋은 요리였고, 누가 만들어도 실패하지 않는 요리예요.

•
④에서 나온 식촛물도 양파와 같이 올려주세요.

•
차이브는 실파로 대체 가능해요.

•
감자와 그린빈을 익힐 때 찜기 대신 냄비를 활용해도 돼요. 그린빈은 찌지 않고 끓는 소금물에 살짝 데쳐도 되고요.

•
두유마요네즈는 시판 제품을 기준이며 저는 '잇츠베러 마요네즈'를 사용했습니다. 없을 땐 일반 마요네즈를 사용해도 좋습니다.

1

감자는 물에 담가 채소용 브러시로 껍질째 잘 씻습니다.

2

그린빈은 꼬투리 윗부분을 자릅니다.

3

찜기 아랫부분에 감자를 넣어 삶고, 윗부분엔 그린빈을 올려 찝니다. 감자는 속까지 잘 익은 정도(8~10분), 그린빈은 부드럽게 익으면(5~7분) 적당합니다.

4

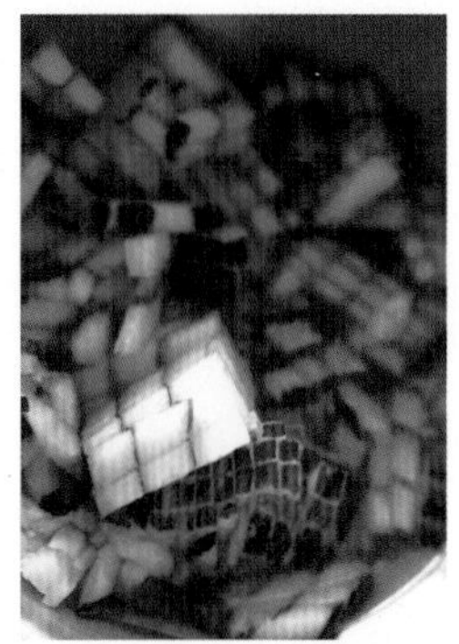

적양파를 잘게 다져 분량의 화이트 발사믹 식초에 섞어 둡니다.

5 차이브는 곱게 다집니다.

6

믹싱볼에 익은 채소를 담고 분량의 마요네즈와 디종 머스터드를 넣고 잘 섞습니다.

7

접시에 ⑥의 감자와 그린빈을 담고, 절여 놓은 적양파와 차이브를 올려 완성합니다.

토마토오크라볶음

VEGAN

[40]

재료(2인분)

완숙 토마토 400g
오크라 150g
생강 5g
마늘 2쪽
소금 1/2작은술
올리브 오일 1큰술

토마토와 오크라의 조합은 이미 알만한 사람은 다 알고 있지요. 인도 음식에서도, 중동 음식에서도, 일본 음식에서도 이 두 조합은 자주 볼 수 있어요. 제가 이 오크라 볶음을 만들게 된 건 레바논에 머물며 여행할 때였어요. 그곳에서 오크라는 '레이디핑거'라는 영어식 이름으로 아주 저렴하게 판매되는 채소였어요. 보통 엄지 만큼 짧고 통통한 오크라를 토마토 통조림과 함께 넣어 스튜처럼 끓이는데 여기엔 중동에서 쓰는 향신료 믹스가 들어가곤 해요. 이 요리가 얼마나 맛있던지, 지금도 여름 되면 자주 해 먹게 되는 음식이에요. 누구나 만들 수 있는 쉬운 조리법에 맛까지 훌륭하니 꼭 알려 드리고 싶어요. 반드시 완숙 토마토를 사용해야 해요. 제철이 아닐 땐 어설프게 겉만 익은 생토마토보다 토마토 통조림을 활용하는 게 더 나아요. 잘 익은 여름 토마토로 만드는 게 제일 좋고요.

• 토마토가 익은 정도에 따라 토마토소스처럼, 혹은 토마토 볶음처럼 완성됩니다.

• 덜 익은 토마토를 써야 한다면 차라리 캔 토마토나 저수분 토마토를 사용하세요.

1

작은 토마토는 1/4등분, 큰 토마토는 1/6등분 합니다. 무를 정도로 익은 토마토라면 익는 동안 으깨어질 테니 큼직하게 자릅니다.

2

오크라는 소금으로 문질러 겉면의 솜털을 매끈하게 제거하고 흐르는 물에 씻습니다.

3

오크라의 꼭지 부분을 칼로 바짝 자르고, 모서리 부분을 돌려 깎은 후 크기에 따라 큰 것은 반으로 자릅니다.

4

생강과 마늘은 으깨어 곱게 다집니다.

5

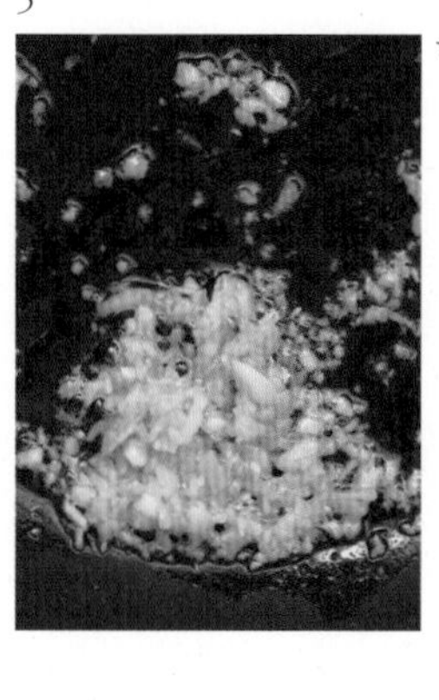

달군 팬에 오일을 두르고 다진 생강과 마늘을 넣고 향을 냅니다.

6

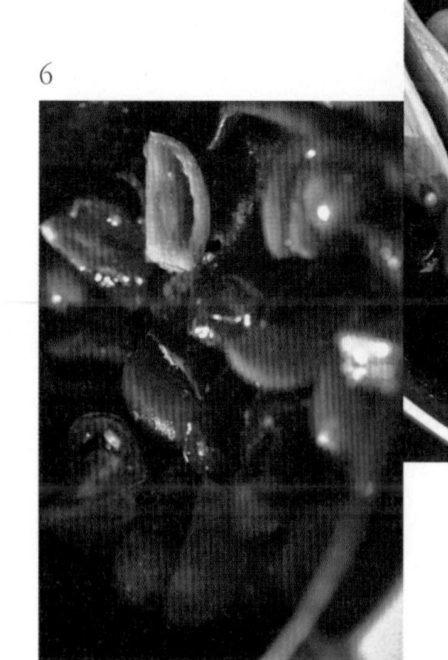

⑤에 토마토를 넣고 볶다가 모서리 부분이 익기 시작하면
준비해둔 오크라를 넣고 계속 볶습니다.

7

소금으로 간을 맞추고 불을 끕니다.

연두부와 일본식 채소살사

VEGAN

[41]

재료(4인분)

연두부 1팩(300g)
낫토 1팩
양조간장 2작은술+@
채소 살사 1/2컵

채소 살사
가지 1개
오크라 5개(80g)
스낵오이 2개(100g)
* 꽈리고추 5개
* 쪽파 2~3대
채수 1큰술
양조간장 1큰술
소금 1/2작은술+@

한 매거진에서 '식탁 일기'라는 SNS 계정을 가진 분이 쓰신 오크라 활용기를 읽었어요. '야마가타 다시'라는 낯선 음식을 보고 그 맛이 너무 궁금한 나머지 다음 날 텃밭의 가지와 오크라 두어 개를 따서 글 속의 방법대로 만들어 봤어요. 제가 느끼기에 야마가타 다시는 딱 일본식 살사였어요. 이를 다양한 여름 채소로 응용해봤는데, 새로운 음식에 대한 거부감이 없는 저와 달리 한식 입맛의 엄마는 좀 낯설어하셨어요. 그래서 집에서 만든 생청국장(낫토)에 섞어 늘 먹던 샐러드처럼 내었더니 아주 맛있게 잘 드시더라고요. 꼭 평양냉면 같은 음식이에요. 첫입에 무슨 맛이지 싶다가 먹을수록 자꾸 빠지게 되는 그런 맛이니까요. 더운 날 선풍기 틀어 놓고 먹기 좋은 맛이라 더위로 입맛 없을 때 만들어 드셔 보세요.

•
스낵오이는 껍질이 얇고 씨가 적어 샐러드용으로 좋아요. 없을 땐 일반 오이로 대체할 수 있어요.

•
꽈리고추나 쪽파는 생략 가능해요.

•
남은 살사는 낫토를 빼고 두부에 올려 먹거나 소면에 비벼 먹어도 좋아요. 간은 입맛에 따라 간장으로 조절하세요.

•
채소 살사는 바로 먹어도 괜찮지만, 냉장고에서 하루 숙성하면 채소에 간이 배어 더 맛있어요. 단, 3일 이내에 먹어야 해요.

1 가지는 0.5~0.8cm 두께로 슬라이스한 다음 큐브 모양으로 잘게 썹니다.

2
볼에 썰어놓은 가지를 담고 찬물을 채운 다음 접시로 눌러 15~20분 담가 쓴맛을 제거합니다.

3
스낵오이를 가지와 같은 크기로 썰어 소금 1/2작은술을 넣고 버무린 후 10분 정도 둡니다.

4

오크라는 도마에 올려놓고 소금으로 비벼 겉면의 솜털을 제거하고 흐르는 물에 씻습니다. 그런 다음 길이로 4등분하고 같은 크기로 잘게 썰어 커다란 그릇에 담아 놓습니다.

5

꽈리고추도 오크라와 같은 크기로 썰고, 쪽파도 송송 다진 후 ④ 그릇에 함께 담습니다.

6

종지에 분량의 간장과 채수를 넣고 섞은 후, 가지의 물기를 꼭 짜 간장 믹스의 1/2큰술 넣고 조물조물 무칩니다. 그런 다음 한 번 더 물기를 꼭 짠 뒤 이것 역시 함께 담습니다.

7

절인 오이도 물기를 꼭 짜 함께 담습니다.

8

남은 간장 믹스를 부어 잘 섞은 후 뚜껑 있는 그릇에 담아 냉장고에서 하룻밤 숙성합니다.

9 다음 날 연두부를 1/4 크기로 잘라 그릇에 담습니다.

10

만들어 둔 채소 절임 1/2컵에 낫토 1팩을 넣어 힘차게 휘저은 후, 두부 위에 1~1.5 큰술씩 끼얹고 간장을 1/2작은술씩 올리면 완성입니다.

오이샐러드

VEGAN

[42]

재료(2인분)

- 오이(큰 것) 1개
- 마늘 2쪽
- * 홍고추 1/2개
- 양조간장 1큰술
- 식초 1큰술
- 유기농 설탕 1/2작은술
- 참기름 1/2작은술
- 고수 5g+@
- * 고추기름 1작은술

본격적인 여름이 시작되면 텃밭은 바빠집니다. 그중에서 오이는 유독 성장이 빨라 마치 뒤돌아서면 주렁주렁 달리는 기분이라 텃밭에 오이 따러 가는 재미가 있어요. 그때가 되면 밥상에는 늘 오이 스틱과 날된장이 빠지지 않는데, 계속 쉼 없이 오르내리다 "그렇게 먹고 질리지도 않냐"는 말이 나올 즈음 드디어 끝이 납니다. 여름 오이는 물이 많아 겉절이, 무침 정도로만 해 먹는데, 그럴 때 제가 꺼내는 게 이 오이샐러드입니다. 양념은 기존 한국식 오이무침과 크게 다르지 않은데, 저는 여기에 고수 향을 듬뿍 얹었어요. 중국식 요리법을 참고해 만들었으니, 오이도 넓은 중식도로 내리쳐 으깨면 좋습니다. 이렇게 거칠게 썰면 매끈하게 자른 오이보다 양념을 더 잘 붙들어 같은 무침이라도 훨씬 더 맛이 납니다.

- 매운맛을 좋아한다면 홍고추를 더 넣으세요.
- 여름 오이는 수분이 많아 간을 세게 해야 밸런스가 맞아요.
- 이 요리의 포인트는 으깨듯 내리친 오이와 굵게 썬 마늘이에요. 반드시 통마늘을 다져서 사용하세요.
- 오이 껍질을 완전히 제거하는 것보다 적당히 남기면 식감이 더 좋아요.
- 고추기름은 없으면 생략해도 되지만, 뿌리면 맛이 한결 근사해집니다.

1

오이는 소금으로 문질러 이물질을 제거하고 껍질도 부드럽게 만듭니다.

2

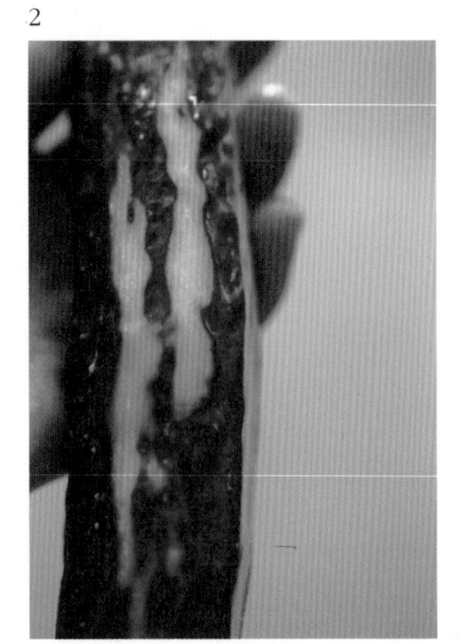

필러로 오이의 껍질을 듬성듬성 벗겨냅니다.

3

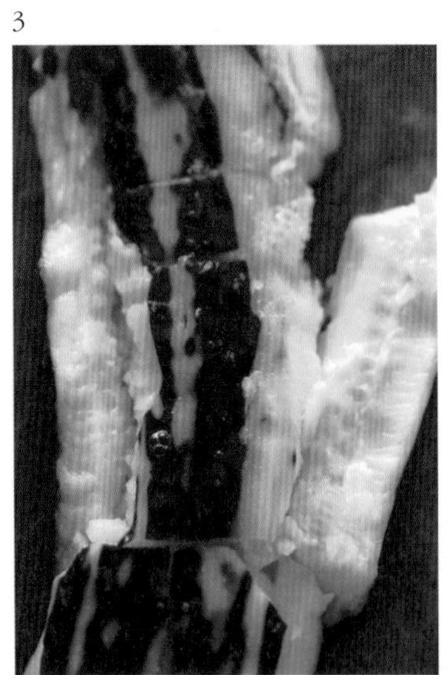

손질한 오이를 도마에 올리고 꼭지를 제거한 후 칼 옆으로 내리쳐 으깹니다.

4

그런 다음 세로로 절반 자르고, 4~5cm 길이로 잘라 접시에 담습니다.

5

마늘은 오이와 마찬가지로 칼 옆으로 내리쳐 으깬 다음 굵게 다집니다.

6

작은 볼에 분량의 간장, 식초, 설탕을 넣고 설탕이 다 녹을 때까지 충분히 섞어 양념을 만듭니다.

7

④에 만들어 둔 양념과 참기름, 고추기름을 뿌리고, 고수를 듬뿍 얹어 냅니다.

맑은 오이지무침

VEGETARIAN

[43]

재료(1~2인분)

오이지 100g
꿀 2큰술
마늘 2쪽
쪽파 10g
통깨 1큰술
참기름 1/2큰술

오이지는 참 쉽고 만만한 음식 재료예요. 장아찌를 자주 즐기지 않는 저도 오이지만큼 비상식처럼 늘 만들어 보관하고 있어요. 오독오독 아삭한 식감이 좋고, 어떻게 무쳐도 식탁에서 제대로 한몫을 해내기 때문이죠. 〈이렇게 맛있고 멋진 채식이라면 1〉에서 오이지무침을 넣은 주먹밥은 후기가 정말 많았던 요리로 이번에는 같은 오이지를 맑게 무쳐 볼게요. 깔끔한 오이지 맛 그대로라 반찬으로 즐기거나 만들어 두고 여름철 김밥 속 재료나 주먹밥에 활용해도 좋아요. 꿀이 들어가 훨씬 촉촉하고 맛도 깊어요.

• 냉장 보관용은 참기름을 넣지 않는 게 좋아요. 그때그때 먹을 만큼씩 만드세요.

• 오이지를 물에 담그는 시간은 먹었을 때 짠맛이 살짝 느껴지는 정도면 적당해요. 너무 오래 담그면 아무 맛 없고 질긴 맛만 남아요.

• 간단한 음식일수록 재료가 중요해요. 갈아놓은 깨보다 버무리기 직전 빻은 깨를 사용하세요.

• 비건이라면 꿀 대신 올리고당이나 설탕을 사용해도 괜찮아요. 당도는 취향에 따라 가감하세요.

1

오이지는 최대한 얇게 썹니다

2

물에 30분 이상 담가 염분을 뺍니다.

3

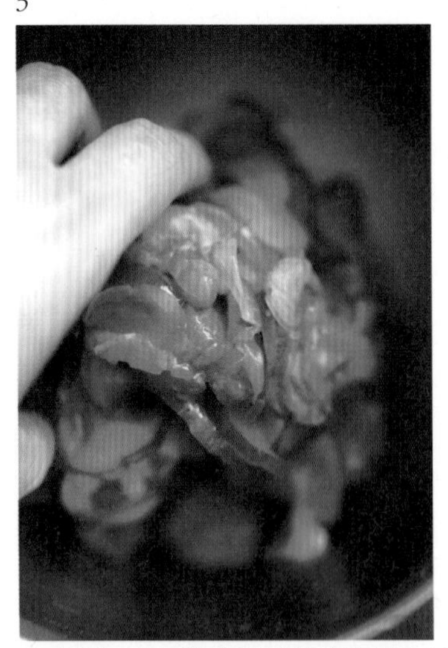

물기를 꼭 짜고 볼에 넣어 분량의 꿀을 넣고
마사지하듯 조물조물 무쳐 20~30분 그대로 둡니다.

4

마늘을 곱게 다져 넣습니다.

5

쪽파를 송송 썹니다.

6

통깨를 손절구에 넣고 빻습니다.

7

송송 썬 쪽파, 통깨, 참기름을 넣고 버무리면 완성입니다.

구수한 맛 부추찜

VEGAN

[44]

재료(2~4인분)

부추 250g
생콩가루 1컵
소금 1/2작은술+@
참기름 1큰술
통깨 1/2큰술

부추찜은 우리 집의 여름철 단골 메뉴예요. 시골 할머니 댁에서부터 자주 봐 왔는데, 어렸을 땐 생콩가루 맛에 미쳐 눈을 못 떠 그냥 뻔한 시골 음식이라고 생각했어요. 채식을 가까이하고 요리를 알게 되면서 그 구수한 맛을 이해하고 시골 음식이 촌스럽다는 고정관념에서 벗어나게 되었지요. 특히 이 부추찜은 먹을 때마다 할머니에 대한 기억이 새록새록 나는 음식이에요. 만들어서 바로 먹는 것도 맛있지만, 부추가 한 김 식고 한 끼 지나 먹는 게 더 좋아요. 오전에 만든 찜이 점심때가 되면 더 맛있어지니 정말 신기하죠. 갖은양념 없이 오로지 순박한 재료의 맛으로 돋보이는 음식의 맛을 끌어낸답니다. 직접 그 맛의 차이를 경험해 보세요.

•
부추를 너무 오래 찌면 색이 어두워져요. 김 오른 솥에서 최소 5분 이상, 부추 색이 선명한 초록빛이고 콩가루가 익은 듯 보이면 적당해요. 살짝 마른 가루가 보여도 괜찮아요.

•
냉장 보관해 나중에 먹을 경우 참기름과 깨는 넣지 말고 먹기 직전에 넣으세요.

•
콩가루는 볶은 콩가루가 아닌 생콩가루(날콩가루)를 사용하세요.

•
간이 약하면 ④ 과정에서 고운 소금을 더해 맛을 조절하세요.

•
부추를 찔 때 찜솥의 중간 부분을 비워 놓으면 골고루 잘 쪄져요.

1

부추를 손질한 후 흐르는 물에 깨끗하게 씻어 물기를 털지 말고 그대로 채반에 놓습니다.

2

찜솥을 불에 올린 후 부추를 4~5cm 길이로 잘라 믹싱볼에 넣고 분량의 콩가루와 소금을 넣어 잘 섞습니다. 부추에 콩가루가 하얗게 묻어나도록 버무려야 합니다.

3

김이 오른 솥에 찜기를 얹고 젖은 면포를 깐 다음 ②의 콩가루옷 입힌 부추를 올려 5분 정도 찝니다.

4

뜨거울 때 꺼내 분량의 참기름과 통깨를 갈아 넣고 섞으면 완성입니다.

수박과 구운 치즈샐러드

VEGETARIAN

[45]

재료(1~2인분)

수박 500g
할루미 치즈(또는 구워 먹는 치즈) 100g
허브 잎(카피르 라임 또는 페퍼민트) 5g
올리브 오일 2큰술
꿀 1작은술
라임즙 1작은술

할루미 치즈는 생으로 먹지 않고 구워 먹는 중동식 치즈입니다. 중동에서는 에피타이저나 디저트 요리에 다양하게 활용되는데, 저는 여름 수박으로 응용했어요. 흔한 수박 몇 조각이지만, 여기에 페퍼민트잎이나 라임잎을 곁들이면 향과 맛의 조화까지 완벽한 근사한 여름 샐러드를 만들 수 있습니다.

•
허브는 취향대로 선택하세요. 카피르 라임 잎은 온라인에서 구입할 수 있어요.

•
라임즙 대신 오미자청을 넣어도 잘 어울려요.

•
할루미 치즈는 국내산 임실치즈를 사용했어요. 국내산은 구울 때 형태가 무너질 수 있어서 크게 잘라 구운 다음 한 김 식혀 원하는 크기로 자릅니다. 따라서 치즈 브랜드에 따라 미리 작게 잘라서 팬에 구워도 괜찮습니다.

1

수박은 사방 1cm 두께로 깍둑썰기합니다.

2

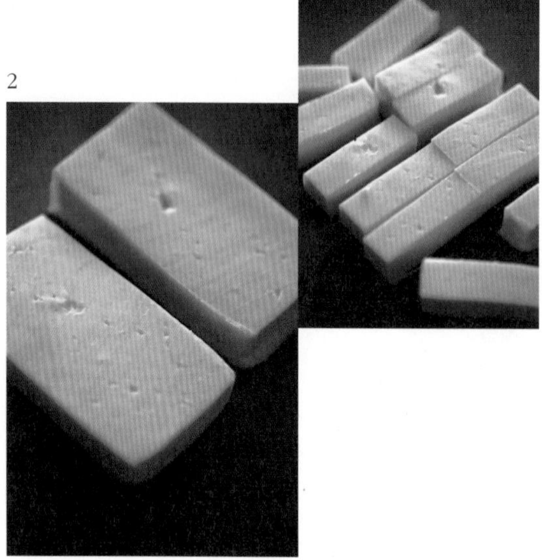

치즈는 수박과 비슷한 두께로 길쭉하게 슬라이스합니다.

3

달군 팬에 오일 1큰술을 두르고
치즈를 노릇하게 굽습니다.
구운 치즈는 한 김 식은 후 한입
크기로 자릅니다.

4

접시에 수박을 담고 구운 치즈를 올립니다.

5

작은 볼에 분량의 라임즙, 꿀, 올리브 오일 1큰술을 넣고 잘 섞어 드레싱을 만듭니다.

6

민트잎은 손으로 뜯어 준비하고, 라임잎은 돌돌 말아 가늘게 채 썰어 준비합니다.

7

④에 허브와 잣을 올리고 드레싱을 뿌려 냅니다.

복숭아흑미국수

VEGETARIAN

[46]

제가 사는 경산은 복숭아, 감, 포도 등 과일이 맛있기로 유명한 고장이에요. 가까이에 복숭아 포도 농사 짓는 분들이 많아서 여름 복숭아 철이 되면 상처 나거나 벌레 먹어 상품 가치 없는 과일을 많이 받습니다. 그러다 보니 매년 여름이면 복숭아를 참 많이 먹게 되어, 자연스럽게 맛있게 먹는 방법들을 연구하게 될 수밖에 없어요. 덕분에 이렇게 세련된 맛의 국수가 탄생했어요. 차갑게 먹는 여름국수로 흔히 생각하는 맑은 고깃국물이나 멸치육수가 올라가는 국수는 아니에요. 푹 익어 달콤한 복숭아와 약간의 치즈를 넣어 만든 복숭아소스를 허브와 계절 꽃으로 장식한 국수 요리입니다. 복숭아 품종에 따라 소스의 색깔도 달라집니다. 맛있는 복숭아가 있다면 아낌없이 사용해 만들어 보세요.

재료(1인분)

소면 90g
복숭아 2~3개(과육 280g)
마스카포네 치즈 50g
레몬즙 1작은술
소금 1/4작은술
올리브 오일 1/2작은술
* 바질(또는 바질꽃이나 오레가노꽃) 적당량

•
과질이 찰지고 달콤한 황도로 만들면 제일 맛있어요. 아삭이 복숭아는 추천하지 않아요.

•
복숭아는 완숙 상태가 좋아요.

•
마스카르포네 치즈는 대형 마트, 온라인 쇼핑몰에서 쉽게 구할 수 있어요.

•
국수는 거창한국수 브랜드의 흑미 국수를 사용했어요.

•
남은 소스는 냉장 보관했다가 시원하게 해서 간식처럼 먹어도 좋아요.

1

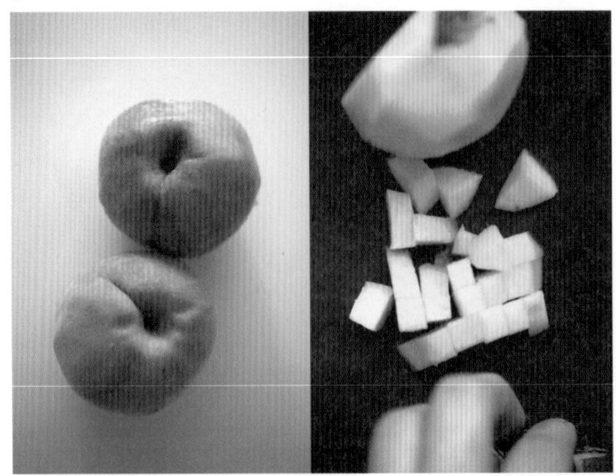

마스카포네 치즈를 실온에 꺼내 놓습니다. 냄비에 면 삶을 물을 올려놓고, 복숭아의 껍질을 벗긴 후 이 중 30g을 고명용으로 구분해 깍둑썰기해둡니다.

2

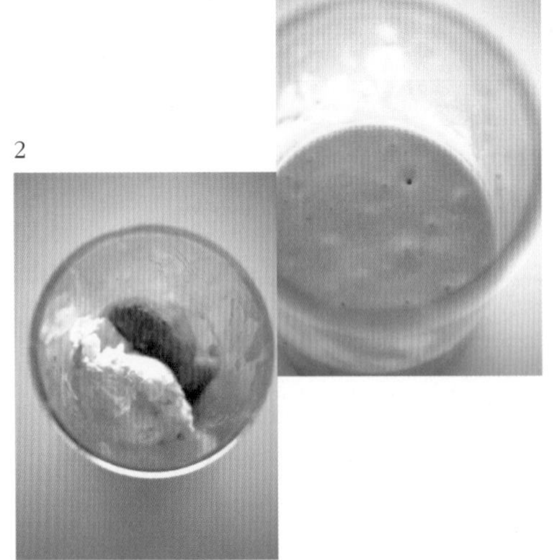

나머지 과육은 블렌더에 분량의 마스카르포네 치즈, 레몬즙, 소금과 함께 넣고 곱게 갈아 소스를 만듭니다.

3

물이 끓어오르면 면을 넣고 삶습니다. 끓어오르면 찬물을 한 컵 넣고 다시 끓어오르면 꺼내어 찬물에 헹궈 채반에 건집니다. 면의 쫄깃함이 살아나게 삶아야 합니다.

4

그릇에 삶은 면을 담고 ②의 소스를 부은 후, 기호에 따라 바질잎 또는 바질꽃(오레가노꽃)을 곁들이고 올리브 오일을 살짝 뿌려 냅니다.

5

잘 섞어서 맛있게 먹습니다.

오크라와 유자된장

VEGAN

[47]

재료(2인분)

오크라 180g
된장 1큰술
유자청 $1\frac{1}{2}$큰술+@
* 유자즙 1큰술
통깨 1/2큰술
참기름 1/2작은술
소금(데침용) 적당량

한때 풋고추에 무친 된장이 유행처럼 식탁에 오르던 때가 있었어요. 그때 저는 한식 식당에서 일했었는데, 반찬을 담당하신 이모님께서 이 고추된장무침을 얼마나 맛깔 나게 만드시던지 10년이 넘은 지금도 맵지 않은 풋고추가 풍성할 땐 된장으로 고추 범벅을 해서 냉장고에 넣어두고 먹어요. 그러다가 문득, 오크라를 한국식으로 만들어 보고 싶었어요. 한국에서 재배된 지 오래되지 않았고, 먹는 방법도 주로 일식이나 인도 요리에 가까워 먹기 편한 일상 요리로 곁에 두고 싶었답니다. 그래서 완성한 오크라 맛있게 즐기는 방법이에요.

•
유자청으로 당도를 조절하는 이유는 된장의 염도가 집마다 다르기 때문이에요. 레시피는 코송의 옹기뜸골 재래된장 기준이니 각자 가지고 있는 된장에 따라 적절히 조절하세요.

•
냉장 보관하고 먹을 용도라면 통깨와 참기름은 나중에 넣으세요.

•
같은 양념으로 풋고추, 오이고추, 피망을 무쳐도 좋아요.

1

1 오크라는 도마에 올려놓고 소금으로 문질러 겉면의 솜털을 제거합니다.

2

2 흐르는 물에 씻은 후 꼭지를 바짝 자르고 모서리를 둥글려 자릅니다.

3

끓는 물에 소금을 넣고 1~1분 30초 데칩니다. 초록빛으로 변하면 살랑살랑 흔들어 꺼내어 차가운 물에 헹군 다음 채반에 받쳐 물기를 빼세요.

- 크기에 따라 억센 오크라는 데치는 시간을 좀 더 길게 잡아야겠지만, 너무 익으면 아삭한 맛이 없어지니 주의하세요.
- 유자즙이 없다면 라임즙을 사용하세요. 산미가 식욕을 돋우는데, 기호에 따라 생략해도 됩니다.

4

그릇에 분량의 된장과 유자청, 유자즙을 넣고 섞습니다. 유자청은 액과 건더기를 섞어서 꺼내고 건더기는 곱게 다져 넣습니다.

5

유자청으로 당도를 조절해 간을 맞춘 다음 마지막으로 깨와 참기름을 뿌려 오크라와 함께 먹습니다.

오이멜론볼

VEGAN

[48]

이번 요리는 일본 요리책을 참고해 제 방식의 여름 샐러드로 재해석한 것입니다. 언젠가 손님상에 즉흥적으로 만들어 냈는데, 아주 특별히 대해 주셨던 추억이 있어요. 특히 간단한 샐러드나 과일로 여름 식사를 건너뛰고 싶을 때나 과일 하나라도 멋스럽게 내고 싶을 때 어울리는 요리예요. 이 음식을 만들기 위해선 우선 잘 익은 멜론이 있어야 합니다. 멜론은 주로 산지에서 직거래로 구입해 실온에 두고 후숙시켜 적당한 때를 기다리는데, 배꼽 부분이 말랑말랑하게 부드러워지면 익었다는 신호랍니다. 속이 붉은 캔털루프 멜론도 좋습니다.

재료(1~4인분)

완숙 멜론 1/2개
오이 1/3개
복분자(또는 오디, 블루베리) 40g
적양파(또는 샬럿) 20g
민트잎 3g
소금 한 꼬집
* 꿀 2큰술
올리브 오일 1큰술

•
민트잎은 청량감을 더해 주어 아주 잘 어울려요. 페퍼민트를 사용하세요.

•
오이와 멜론은 냉장 보관해 시원한 상태가 좋습니다.

•
멜론은 중심 과육이 스푼으로 부드럽게 떠지는 정도여야 해요. 필요하다면 후숙해 두고 사용하기 전 냉장 보관했다가 꺼내세요.

•
멜론에 달콤함이 부족하면 ⑤ 과정에서 꿀을 섞어도 좋아요.

1 멜론은 밑면을 조금 잘라 흔들리지 않게 고정하고 가운데 씨를 파내 공간을 만듭니다.

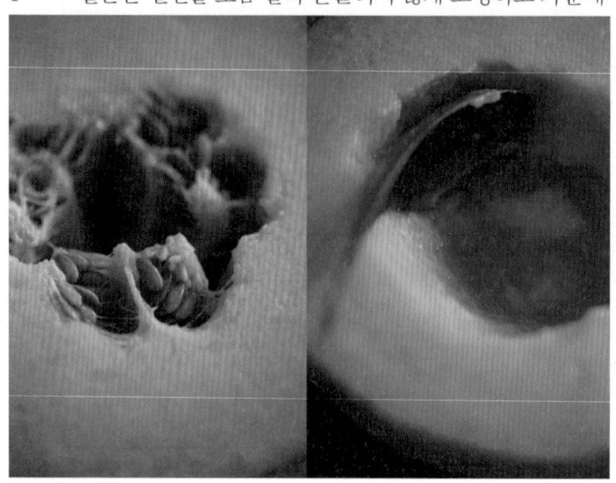

2 오이는 코코넛 그레이터로 긁거나 칼 옆으로 으깨어 잘게 썰어 볼에 담습니다.

3

적양파도 잘게 다져 볼에 함께 담습니다.

4

복분자나 오디는 흐르는 물에 씻어 물기를 빼고, 민트잎과 함께 볼에 넣고 섞습니다.

5

멜론볼에 샐러드를 담은 후 소금을 한 꼬집 뿌리고 올리브 오일을 둘러 냅니다.

6

스푼으로 퍼서 맛있게 드세요.

훈제가지샐러드

VEGAN

[49]

재료(2~3인분)

가지(통통한 것) 3개
완숙 토마토 1개
양파 1/2개
* 고수 2~3줄기
라임즙 1큰술+@(1/2개분)
유기농 설탕 1작은술

'엔살라당 따롱(Ensaladang Talong)'이라는 필리핀식 가지 샐러드는 제가 즐겨 만들어 먹는 중동식 가지 요리와 조리법이 비슷해 보였습니다. 필리핀에서는 가지의 속을 부드럽게 익히는 데 집중했는데, 저는 중동식 가지 딥을 만들 때처럼 가지 겉면을 태우듯 바싹 구워 과육에 스모키함이 한가득 묻어나게 했어요.
가지를 굽는 과정이 번거롭다고 느낄 수도 있지만, 생각보다 간단한 일이니 어렵게 생각하지 마세요. 그리고 저는 생선 살을 발라내듯 가지 과육을 발라내는 과정이 참 맘에 들어요. 훈연한 가지 과육을 맛보면 구운 가지의 향이 얼마나 매력적인지 곧바로 느끼게 될 거예요.

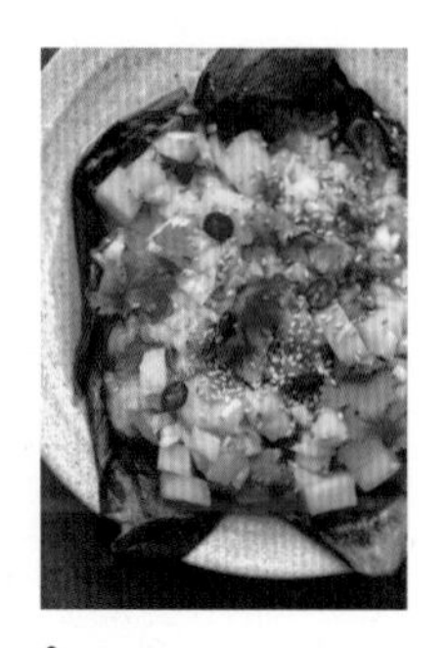

•
같은 방법으로 토마토 대신 망고를 사용해서 만들어도 맛있습니다.

1

가지는 그릴에 얹어 직화로 굽습니다. 불이 세면 겉만 탈 수 있으니
화력을 중약불로 해 집게로 돌려가며 굽습니다.

2 토마토와 양파는 잘게 다져 볼에 담아 섞습니다.

3

고수는 잎만 분리합니다.

4

작은 종지에 분량의 라임즙과 설탕을 넣고
잘 섞어둡니다.

•
라임즙이 가장 잘 어울리나
없을 땐 식초로 대체해도
괜찮아요.

5

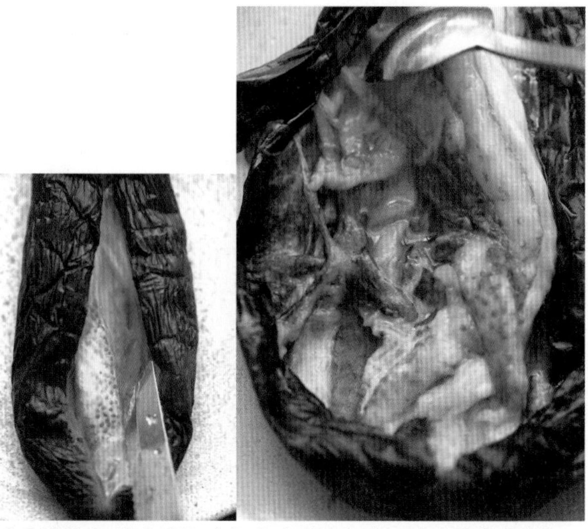

구운 가지를 접시에 담고, 칼로 껍질 부분을 열어 펼친 다음 숟가락이나 칼로 먹기 좋게 과육을 긁어모아 굵게 다져 두세요.

6

②의 토마토와 양파를 가지 과육 위에 수북이 올립니다.

7

④의 소스를 뿌리고 고수잎을 올려 냅니다. 먹을 땐 가지 과육과 토마토 토핑을 함께 떠서 먹습니다.

인도네시아식 여름 샐러드

VEGAN

[50]

재료(2~3인분)

숙주 60g
그린빈 40g
줄콩 60g
양배추 50g
당근 50g
스낵오이 2개
완숙 토마토 2개
고수 20g
템페 1/2개
삶은 감자 2개
* 삶은 달걀 2개
식물성 오일 적당량

레드커리 소스
땅콩버터 2큰술
레드커리 페이스트 1작은술
유기농 설탕 2큰술
양조간장 1작은술
코코넛 밀크 1/2컵
물 1/2컵
생라임즙 2큰술
소금 1/4작은술

이국적인 인도네시아풍 소스로 만든 여름 샐러드예요. 인도네시아어로 '섞는다'는 뜻의 '가도가도(Gado Gado)'는 코코넛밀크와 땅콩이 들어가 달큰한 맛이 특징이에요. 오리지널 가도가도는 더운 날씨 탓에 대부분 채소를 찌거나 데치거나 굽고 소스도 따뜻한 상태로 내는 음식이지만, 냉장 시설이 발달한 요즘은 다양한 생채소도 활용해요. 이 소스 하나면 여름 채소를 마음껏 먹을 수 있어요. 시판 가도가도 소스에는 간혹 새우 페이스트가 들어가 있기도 해서 저는 식물성 재료를 사용해 만들어 먹기 시작했어요. 클래식한 현지 버전의 소스는 농도가 훨씬 묽고 맛도 달콤한데, 저는 그보다 맛이 한결 또렷하고 걸쭉한 느낌으로 변형했습니다. 소스는 실온 상태로 부어 먹을 때 제일 맛있고, 냉장 보관하면 좀 더 걸쭉해져 딥처럼 채소를 찍어 먹기에 좋습니다. 소스와 잘 어울리는 오리지널 가도가도의 재료는 감자, 줄콩(또는 그린빈), 숙주, 템페(또는 두부)가 이상적입니다. 하지만 꼭 재료의 종류에 한정되지 않아도 괜찮아요. 저는 냉장고 정리를 하거나 텃밭에서 수확한 채소가 풍성할 때 준비할 수 있는 다양한 채소를 듬뿍 넣어 만들어 먹고 있어요. 각자 자유롭게 구성해서 가도가도풍 샐러드로 만들어 드세요.

1

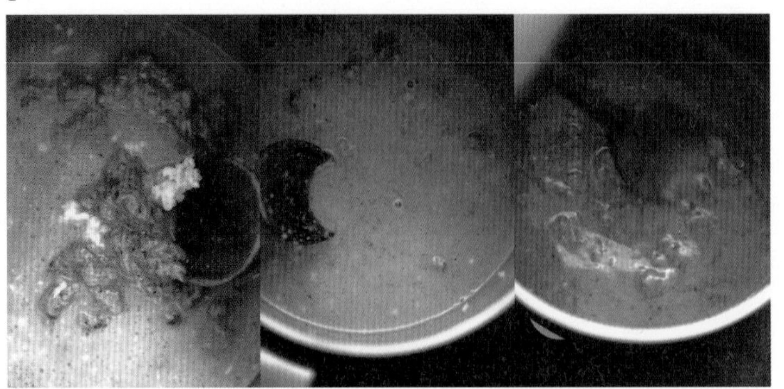

냄비에 분량의 소스 재료를 모두 넣고 약한 불에서 뭉근하게 데우면서 섞습니다.

2

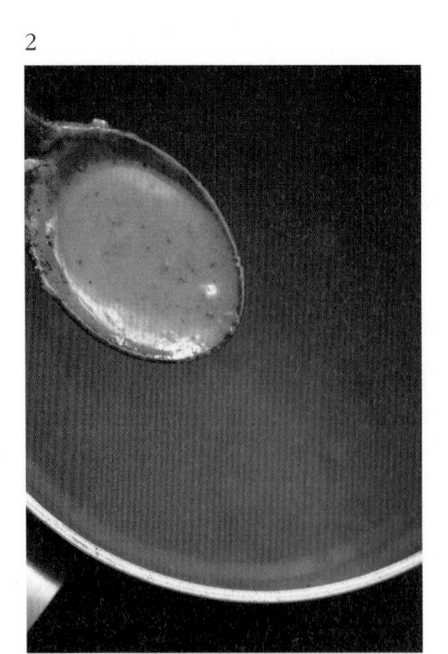

소스 재료들이 걸쭉해지면 불을 끕니다.

3

숙주는 씻어서 끓는 물에 소금을 넣고 데쳐 그대로 식힙니다.

4

토마토는 한입 크기로 자르고 고수는 잎만 분리합니다.

5

그린빈과 줄콩은 끓는 소금물에 데친 후 찬물에 담갔다 식혀서 준비하고, 양배추, 당근과 함께 한입 크기로 잘라 놓습니다.

6

오이는 슬라이스합니다. 무늬 칼을 사용하면 현지 느낌을 낼 수 있습니다.

7 템페는 슬라이스하거나 한입 크기로 잘라 기름 두른 팬에 노릇하게 굽습니다.

8 부드럽게 익힌 삶은 감자는 먹기 좋은 크기로 썹니다.

9 삶은 달걀도 먹기 좋은 크기로 썹니다.

• 취향에 따라 재료를 자유롭게 구성해도 되는데, 템페, 숙주, 당근, 감자, 고수는 꼭 들어가면 좋겠어요.

• 템페가 없을 땐 물기를 뺀 두부를 바싹 구워서 사용하세요.

10

준비한 재료를 넓은 접시에 모두 담고
②의 레드커리 소스와 함께 냅니다.

면과 함께 섞어서 먹어도 맛있어요.

• 남은 소스는 냉장 보관하고 빠른 시간 내 사용하세요.

• 라임즙의 산미는 기호에 따라 적절히 조절하세요. 가급적 생라임을 권하지만, 없을 땐 시판 칼라만시즙이나 라임즙으로 대체할 수 있어요.

• 레드카레 페이스트는 대형마트나 온라인몰에서 구입할 수 있어요. 고추와 레몬그라스의 향을 더해주는 재료로 한 팩 구비해 두면 커리나 드레싱을 만들 때 유용해요. 비건이라면 새우 페이스트가 들어가지 않은 제품을 선택하세요.

토마토탈리아텔레

VEGETARIAN

[51]

아마 이 요리만큼 쉽고 맛있는 파스타는 세상에 없을 거예요. 제가 운영하는 코송 식재료 박스에서 소개한 적 있는 이 토마토 탈리아텔레 파스타는 심플한 과정에 비해 정말 끝내주게 맛있다는 후기가 많았던 음식입니다. 맛의 핵심은 달걀을 넣어 반죽한 이탈리아면 탈리아텔레에 있어요. 탈리아텔레의 넓은 면에 자박하게 익힌 토마토 소스가 잘 묻어나 감칠맛이 극대화되는 느낌이죠.
참, 토마토는 실온에 보관해야 해요. 너무 익으면 꼭지를 따고 냉장고에 넣는데, 이때가 소스를 만들거나 저수분 토마토를 만드는 적기이니 참고하세요. 완숙된 방울 토마토로 대체해도 좋아요.

재료(1~2인분)

완숙 토마토(중간 것) 2개
탈레아텔레(또는 다른 에그 파스타) 160g
마늘 3쪽
올리브 오일 2큰술+@
소금 1/4작은술+@
* 크러시드 페퍼 적당량
* 파르메산 치즈 적당량

•
토마토의 상태에 따라 산미가 너무 튀어 감칠맛이 부족하면 ⑤ 과정에서 기호에 따라 설탕 1/2 작은술+@를 넣습니다.

•
바질이 있다면 함께 넣으면 잘 어울립니다.

•
시판 다진 마늘이 아닌 통마늘을 으깨어 사용하세요.

•
소금은 레시피대로 두 번에 나누어 넣으세요. 각각의 역할이 다릅니다.

1

냄비에 면 끓일 물을 올리고 재료를 손질합니다. 토마토는 깍둑 썰고,
마늘은 칼 옆으로 으깬 후 잘게 다집니다.

2

물이 끓어오르면 면을 삶습니다. 5~6분 삶아
건지고 면수는 그대로 남겨 둡니다.

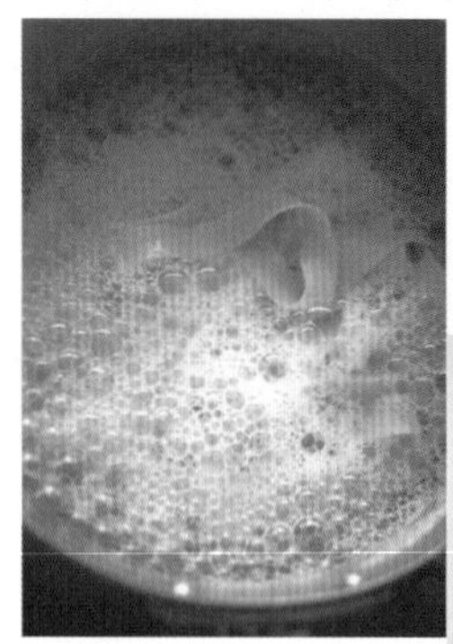

3

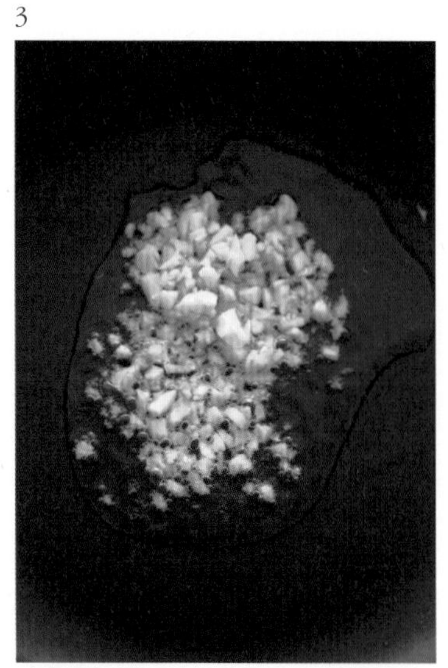

달군 팬에 올리브 오일 $1\frac{1}{2}$큰술을 넣고 마늘을 넣어
타지 않게 볶습니다.

4

오일에 마늘 향이 배어들면 토마토와 크러시드
페퍼, 분량의 소금을 넣고 볶습니다.

5

토마토즙이 나와 소스가 만들어지면 삶은 면을 넣고 볶다가, 면수 3~4큰술을 넣고 면에 소스가 더 잘 배도록 좀 더 볶습니다.

6

기호에 맞게 소금으로 간을 하고, 파르메산 치즈를 올리고 여분의 올리브 오일을 뿌려 냅니다.

토마토해장면

VEGETARIAN

[52]

재료(2인분)

소면(또는 쌀국수) 180g
완숙 토마토 4개
마늘 2쪽
채수 480mL+@
양조간장 $1\frac{1}{2}$큰술
국간장 1/2작은술
소금 1/2작은술
* 달걀 1개
쪽파(또는 대파) 20g
식물성 오일 1큰술
* 라임 1/2개
후춧가루 1/4작은술

저는 막걸리 애주가입니다. 가끔 과음을 한 날이면 해장 방법을 찾는데, 주로 토마토주스와 누룽지를 먹는 편이에요. 이 토마토 해장면은 홍콩의 토마토 누들에서 아이디어를 얻어 제가 해장 주스로 마시는 저수분 토마토를 이용해 만들었어요. 채수의 양을 넉넉히 잡아 국물 가득 먹어도 좋고, 데친 쌀국수에 고수나 라임을 듬뿍 넣어 베트남식으로 만들면 해장을 하는데 아주 그만입니다. 얼큰한 해장 음식이라고 하면 콩나물국이나 황탯국이 떠오르는 분께는 다소 생소할 수 있지만, 저를 믿고 한번 도전해 보세요. 토마토는 해장하기에 아주 좋은 채소랍니다.

- 뜨거울 때 먹어야 맛있는 요리예요.
- 비건이라면 달걀은 생략하세요.
- 라임이 없을 땐 생략해도 무방해요.
- 국물을 자박하게 해서 비벼 먹어도 좋아요.

- 면은 소면, 쌀국수, 라면 사리 등 취향대로 선택하세요.

1

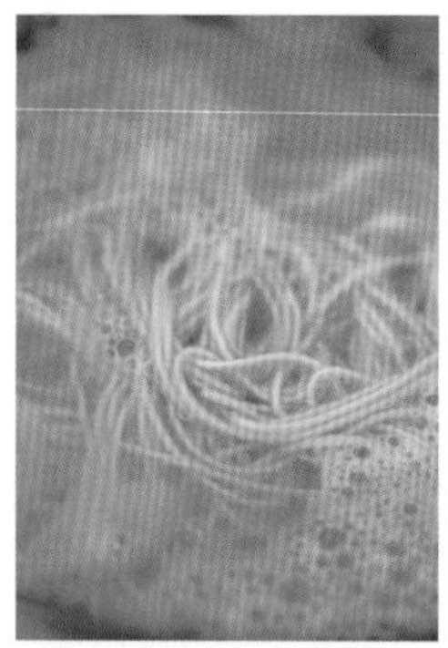

냄비에 물을 올리고 끓는 물에 면을 삶습니다.

2

토마토는 크기에 따라 4등분 또는 6등분합니다.

3

마늘은 으깨어 잘게 다지고, 쪽파는 송송 썰어 놓습니다.

4

그릇에 분량의 달걀을 깨뜨려 놓습니다.

5

중간 불로 달군 웍에 오일을 두르고 다진 마늘을 넣어 향을 낸 다음 토마토를 넣고 볶습니다.

6

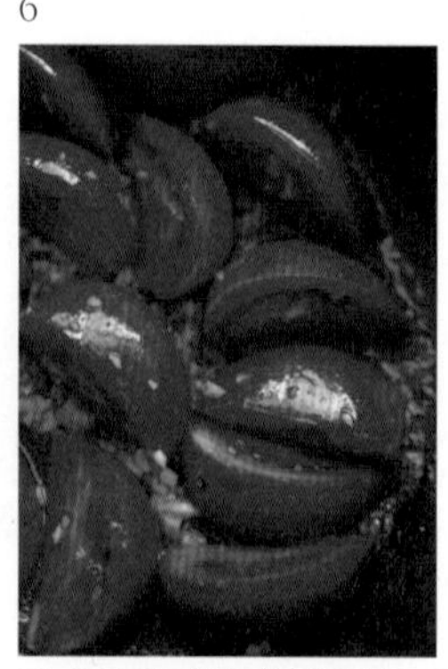

토마토에 기름이 골고루 코팅되면 자른 단면이 팬 바닥으로 가게 해서 토마토 속 즙이 빠져나오게 합니다.

7

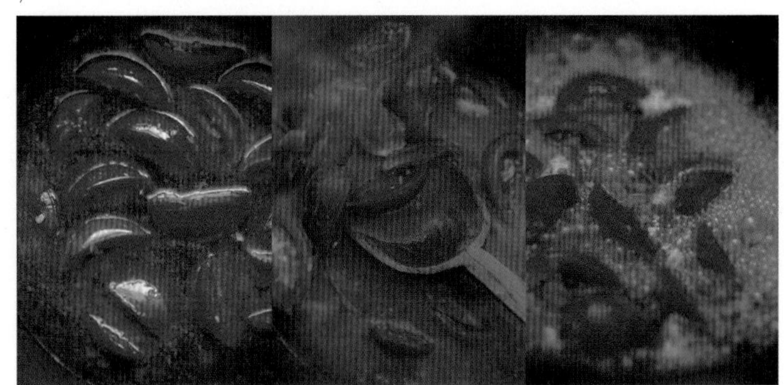

토마토 과육이 껍질과 분리되려고 하면 분량의 채수를 넣고 끓입니다.

8

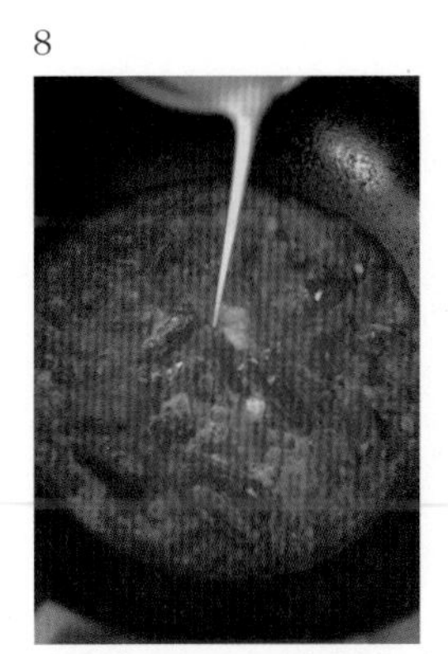

간장과 소금으로 간하고, 약한 불로 낮춰 달걀을 풀어서 넣습니다.

9

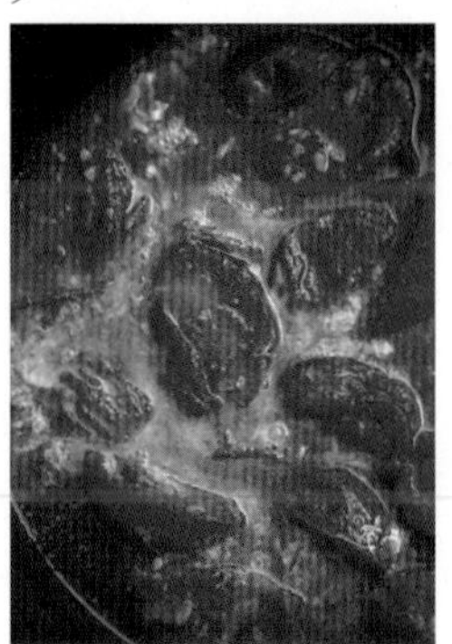

달걀이 몽글몽글하게 익어 오르면 다시 불을 높이고 간을 봅니다. 이때 국물이 더 필요할 것 같으면 원하는 만큼 채수를 추가해 좀 더 끓입니다.

10

그릇에 면을 담고 토마토 국물을 부은 후 후춧가루를 뿌리고, 라임 1/2개와 쪽파를 듬뿍 올려 냅니다.

토마토다코스

VEGAN

[53]

재료(2~3인분)

빵(슬라이스) 3~4쪽
완숙 토마토 2개
적양파 1/4개
블랙 올리브 10~15알
케이퍼 1큰술
이탈리안 파슬리 3줄기
화이트 발사믹 식초 1큰술
말린 오레가노
(또는 이탈리안 시즈닝)
1/2작은술
소금 1/4작은술
올리브 오일 1큰술
* 페타 치즈 30g+@

다코스(Dakos)는 그리스 크레타 섬의 전채 요리예요. 구운 보리빵이나 마른 빵에 다진 토마토, 페타 치즈, 올리브를 얹고 올리브 오일과 말린 오레가노를 뿌려 먹는 음식으로 그리스식 브루스케타라고도 해요. 제 느낌에는 브루스케타가 모두에게 보여주고 싶은 음식이라면, 다코스는 나 혼자 편히 즐기고 싶은 요리인 것 같아요. 재료만 있으면 만드는 데 10분도 안 걸릴 만큼 간단한데, 맛은 자꾸 생각나 계속 만들어 먹게 되는 음식이에요. 빵에 듬뿍 올려 먹기도 하고 스푼으로 그냥 퍼먹기도 하면서 제철 토마토를 제대로 즐길 수 있어요.

- 비건이라면 페타 치즈는 생략하세요.
- 빵은 물, 소금, 오일만으로 만든 발효빵을 사용하세요. 유제품이 들어간 식빵, 모닝빵 등은 어울리지 않아요.
- 말린 오레가노와 페타 치즈는 그리스식 샐러드의 기본으로 가능한 한 넣어야 맛있어요.
- 토마토에서 수분이 빠져나오니 만들어서 바로 먹어야 맛있어요.

- 같은 방법으로 달콤함 맛이 강한 노란 토마토를 활용해도 괜찮아요.

1

토마토와 적양파는 잘게 다집니다.

2

블랙 올리브는 칼 옆으로 눌러 으깨고, 케이퍼는 물에 한 번 헹궈 꼭 짜서 준비합니다.

3

이탈리안 파슬리는 잎만 분리해 다집니다.

4

믹싱볼에 분량의 토마토, 양파, 블랙 올리브, 케이퍼를 담고, 화이트 발사믹 식초를 넣어 10분 정도 절입니다.

5

빵을 마른 팬에 바삭하게 굽습니다.

6

구운 빵을 손으로 먹기 좋게 뜯어 접시에 펼쳐 놓습니다.

7

④에 분량의 말린 오레가노와 소금을 넣고 가볍게 섞은 후 빵 위에 듬뿍 올립니다.

8

그 위에 다져 놓은 이탈리안 파슬리를 올리고, 페타 치즈는 손으로 크럼블처럼 부숴 굵은 입자로 올립니다. 마지막으로 올리브 오일을 두르면 완성입니다.

복숭아치즈샌드위치

VEGETARIAN

[54]

재료(2인분)

잡곡 식빵 4쪽
복숭아(아삭한 것) 1개
크림치즈 4큰술
루콜라 30g

먹으면서 계속 조용히 웃게 되는 샌드위치입니다. 여름이면 떨어질 새 없는 복숭아로 향긋한 샌드위치를 만들어 보면 어떨까, 그 맛이 궁금했습니다. 완성하고 보니 정말 머릿속으로 상상한 딱 그 맛이었어요. 우중충한 마음을 한껏 끌어올려 주는 기분 좋은 맛입니다. 화이트 와인과도 잘 어울려요.

1

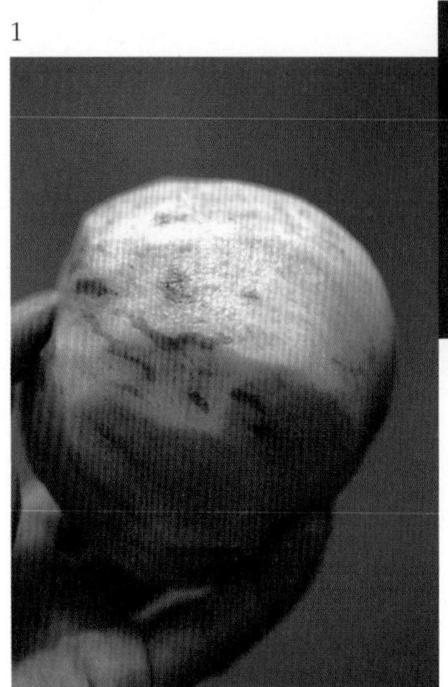
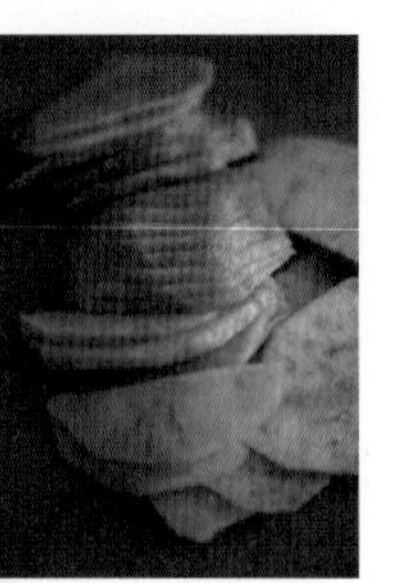

복숭아는 반으로 잘라 껍질을 벗기고 슬라이스합니다.

2

루콜라는 가볍게 씻어 물기를 뺍니다.

3

각 식빵의 한 면에 크림치즈를 바릅니다.

4

한쪽에 슬라이스한 복숭아를 듬뿍 올립니다.

5 복숭아 위에 루콜라도 듬뿍 올립니다.

•
복숭아에서 수분이 나오니
만들어 바로 드세요.

•
꼭 아삭한 복숭아로
만들어야 해요.

6

또 다른 식빵으로 덮어 샌드위치를 완성하고 한입 크기로 자릅니다.

찹쌀가지망고탕수

VEGAN

[55]

재료(2인분)

가지(큰 것) 1개
망고(중간 크기) 1개
찹쌀가루 1/2컵
물 1/2컵+@
마늘 1쪽
홍고추 1개
식물성 오일 1큰술
통깨 1/2큰술
* 고수잎 20g
튀김용 오일 적당량

소스

식초 2큰술
유기농 설탕 1큰술
양조간장 1작은술
소금 1/4작은술

치앙마이에 장기 여행을 갔던 적 있어요. 그때 가장 좋았던 건 맛있고 신선한 망고와 파파야, 바나나를 마음껏 먹을 수 있다는 것이었어요. 자전거를 타고 머무르는 집 주변을 오가다 보면 간이 좌판에 내놓고 파는 곳을 종종 만날 수 있는데, 주인도 없이 과일 가격만 써놓은 길 위의 무인 가게였어요. 국내에선 유통 과정 때문에 자주 먹기 부담스러운 과일이라 그런지 나무에서 달콤하게 익은 그 맛을 부지런히 즐겼던 기억이 납니다. 그때 먹은 망고 맛을 기억하며 만든 찹쌀가지망고탕수는 망고와 가지의 환상적인 조합을 경험할 수 있어요.

•
망고는 너무 오래 끓이면 가장자리가 흐물흐물해지니 마지막 단계에서 뜨거운 열기로 짧은 시간 볶으세요.

•
만들어서 바로 먹어야 맛있는 요리예요.

•
고수는 취향에 따라 생략해도 됩니다.

•
그냥 먹어도 좋을 만큼 잘 익은 망고를 사용해야 맛있습니다.

•
가지는 두 번 튀기면 더 바삭해요.

•
튀길 때 반죽 농도가 너무 빽빽하면 물 1~2큰술씩 섞어가며 튀깁니다.

1

종지에 분량의 소스 재료를 넣고 설탕이 녹을 때까지 잘 섞습니다.

2

가지는 1.5cm 두께로 두툼하게 깍둑썰기합니다.

3

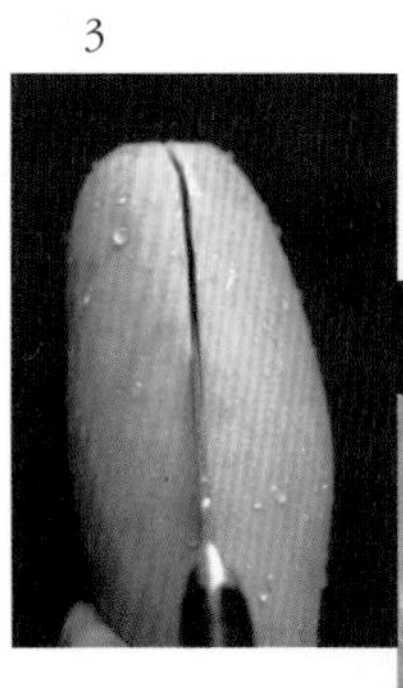

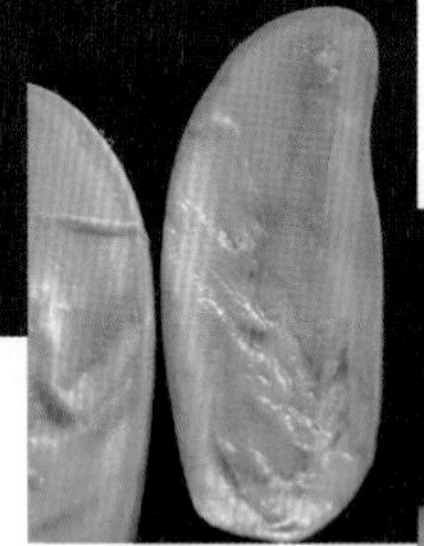

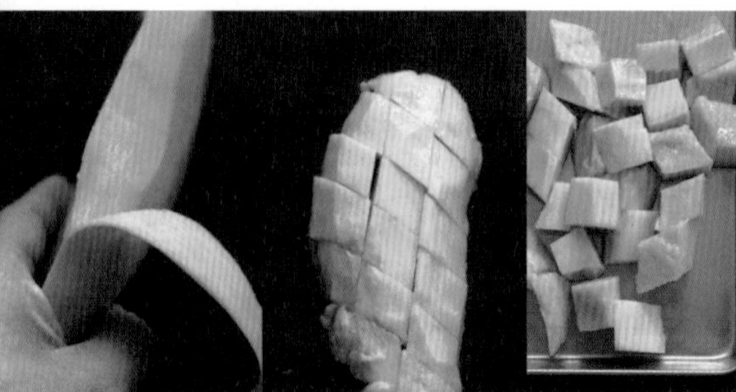

망고는 반 갈라 씨를 빼고 껍질을 벗긴 후 1.5cm 두께로 두툼하게 깍둑썰기합니다.

4

마늘과 홍고추는 잘게 다집니다.

5

튀김솥에 기름을 넣고 가열하는 사이, 가지에 분량의 찹쌀가루를 입혀 따로 담아둡니다.

6

남은 찹쌀가루에 분량의 물을 붓고 젓가락으로 섞습니다. 약간 가루가 있어도 괜찮아요.

7

기름이 달궈지면 찹쌀가루 입힌 가지에 찹쌀물 반죽을 입혀 튀깁니다. 튀긴 후 기름종이나 채반에 올려 기름을 뺍니다.

8

웍에 기름을 두르고 마늘과 홍고추를 넣고 잘 볶습니다.

9

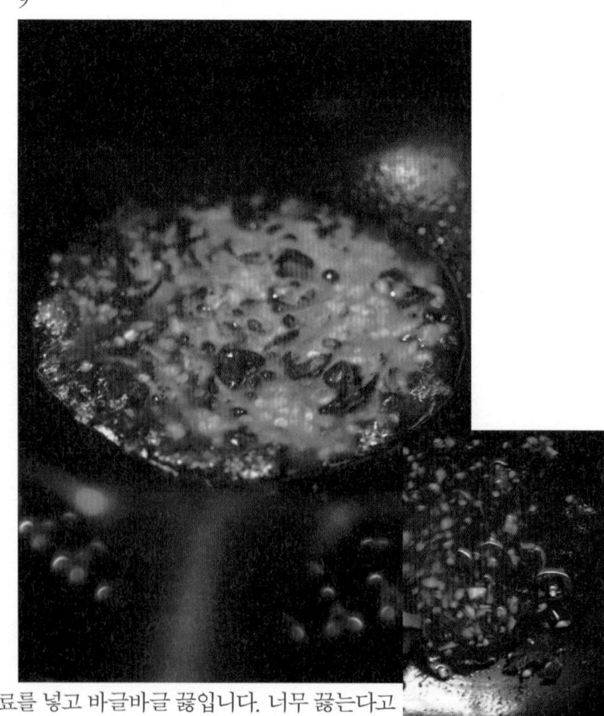

①에서 만든 소스 재료를 넣고 바글바글 끓입니다. 너무 끓는다고 불을 약하게 하진 마세요.

10

양념이 살짝 졸아들 정도로 바싹 끓으면 튀긴 가지와 망고를 넣고 센 불에서 양념이 어우러질 정도로 볶습니다.

11

양념이 졸아들면 고수잎을 넣고 크게 한번 휘저어 마무리한 뒤 그릇에 담습니다. 마지막에 통깨를 살짝 뿌려 마무리합니다.

브로콜리니와 호두마요

VEGAN

[56]

재료(2인분)

브로콜리니 200g
호두 60g
마늘 1쪽
식초 $1\frac{1}{2}$큰술
레몬즙 1큰술
올리브 오일 2큰술+@
소금 1/2작은술+@
굵게 간 후추 1/4작은술
* 따뜻한 물 1큰술

"이렇게 맛있는 채소 이름이 뭐야?" 엄마가 처음 브로콜리니를 드시고 했던 말이에요. 그 뒤로도 계속해서 이름을 물어보길래 "애기 브로콜리야"라고 했는데, 브로콜리를 드실 때마다 "나는 그 작은 브로콜리가 좋더라"라는 말을 꼭 하세요. 요즘은 대형마트에서도 쉽게 구할 수 있으니 보일 때마다 집어와 샐러드를 만들고, 파니니 재료로도 사용해요. 〈이렇게 맛있고 멋진 채식이라면 2〉에 소개를 했듯이 브로콜리니는 코코넛오일로 볶아도 참 맛있어요. 이번에는 살짝 데쳐서 산미가 있는 마요네즈에 찍어 먹는 방법을 소개할게요. 호두를 듬뿍 넣어 맛이 아주 고소하면서 담백해요.

- 호두 대신 불린 아몬드나 캐슈너트를 사용해도 좋아요.
- 취향에 따라 단맛을 가미하고 싶으면 일반 식초 대신 화이트 발사믹 식초를 사용하거나 약간의 꿀, 설탕을 첨가해도 좋아요.
- 호두는 껍질을 벗겨야 쓴맛이 없고 곱게 갈려요.
- 브로콜리니 대신 브로콜리로 응용해도 되며, 이 경우 데치는 시간을 조금 더 길게 잡으세요.

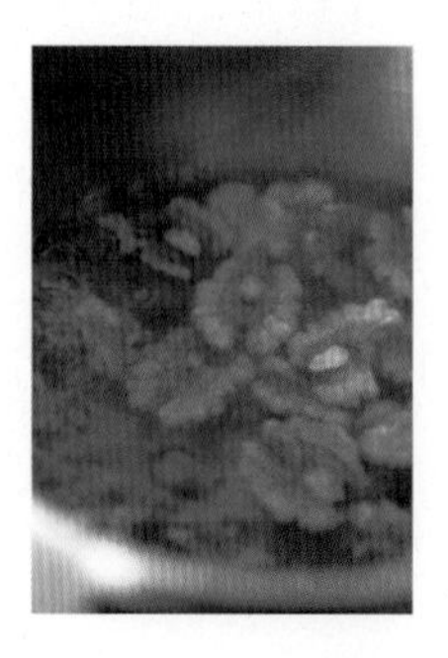

- 호두를 불릴 시간이 없을 땐 끓는 물에 데쳐 물에 담갔다가 벗기세요.

1

호두를 3~4시간 이상 불립니다.

2

불린 호두의 껍질을 벗깁니다

3

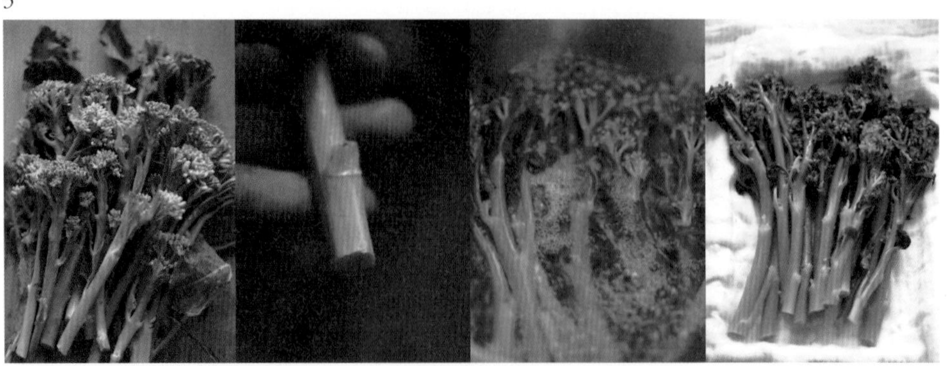

브로콜리니는 단단한 밑동 부분을 자르고, 끓는 물에 소금을 넣고 4~5분 데친 후 찬물에 헹구어 채반이나 면포에 놓고 물기를 뺍니다. 부드럽게 데쳐야 맛있는 요리로 줄기를 꺾었을 때 부드럽게 휘어지면 적당해요.

4

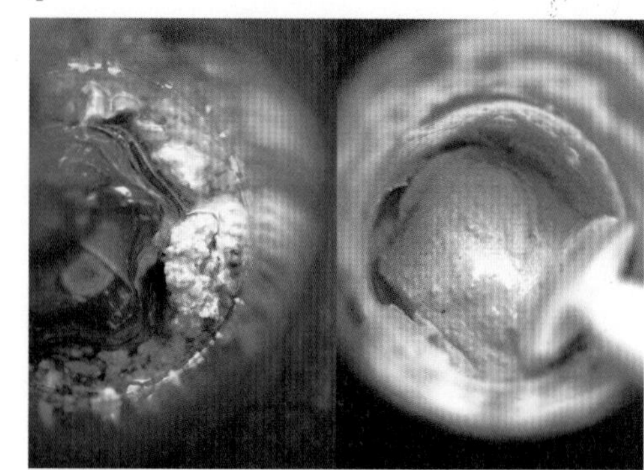

블렌더에 호두와 마늘, 식초, 레몬즙, 올리브 오일, 소금을 분량대로 넣고 잘 갈아주세요. 이때 뻑뻑해서 잘 갈리지 않으면 따뜻한 물을 넣어가며 갈아주세요.

5

접시에 ④를 넓게 펴고, 그 위에 데친 브로콜리니를 올립니다.

6

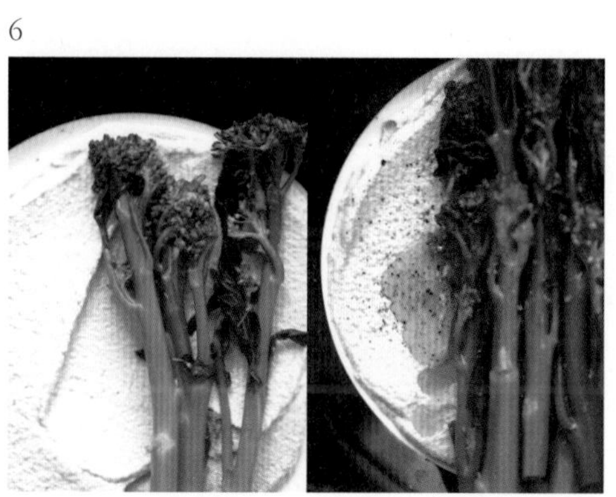

마무리로 올리브 오일을 살짝 뿌리고, 굵게 간 후추를 뿌리면 완성입니다.

들깨머위파스타

VEGETARIAN

[57]

어느 날 집 주방에 머윗대가 한가득 있었어요. 엄마가 좋아하신다고 해서 시골 외삼촌께서 일부러 챙겨 보내신 거였죠. 그걸 본 순간, '파스타' 생각이 나서 말도 없이 엄마의 머윗대를 작업실로 가져와 엄마에게 머윗대 볶아 놓았다고 전화를 했어요. 엄마는 나물 생각에 한달음에 오셨는데, 파스타를 보시더니 눈이 휘둥그레지셨어요. "이게 뭐고?" 하면서 바쁘게 포크를 움직이더니 깨끗하게 빈 접시를 남기고 돌아가셨어요. 사실 특별한 비법이 있는 것 아니에요. 그저 재료를 보는 관점을 바꿨을 뿐이죠. 들깨와 파르메산 치즈의 조합이 참 좋다는 것을 알게 될 거예요. 이탈리아식 파스타에 못지않는 한식 파스타라고 생각합니다.

재료(2인분)

머윗대(삶은 것) 160g
숏파스타 150g
통들깨 1/4컵
채수 1$\frac{1}{4}$컵+@
마늘 2쪽
국간장 1/2큰술
소금 1/2작은술
* 곱게 간 파르메산 치즈 1/4컵+@
올리브 오일 1$\frac{1}{2}$큰술

•
들깨를 즉석에서 갈아 사용하면 들깨 향이 진하고, 들깻가루를 사용하면 크리미한 소스의 질감이 더 살아납니다. 취향에 따라 골라 쓰세요.

•
조금 더 크리미한 맛을 원한다면 ⑦ 과정에서 들깻가루를 추가하세요

•
통들깨는 들깻가루로 대체 가능해요.

•
비건이라면 치즈를 생략하고 소금으로만 간 하세요.

•
숏파스타는 씹는 맛이 쫀득한 파스타가 좋습니다. 저는 '카사레치아 (Casareccia)'라는 종류의 파스타를 사용했어요.

•
머윗대가 너무 두꺼우면 간이 잘 밸 수 있도록 쪼개어서 사용하세요.

1

삶은 머윗대는 파스타 길이에 맞춰 자릅니다.
숏파스타가 잘 어울리지만, 상황에 따라 롱파스타를 쓸 경우
머윗대의 길이를 5~6cm로 자르세요.

2

블렌더에 분량의 통들깨와 채수 1/4컵을
넣고 곱게 갑니다.

3

냄비에 물을 올려 파스타를 알 덴테로 삶습니다. 파스타를 삶는 동안 마늘을 으깨어
곱게 다집니다.

4

달군 팬에 오일을 두르고 다진 마늘을 넣고 볶다가 손질한 머윗대를 넣고 달달 볶습니다.

5 채수 1컵과 국간장을 넣어 끓입니다.

6

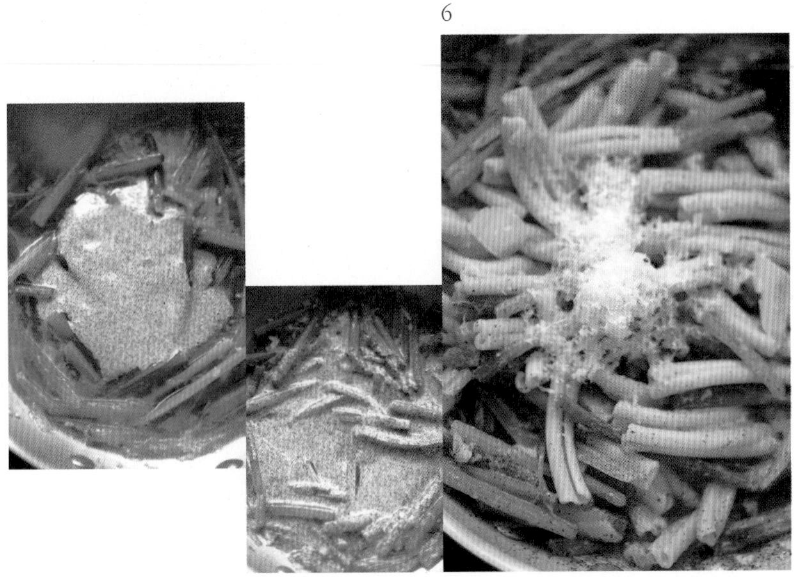

끓어오르면 갈은 들깨를 넣고, 다시 끓어오르면 삶은 파스타와 곱게 간 치즈, 소금을 넣어 원하는 농도까지 볶다가 불을 끕니다.

주키니호박파스타

VEGETARIAN

[58]

동글동글한 애호박도 좋아하지만, 텃밭에서 빼놓지 않고 심는 게 '골든 주키니'라고 부르는 노란색 서양 호박입니다. 봄에 싹을 틔워 파종한 주키니는 여름이면 열매가 주렁주렁 맺는데 장마가 복병이에요. '장마 무서워서 호박 못 심겠다'는 속담이 생길 정도로 너무 빨리 자라 비 오면 터지고 물러지는 것들이 마구 나오기도 합니다. 그때 주키니 호박의 달달한 맛을 한껏 끌어올려 파스타를 만듭니다. 여기에는 고소한 아몬드 토핑이 호박 파스타의 맛을 좌우하는데, 사실 저는 알리오 올리오보다 이 호박 파스타를 더 좋아해요. 여기에 파르메산 치즈는 호박의 맛을 더욱 풍성하게 만들어준답니다.

재료(2~3인분)

주키니 200g
양파 1/2개
마늘 1쪽
파스타(스파게티니) 150g
올리브 오일 $1\frac{1}{2}$큰술+@
소금 1/4작은술+@

토핑

아몬드 슬라이스 20g
* 빵가루 20g
* 버터(또는 올리브 오일) 1큰술
* 파르메산 치즈 20g

- 주키니를 썰 때 채칼을 사용하면 호박이 으깨어져 갈리면서 즙이 더 잘 나와요.
- 빵가루는 식빵 가장자리를 잘라 사용해도 됩니다.
- 비건일 경우 빵가루는 유제품이나 달걀 없는 빵으로, 버터는 올리브 오일로 사용하고, 치즈는 생략하세요.
- 여러 종류의 호박을 섞어 사용해도 좋아요.

- 가니시로 호박꽃과 미니 주키니를 사용할 수도 있어요.

1

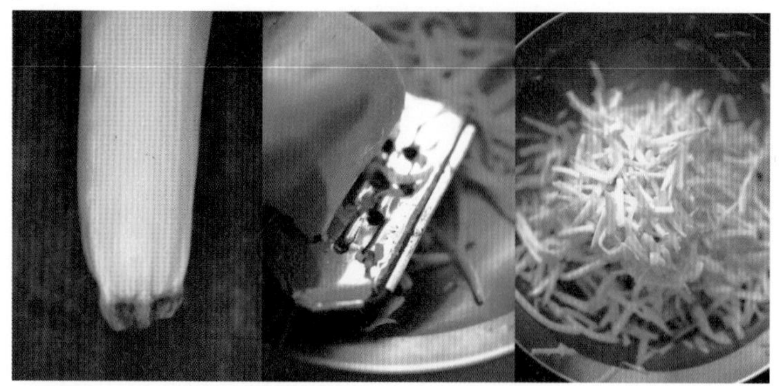

주키니를 채칼로 썹니다. 채칼이 없을 땐 칼로 채 썹니다.

2

마늘은 칼 옆으로 으깬 후 다지고, 양파는 슬라이스해서 채 썰어 준비합니다.

3

냄비에 파스타 삶을 물을 올리고, 블렌더에 분량의 아몬드 슬라이스와 빵가루를 넣고 갑니다.

4

오일 두른 팬에 ③을 넣고 노릇하게 볶다가 파르메산 치즈를 넣고 접시에 덜어 식힙니다.

5

끓는 물에 파스타를 넣고 삶습니다. 삶은 파스타는 채반에 건져 물기를 빼고 면수는 남겨 둡니다.

6

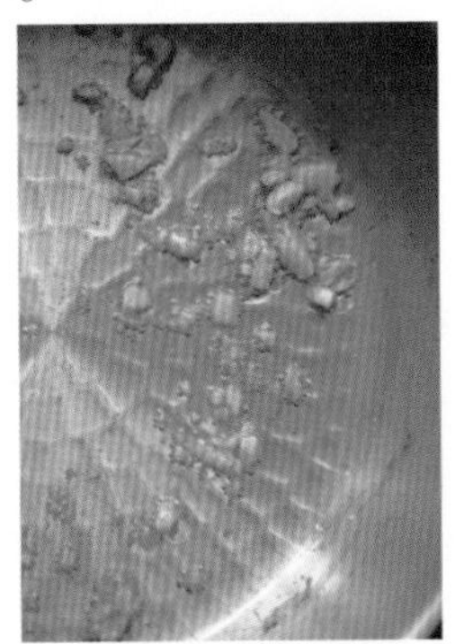

파스타가 삶아지는 사이, 팬에 오일을 두르고 다진 마늘을 넣어 향을 냅니다.

7

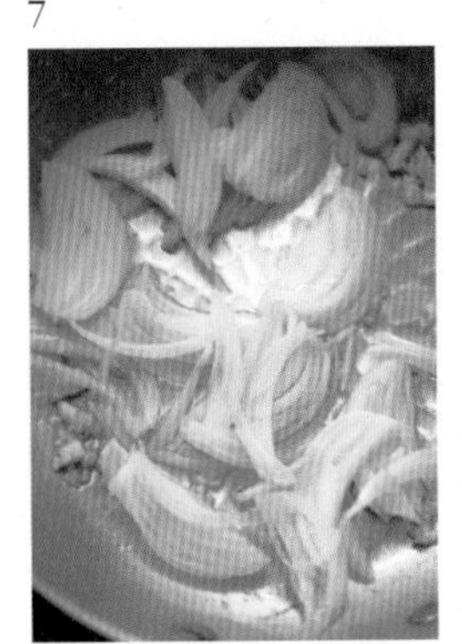

여기에 채 썬 양파를 넣고 옅은 갈색이 날 때까지 잘 볶습니다.

8

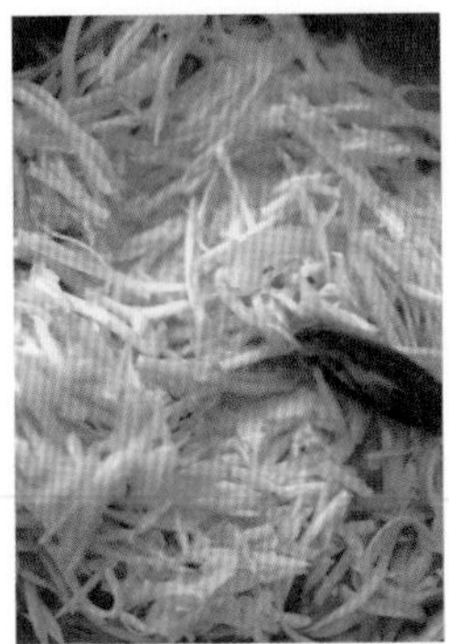

채 썬 주키니를 넣고 볶습니다.

9

파스타와 면수 2~3큰술을 넣고 볶다가 소금을 넣어 간을 한 다음 접시에 담습니다.

10

만들어 둔 토핑을 2큰술 또는 취향껏 올려 서브합니다.

구운 당근과 살구소스

VEGETARIAN

[59]

재료(1~2인분)

미니 당근 300g
마늘 2쪽
말린 오레가노 1작은술
살구 2개
* 꿀 1작은술
* 화이트 발사믹 식초 1작은술
올리브 오일 1큰술
소금 1/4작은술

마을에 오래된 고목에서 열리는 살구는 여느 개살구, 개복숭아로 불리는 과일들이 그렇듯 시중에 나온 과일에 비해 맛이 떨어집니다. 하긴 요즘 과일이 워낙 달게 나와 그 맛에 익숙해진 건지도 모른다고 생각했습니다만, 이 토종 살구는 씨알이 작아 먹을 수 있는 과육도 적고 당도는 낮고 산미는 높아 누구라도 좋아하긴 어려운 맛이었어요. 마을 분들조차 따 먹지 않는 과일이라 부지런한 사람이 따서 청이나 담는다고 알고 있었습니다. 이 못난이 살구를 받은 날 새콤한 맛에 깜짝 놀라 과일을 오븐에 구워 보았습니다. 구우니 수분이 빠져 쫀쫀하고 새콤한 게 꼭 짠맛 없는 우메보시 과육 같았습니다. 음식에 적당한 산미가 있어야 한다고 생각하는 저는 이 맛이 반가워 속살을 다져서 소스로 만들었어요. 맛이 썩 괜찮아 다시 시중에 파는 일반 살구로도 만들어 보았습니다. 살구의 산미를 즐길 수 있는 분이라면 꿀 없이 그대로 빵에 발라 먹어도 좋을 것 같습니다. 달콤한 당근과 오레가노는 잘 맞는 조합인데, 여기에 새콤함까지 더해지니 익숙한데 참신한 당근 요리가 되었습니다.

- 미니 당근 대신 일반 당근을 잘라 응용해도 됩니다.
- 저는 가니시로 오레가노꽃을 사용했어요.
- 화이트 발사믹 식초는 살구의 산미에 따라 생략해도 됩니다.
- 비건이라면 꿀 대신 아가베 시럽 또는 올리고당을 사용하세요.

1

오븐을 180도로 예열하고, 미니 당근을 껍질째 씻어
채반에 올려 물기를 제거합니다.

2

마늘을 칼 옆으로 한 번 으깹니다.

3

볼에 으깬 마늘과 당근, 분량의 소금, 말린 오레가노 1/2작은술과 올리브 오일 1/2큰술을 넣고
버무려 오븐 팬에 펼쳐 놓습니다.

4

살구를 반 잘라 씨를 빼내고, 오븐 팬에 함께 올려 20분간 굽습니다.

5

구운 당근을 접시에 옮겨 담고, 살구는 잘게 다집니다.

6

작은 그릇에 다진 살구와 분량의 꿀, 화이트 발사믹 식초, 말린 오레가노 1/2작은술, 올리브 오일 1/2큰술을 넣고 섞어 소스를 만듭니다.

7

구운 당근 위로 만들어 둔 살구 소스를 곁들여 냅니다.

패션프루트를 샐러드로 즐기는 두 가지 방법

VEGAN

[60]

재료(1인분)

드레싱
패션프루트 1개
화이트 발사믹 식초 1큰술
올리브 오일 1큰술

채소 샐러드
익힌 흑미 1/2컵
익힌 검은콩 1/4컵
익힌 옥수수 1/4컵
오크라 2개
아보카도 1/2개
미니 오이(또는 스낵오이) 1개
고수잎 15g

과일 샐러드
익힌 흑미 1컵
망고 1/2개
아보카도 1/2개
바나나 1개
* 씨앗과 견과류 20g
고수잎(또는 페퍼민트잎) 5g

패션프루트는 백 가지 향이 난다는 뜻의 '백향과'라고도 불리는데, 향이 정말 뭐라 표현할 수 없을 만큼 아름다워요. 탱탱한 것을 구입해 실온에 두면 시간이 갈수록 껍질이 쪼글쪼글해지면서 후숙되는데, 그때 반 갈라 껍질 속에 있는 노란 과육과 씨앗을 스푼으로 떠먹어요. 저는 이 과육을 샐러드드레싱으로 만들어 맛있게 즐기는 방법을 소개할 거예요. 하나는 채소 샐러드이고, 다른 하나는 열대과일 샐러드입니다. 둘 다 여름철 특히 잘 어울리는 맛이에요.

- 과일샐러드는 잘 익은 과육이 샐러드의 맛을 결정해요.
- 패션프루트는 냉동 보관이 가능하며, 냉동 과일은 자연해동 후 숟가락으로 씨앗을 분리해 사용하세요.
- 흑미의 색이 노란 과일을 돋보이게 하면서 씹히는 질감도 좋습니다.
- 허브는 취향대로 선택하세요. 두 종류를 넣어 맛을 비교해 보는 것도 좋아요.
- 패션프루트의 산미가 식욕을 돋우는 샐러드인데, 만약 이 산미가 너무 강해 조절하고 싶을 땐 꿀 1작은술을 넣으세요.

1 잘 익은 패션프루트를 반으로 잘라 숟가락으로 과육(씨앗 포함)을 분리합니다.

2 작은 그릇에 분리한 패션프루트 과육과 분량의 화이트 발사믹 식초, 올리브 오일을 넣고 섞어 드레싱을 만듭니다.

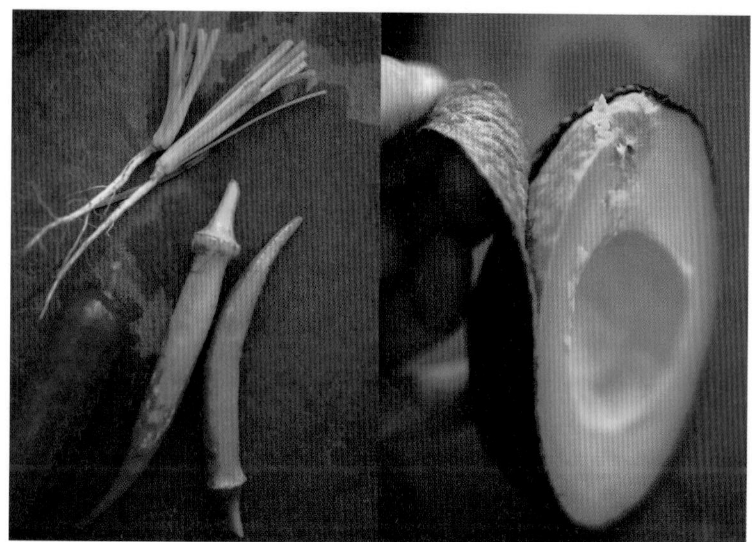

3 오크라를 소금으로 문질러 겉면의 솜털을 제거하고 반으로 자릅니다. 아보카도는 껍질을 벗기고 취향대로 먹기 좋게 자릅니다.

4 샐러드 볼에 익힌 흑미와 검은콩, 오크라, 아보카도를 담고, 고수잎과 옥수수알을 올립니다. 패션프루트 드레싱을 뿌려 냅니다.

3 망고, 아보카도, 바나나의 과육을 분리한 후 한입 크기로 자른 후 그릇에 담아 가볍게 섞어주세요.

4 취향에 따라 허브(고수 또는 민트) 잎을 분리해 준비합니다. 샐러드 볼에 익힌 흑미를 1/2컵씩 담습니다.

5 과일 믹스를 얹은 후 허브잎을 올립니다.

6 패션프루트 드레싱을 뿌리고 취향에 따라 견과류나 씨앗을 올립니다. 저는 햄프시드(대마 씨)와 구운 호두를 곁들였어요.

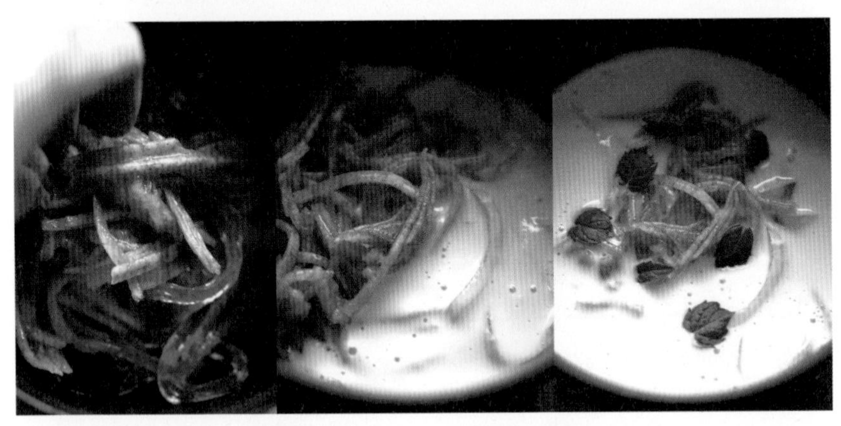

복숭아콩국 즐기기

SUMMER CADENZA

[A]

여름이면 자주 먹는 콩국(콩물)에 복숭아의 조합은 새롭고 이국적이에요. 곱게 채 썬 복숭아에 콩국을 듬뿍 부어 먹는데, 여기에 우무묵까지 넣는다면 더 없이 푸짐해집니다. 적당한 포만감에 칼로리가 낮아 다이어트식으로 좋고 입맛 없을 때 해 먹기에도 좋아요. 말랑한 복숭아는 숟가락으로 듬성듬성 떠 넣기도 하지만, 분홍빛 아삭 복숭아를 곱게 채쳐서 넣으면 특히 맛있고 잘 어울려요. 취향에 따라 설탕이나 꿀, 소금을 넣어 훌훌 떠 먹지만, 꼭 빠뜨리지 않고 넣는 것은 '민트잎'이에요. 페퍼민트잎 2~3장으로 복숭아콩국의 새롭고 이국적인 맛의 세상이 펼쳐집니다.

찌기

삶기

옥수수밥

옥수수 맛있게 먹는 법

[B]

여름 하면 옥수수를 빼놓을 수 없죠. 찰옥수수, 흑옥수수, 노란 초당 옥수수, 제각각 다른 맛이 있기에 골고루 구입해서 먹고 있어요. 쪄 놓으면 금세 단단해지는 일반 옥수수에 비해 초당 옥수수는 식어도 그대로 맛있고 생으로도 먹을 수 있어서 여름이면 식탁에 자주 등장한답니다. 농장에서 도착한 첫날 가장 신선할 때는 생으로 먹고, 다음 날부터는 쪄 먹기 시작하는데 초당 옥수수는 물에 삶는 것보다 찌는 게 더 맛있답니다. 반면 찰옥수수는 소금만 넣고 푹 삶습니다. 이때 옥수수 수염을 모두 넣고 깨끗한 옥수수 잎을 덮어 삶으면 훨씬 맛있어져요. 여름 옥수수를 활용한 가장 쉬운 요리는 알록달록한 옥수수밥이에요. 옥수수를 종류별로 넣고 알록달록한 밥을 짓는데 이때 불린 쌀 위에 옥수수를 그대로 올려 옥수숫대에서 나온 진한 옥수수 즙과 향이 쌀알에 스며들게 합니다. 밥이 다 되면 옥수수를 도마에 올려 놓고 칼로 대를 한 번 훑어 알을 분리한 뒤 따뜻할 때 밥과 함께 섞어요. 이렇게 해서 먹으면 각기 다른 옥수수 특유의 식감을 입 안에서 조율해가며 먹는 재미가 있어요.

매실 손질하기

소금에 버무려 담기

차조기 물들이기

말리기

우메보시 만들기

[C]

우메보시는 가급적 크기가 큰 프리미엄급 남고 품종의 매실을 사용합니다. 과거에는 염도를 20% 이상 높게 했지만, 요즘은 소금양을 매실의 18% 정도로 잡고 만들어요. 저는 조금 더 줄여 10% 정도로 담고 있어요. 각자 맛 취향과 보관 환경이 다르니, 이런 저런 기준을 참고해 적절히 조절하면 돼요. 방법은 먼저 깨끗이 씻어 꼭지를 딴 뒤 물기를 닦은 매실을 유리병이나 비닐봉투에 넣고 소금과 함께 버무려요. 3일 정도가 지나면 매초(매실 수)가 나오는데, 이 매초가 잘 생성되어 매실이 잠길 수 있도록 매일 한 번씩 정성스레 용기나 비닐을 굴려줘야 해요. 그리고 약 2주 뒤 차조기로 특유의 향을 입히고 살균하는 과정을 거칩니다. 저는 차조기(자소엽)를 넣지 않은 우메보시도 좋아해 두 종류로 만들어요. 차조기는 씻은 후 소금을 넣고 치대어 검게 나온 첫물을 버립니다. 그런 다음 매초를 넣고 계속 치대 자주 빛 고운 물이 보이면 꼭 짜서 물은 붓고 차조기는 얹어 그 상태로 한 달에서 한 달 반 동안 그대로 둡니다. 여름 장마가 끝난 뒤 매실을 꺼내 말립니다. 말리는 과정이 중요하기에 미리 일기예보를 확인하고 비가 오지 않는 날을 골라야 해요. 채반에 절인 매실을 올리고 낮에는 볕을 쬐고, 밤 되면 거두어 다시 매초액 속에 넣기를 3일간 반복합니다. 이 과정에서 살균력이 생기고 껍질에 탄력도 생겨 오래 저장할 수 있게 됩니다. 완성한 우메보시는 차조기 잎과 함께 냉장 보관해요. 우메보시를 좋아하는 분들은 밥에 한 알씩 올려 드시거나 따뜻한 차를 부어 오차즈케로 즐겨 드세요. 저는 한 알씩 꺼내어 다져서 양념이나 드레싱 재료로 활용해요.

•
남은 씨앗은 생수나 탄산수에 넣어 마셔도 좋아요

가 을

[AUTUMN]

가을 되어 일교차가 커지면 식물은 생장을 멈춥니다. 왕성히
자라는 토마토는 아직 괜찮다고 말하는 것 같기도 하다가 그마저도
잠깐입니다. 종자를 받기 위해 남겨둔 채소와 허브에서는 마지막
씨앗을 모아 내년 봄을 기약하고, 텃밭 곳곳에 숨어 있는 땅콩호박을
찾는다거나 풋토마토 열매도 거두어 맛있게 먹을 방법을 궁리합니다.

가을엔 볕과 바람이 좋습니다.

가지나 호박, 박 등 쑥쑥 자라던 늦여름의 텃밭 채소를 수확해

가을볕에 널어 말리기에도 아주 좋습니다.

겨울 먹거리를 보관해두는 것도 가을 갈무리의 일환이기에 짧아진
낮 시간만큼 더 부지런해져야 가을을 알차게 활용할 수 있습니다.
거둬들이는 시기라 끝이라 생각할 수 있지만, 새롭게 돌아오는 시작의
계절입니다.

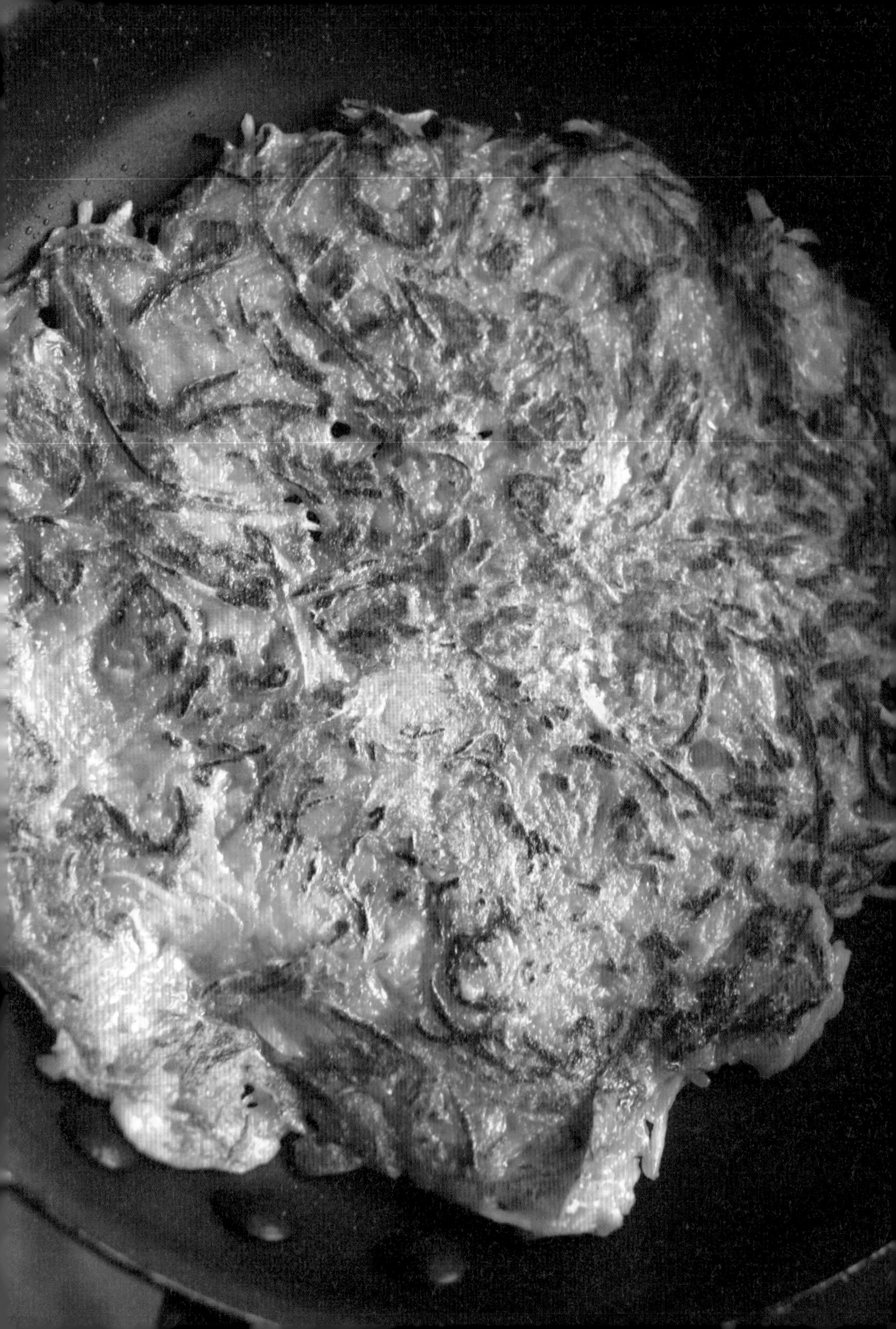

달콤한 호박전

VEGAN

[61]

재료(2~3인분)

늙은 호박 850g
밀가루 $1\frac{1}{2}$컵
유기농 설탕 $3\frac{1}{2}$큰술
소금 1작은술
식물성 오일 1큰술

제게 호박전은 시골에서 먹던 달콤한 간식이에요. 가을에 커다란 늙은 호박을 수확하면 호박고지로 말렸다가 떡을 만들고, 죽을 끓이고, 이 호박전도 부쳐 먹었어요. 기억 속 맛 때문에 늙은 호박은 그저 달다고 생각했는데, 달콤함은 늙은 호박이 아니라 설탕에서 나왔다는 사실을 자라고서야 알았어요. 부침개에 설탕이라니 생소할 수 있지만, 제 기억 속 맛을 저와 함께 따라가 보면 달달한 시골 간식을 만날 수 있을 거예요. 그리고 이 호박전은 가을에만 먹는 건 아니에요. 여름 장마철 비라도 내리면 논일이며 밭일을 나갈 수 없기에 여름 애호박으로도 부쳐 먹죠. 요즘은 손질해서 소분한 늙은 호박을 쉽게 구할 수 있으니 달콤한 맛 생각날 때 이 레시피를 활용해 보세요.

•
얇게 부쳐야 맛있는데, 반죽이 얇게 잘 펴지지 않아요. 최대한 얇게 편 상태로 한 면을 굽고 뒤집어서 다시 뒤집개로 얇게 펴세요.

•
달달하게 먹어야 맛있어요. 레시피에 들어간 설탕의 양은 시골 어머니의 맛 기준으로 최소량이에요. 레시피 기준 3큰술을 먼저 넣고, 절인 후 나머지 1/2큰술을 더하는 방법도 좋아요.

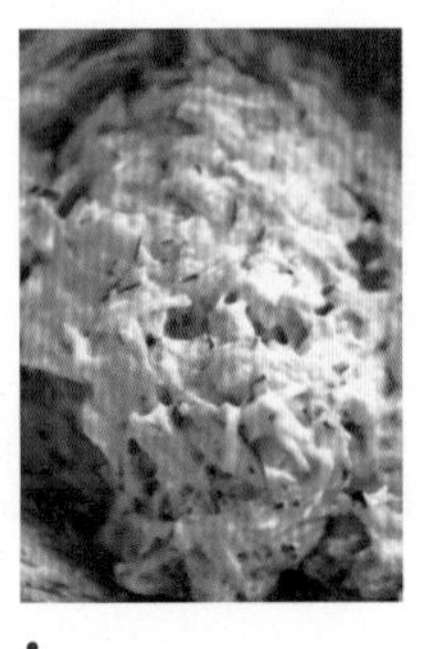

•
여름 애호박전을 같은 방법으로 구워도 맛있답니다.

1

속을 제거하고 껍질을 벗겨 놓은 늙은 호박을 채칼로 채 칩니다.

2

채 친 호박에 분량의 설탕과 소금을 넣고 조물조물 섞은 후 30분 정도 절입니다. 절여지면 적당히 수분이 있는 상태가 됩니다.

3

②에 분량의 밀가루를 넣고 잘 섞습니다.

4

달군 팬에 식물성 오일을 두르고 반죽을 올려 노릇노릇하게 굽습니다.

호박꽃밥

VEGAN

[62]

재료(3~4인분)

호박꽃 30송이+@
쌀 1컵
잣 1/4컵
감자 1~2개
애호박 150g
양파 1/2개
마늘 2쪽
대파 흰 부분 1대
물 1컵+@
소금 1/2작은술+@
* 올리브 오일 1큰술+@
호박잎(덮개용) 적당량

우리나라에서는 호박꽃을 이용한 요리가 그리 많지 않아요. 제가 바구니 가득 호박꽃을 따면 어른들은 그것도 먹냐고 신기해하며 물어보시곤 해요. 그에 비해 이탈리아에서는 호박꽃 요리가 비교적 익숙하죠. 그래서 저는 이탈리아 요리에서 자주 쓰이는 호박꽃 요리를 한국식으로 만들어 봤어요. 호박꽃은 호박의 향과 달큰한 맛으로 좋은 식재료가 될 수 있지만, 여름의 호박꽃은 열매를 맺어야 하니 함부로 따지 않습니다. 쌀쌀한 가을이 되어 열매가 맺힐 수 없을 만큼 생장이 느려지면 그때 마지막 호박꽃을 땁니다. 호박꽃밥을 찔 때 함께 딸려온 자잘한 호박잎과 미니 호박까지 함께 넣어 한 김 찌면 호박 향이 은은하게 배어 들죠. 소금 간을 최소로 했으니 질 좋은 소금을 밥과 함께 따로 내어 각자 취향에 따라 간을 맞춰 드세요.

- 가볍게 찌는 형태로 쌀을 미리 충분히 불려야 해요. 전날 불리는 방법을 추천합니다.

- 호박의 향을 입히는 형태의 밥이기에 현미보다 백미가 좋아요.

- 호박꽃이 없다면 호박으로 만든 솥밥을 응용해 보세요. 이때 채수를 넣으면 밥에 풍미가 더 좋아져요.

1

쌀은 씻어서 물에 2시간가량 불리고, 채반에 올려 물기를 뺍니다.

2

호박꽃은 꽃받침과 꽃술을 제거하고 꽃 속에 이물질이나 벌레가 있다면 제거합니다.

3

애호박은 씨를 제외한 과육만 채 썹니다. 이때 갈리듯 썰리는 채칼을 사용하면 좋습니다.

4

양파와 마늘, 대파 흰 부분을 곱게 다집니다.

5

달군 팬에 올리브 오일 1큰술을 두르고 마늘, 양파, 파를 넣어 볶아 향을 냅니다.

6

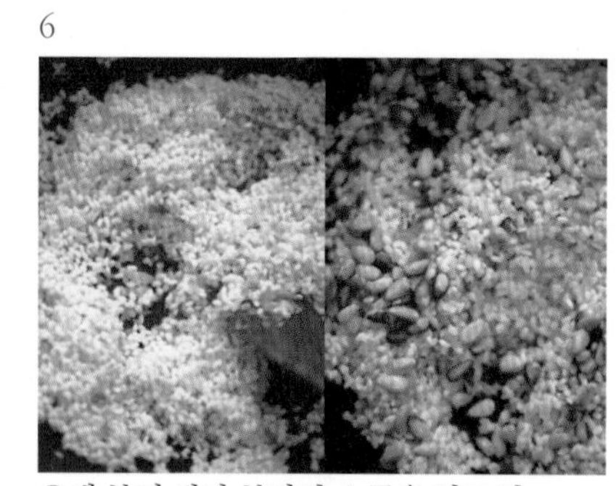

⑤에 불린 쌀과 분량의 소금을 넣고 잘 볶습니다.

7

여기에 채 썬 호박을 넣고 가볍게 섞듯이 볶은 후 불을 끄고 넓은 볼에 옮겨 식힙니다.

•
냄비가 아닌 김 오른 찜솥에 넣고 쪄도 좋아요.

•
꽃은 물에 닿으면 금방 물러지니 씻지 않아도 되는 깨끗한 꽃을 사용하세요. 씻어야 한다면 볶은 쌀알을 넣기 직전 재빨리 씻어서 물기를 털고 사용하세요.

8

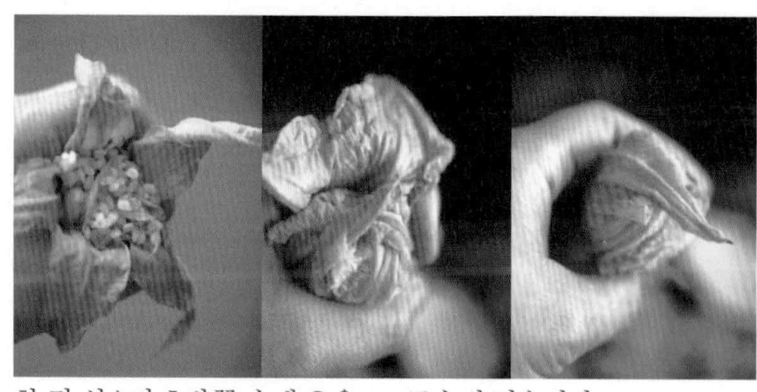

한 김 식으면 호박꽃 속에 ⑦을 1~2큰술씩 넣습니다.

9

볶은 쌀을 채울 때 커다란 꽃은 통째로, 크기가 작은 꽃은 한 부분을 잘라 쌀을 적게 채우고 꽃잎 끝부분을 여밉니다. 쌀이 익으면 저절로 뭉쳐지니 쌀알이 튀어나오지 않을 정도로 포개어 주면 됩니다.

10

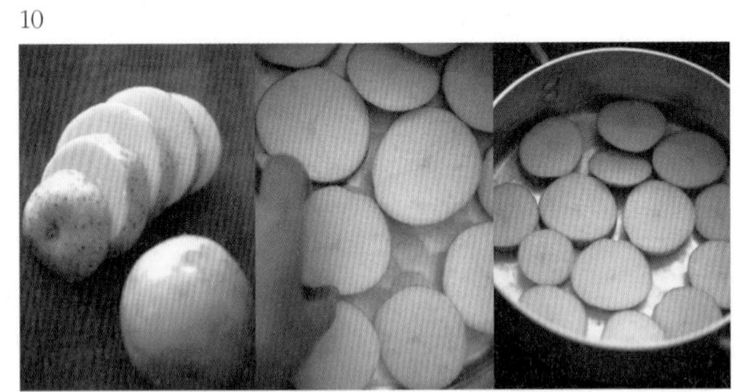

감자를 도톰하게 잘라 냄비에 깝니다. 호박꽃 잎이 냄비 바닥에 붙지 않게 하기 위한 용도로, 냄비 크기에 따라 들어가는 감자 개수가 달라집니다.

11

감자 위로 ⑨를 올립니다. 넣는 중간에 냄비 빈 곳에 물 1컵을 붓습니다. 감자가 잠길 정도로 자박하게 부으면 됩니다.

12

호박꽃 위로 접시를 덮습니다.
호박잎이 있다면
접시를 엎기 전 덮어주세요.

13

센 불에서 물이 끓으면 불을 낮추고 중간 불에서 4분 정도 끓이고, 다시 약한 불로 줄여 3분가량 천천히 뜸을 들입니다. 이 과정에서 냄비 바닥이 눌면 밥에 쓴맛과 탄 향이 배이니 물이 떨어지지 않게 불 조절을 하세요.

14

완성한 호박꽃밥을 큰 볼에 옮겨 따뜻할 때 냅니다. 올리브 오일과 소금을 따로 곁들여 취향에 따라 간을 해서 먹습니다.

두부완자와 국화소스

VEGAN

[63]

경산에 온 첫해 우연히 채식이 가능한 중식당을 발견했어요. 그곳은 짜장면도 맛있었지만, 난젠완쯔를 응용해 만든 두부 완자가 얼마나 맛있던지요. 채식해서 오히려 감사하다고 느껴졌을 정도로 잊을 수 없는 맛이었어요. 그 뒤로 꽤 긴 시간이 흐르고 지금은 추억 속 식당이 되었지만, 이따금 그 맛을 떠올리며 홀로 고군분투합니다. 매콤했던 난젠완쯔는 아니지만, 저는 채수 소스에 노란 국화를 듬뿍 넣어 소박한 두부 완자를 별스럽게 재해석했어요. 꽃은 가을 식용 국화도 좋고, 마리골드나 돼지감자꽃도 좋아요. 꽃술을 빼고 꽃잎만 사용하니 꽃차로 먹는 다른 꽃으로 응용해서 만들어도 되고요.

재료(2~4인분)

두부 400g
감자 200g
표고버섯 50g
당근 50g
쪽파 10g
소금 1/2작은술
식용 국화 20송이
튀김용 오일 적당량

소스

채수 $1\frac{1}{4}$컵
표고버섯 1개
쪽파 20g
양조간장 1큰술
국간장 1/2작은술
소금 1/4작은술
후춧가루 1/4작은술
전분 1작은술
물 1큰술

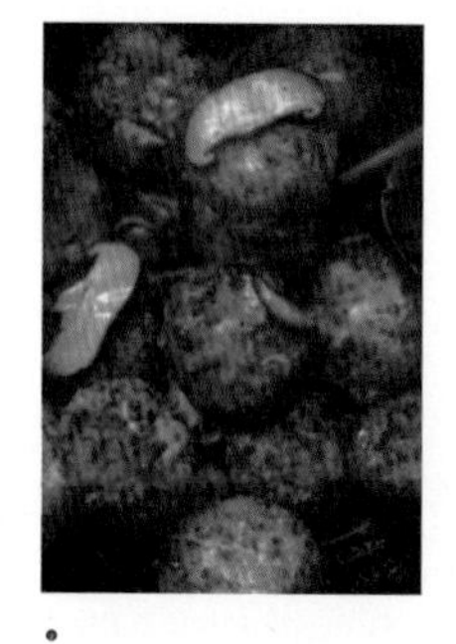

• 완성한 소스에 튀긴 완자를 넣고 버무려 촉촉한 상태로 상에 내어도 좋아요.

• 소스에 넣는 버섯은 채수를 만들고 나온 버섯을 활용해도 좋아요.

• 국화가 없다면 생략해도 괜찮아요.

1

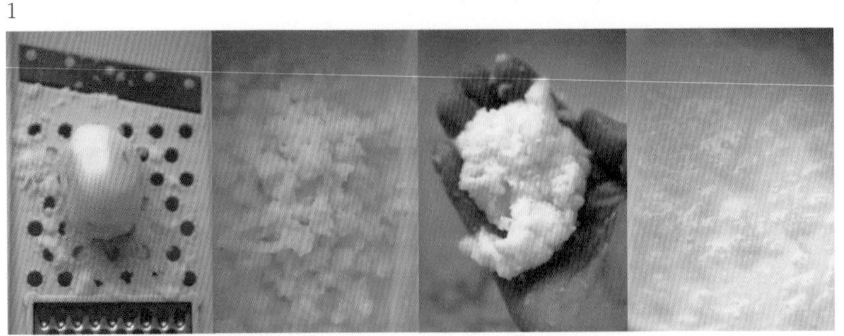

감자는 강판에 갈아 건더기를 분리해 꼭 짜고, 나오는 즙은 그대로 둡니다.

2

두부는 적당한 크기로 슬라이스한 뒤 소금을 뿌리고 물기를 뺀 다음 곱게 으깹니다.

•
단단한 두부라면 소금으로 물기를 뺀 정도로 사용하면 되지만, 만약 두부에 물기가 너무 많다면 으깬 상태에서 깨끗한 면포로 옮겨 물기를 짜낸 후 사용하세요.

3

표고버섯, 당근, 쪽파를 곱게 다집니다.

4

볼에 ③의 채소와 ①의 갈아 둔 감자 건더기, 으깬 두부를 넣고 잘 섞습니다.

5

①에서 그대로 둔 감자즙의 물을 따라내고 가라앉은 전분을 스패출러로 떠서 ④ 반죽에 넣고 섞어 치댑니다.

6

튀김솥에 튀김용 오일을 넣고 가열하는 사이. 두부 반죽을 1큰술씩 떼어내 납작하게 빚어 놓습니다.

7

두부 완자를 기름에 넣고 노릇하게 튀겨 기름을 빼고, 한 번 더 튀겨 기름을 뺍니다.

8

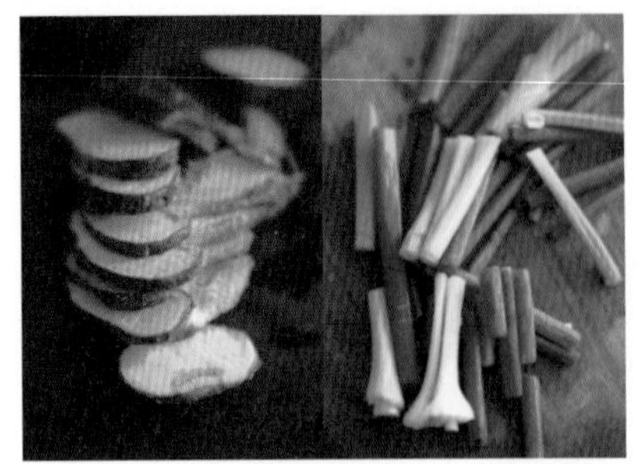

소스용 버섯은 얇게 슬라이스하고, 쪽파도 버섯 길이에 맞춰 썹니다.

9

국화는 꽃잎만 분리합니다.

10

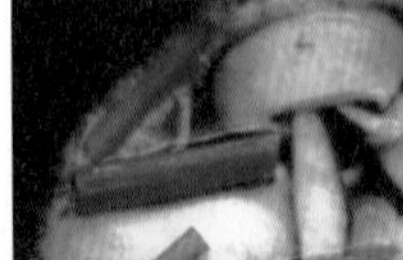

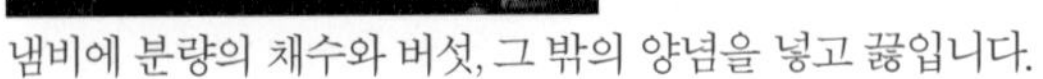

냄비에 분량의 채수와 버섯, 그 밖의 양념을 넣고 끓입니다.

12 소스에 준비한 국화꽃을 넣고 섞은 다음 바로 불을 끕니다.

11

바글바글 끓어오르면 분량의 전분과 물을 섞은 전분물을 부어 걸쭉하게 만듭니다.

13

접시에 튀긴 두부 완자를 담고 따뜻한 소스를 부어 상에 냅니다.

불린 다시마버섯조림

VEGAN

[64]

채수를 우려낸 재료를 버리기 아깝다고 생각한 건 저뿐일까요? 맛은 국물에 다 우러났지만, 재료 자체의 섬유질이나 식감이 또 하나의 즐거운 맛이 될 수 있기에 짭조름한 조림 반찬으로 재탄생시켰어요. 여기에 불린 콩을 넣으면 흔한 콩조림의 새로운 변신이 되기도 하죠. 일부러 단맛을 절제했는데 취향에 따라 조청이나 올리고당을 첨가해도 괜찮아요. 밥반찬으로 좋으니, 채수 만든 날 조림도 함께 만들어 보세요.

재료(2인분)

불린 표고버섯 3개
불린 다시마 60g
불린 메주콩 3/4컵(110g)
채수 2컵
국간장 1/2큰술
양조간장 2큰술
유기농 설탕 1작은술

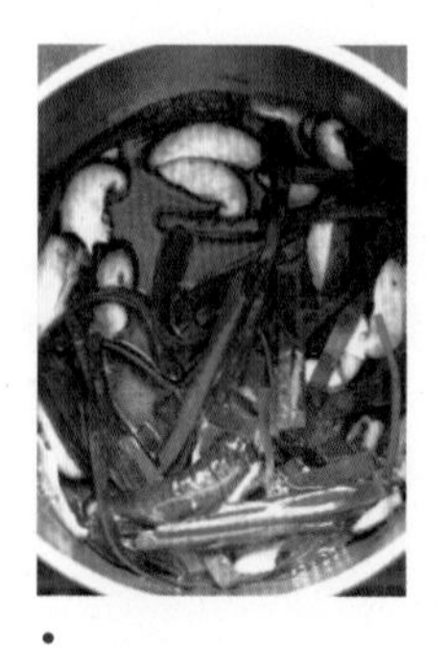

•
채수에서 나온 다시마와 표고버섯을 체에 걸러 건더기만 건져서 만들어도 좋습니다.

•
콩 없이 다시마와 버섯만으로도 만들 수 있어요. 이럴 경우 재료는 채수 2컵, 불린 표고버섯 30g, 불린 다시마 60g, 설탕 1/2작은술, 양조간장 2큰술, 국간장 1/2작은술입니다.

1

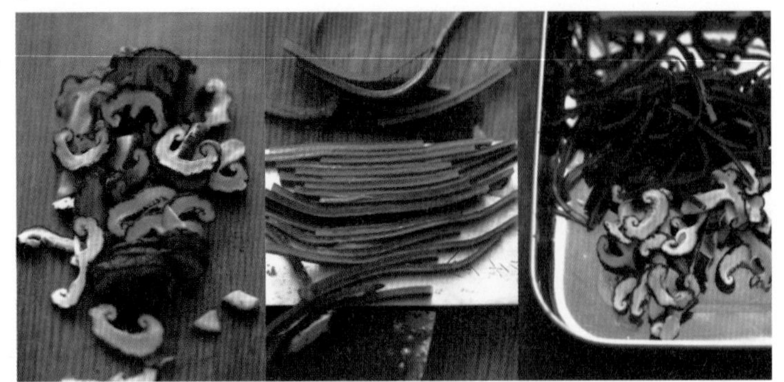

불린 표고버섯은 슬라이스하고 다시마는 채 썰어 준비합니다.

2

냄비에 분량의 불린 메주콩에 채수, 국간장을 넣고 끓입니다.

3 끓어오르고 콩이 익기 시작하면 표고버섯과 다시마를 넣고 끓입니다.

4

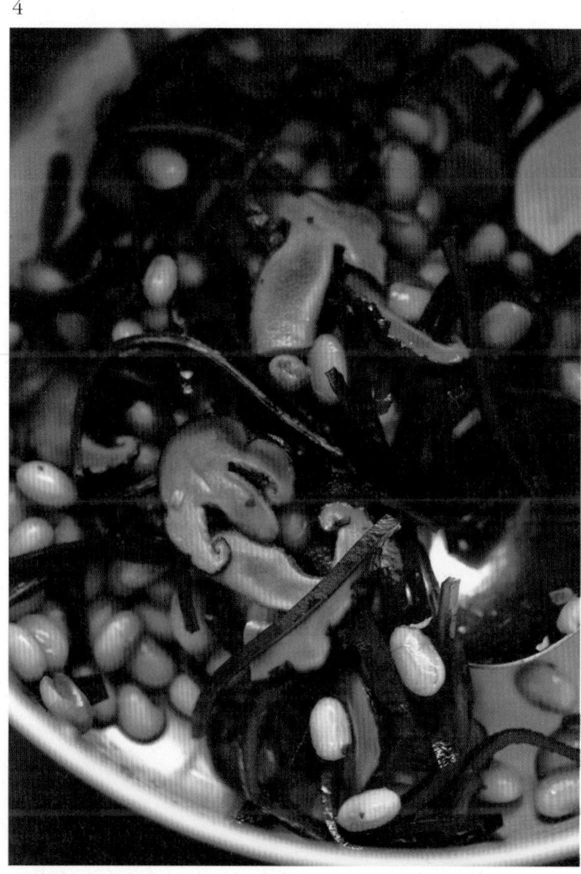

분량의 양조간장을 넣고 조리다가 약간의 양념 국물이 남아있는 상태에서 마무리합니다.

꽃송이버섯사과샐러드

VEGAN

[65]

꽃송이버섯의 쫀쫀한 식감을 음미할 때면 우리나라에 이렇게 다양한 버섯이 있는 것에 감사하게 돼요. 목이버섯, 표고버섯, 양송이버섯, 송이버섯, 팽이버섯, 느타리버섯, 각기 다른 식감과 향이 있어 너무 좋지요. 특히나 '꽃송이버섯'은 버섯 고유의 향은 적으나 잘 물러지지 않고 탱탱한 식감이 특징이라서 저는 주로 샐러드처럼 생으로 무쳐 먹습니다. 이 버섯 요리를 언젠가 SNS에 올린 적 있어요. 그때 많은 분이 버섯 이름과 드레싱이 궁금하다고 했는데, 아마도 이 사과와 고수 드레싱이 어우러진 꽃송이버섯 맛을 자주 찾게 될 거예요.

재료(1~2인분)

꽃송이버섯 100g
사과 80g
고수잎 6g
화이트 발사믹 식초 2큰술
올리브 오일 1큰술
홀그레인 머스터드 1큰술

- 꽃송이버섯 대신 다른 버섯을 활용해도 되는데, 되도록 향이 진하지 않은 버섯이 좋아요.
- 사과는 미리 썰어 놓으면 색이 변하니 가급적 재료 손질 마지막 단계에 썰어 바로 버무리세요. 갈변 방지를 위해 설탕물에 담가 놓기도 하지만, 이럴 경우 사과 자체의 맛이 빠져나가요.
- ⑤ 과정에서 드레싱을 넣고 많이 버무리면 버섯과 채소의 숨이 죽어 담음새가 안 예뻐요. 재료들을 먼저 섞고 먹기 직전에 드레싱을 뿌려 가볍게 섞으세요.
- 화이트 발사믹 식초 대신 일반 식초를 사용한다면 설탕이나 꿀 같은 당분을 적당히 추가하세요.

1

꽃송이버섯은 흐르는 물에 가볍게 헹궈 한입 크기로 뜯은 후 샐러드 스피너나 채반을 이용해 최대한 물기를 제거합니다.

2

고수는 잎만 분리합니다.

3

그릇에 분량의 화이트 발사믹 식초, 올리브 오일, 홀그레인 머스터드를 넣고 섞어 드레싱을 만듭니다.

4

사과는 껍질째 깨끗하게 씻은 후 1/4 또는 1/6등분 해 얇게 편썰기합니다.

5

볼에 손질한 사과, 버섯, 고수를 넣고 버무린 다음 드레싱을 뿌려 크게 섞어 바로 상에 냅니다.

목이버섯오이무침

VEGAN

[66]

버섯은 일 년 내내 볼 수 있는 음식 재료인데도 가을에 유독 많이 먹게 돼요. 봄 버섯이 나올 때와는 다르게 가을에는 레몬처럼 향긋한 생강이 나오니, 그때 신선한 생강즙을 넣고 목이버섯 무침을 만들어 보세요. 갈아서 판매하는 다진 생강이 아니라 흙생강을 사서 껍질을 벗기고 조리 직전 갈아서 만들어야 생강이 가진 새로운 매력을 발견할 수 있어요. 양념 하나로 맛의 수준을 몇 단계 끌어올릴 수 있어요.

재료(2인분)

생목이버섯 200g
스낵오이 2개(100g)
생강 15g
애플 사이다 식초
(또는 현미식초) 1½ 큰술
유기농 설탕 2작은술
소금 1/2작은술

•
신선한 버섯은 그냥 먹어도 되지만 생식에 예민하거나 알레르기가 있는 경우 끓는 물에 살짝 데쳐서 사용합니다. 데쳐도 버섯의 식감에는 큰 변화가 없어요.

•
오이는 일반 오이를 사용해도 되지만, 껍질이 얇고 수분이 적은 스낵오이가 제일 좋아요.

•
무쳐서 바로 먹어야 맛있는 음식입니다.

•
생목이버섯 요리는 간이 세다 싶을 정도로 양념을 해야 무쳤을 때 싱겁지 않고 맛이 잘 어우러져요.

1

목이버섯은 흐르는 물에 씻어 한입 크기로 자른 후 물기를 뺍니다.

2

스낵오이는 깨끗하게 씻어 물기를 제거하고 두께로 반 잘라 어슷하게 썹니다.

3

생강은 껍질을 벗겨 강판 또는 레몬 제스터로 갈아주세요.

4

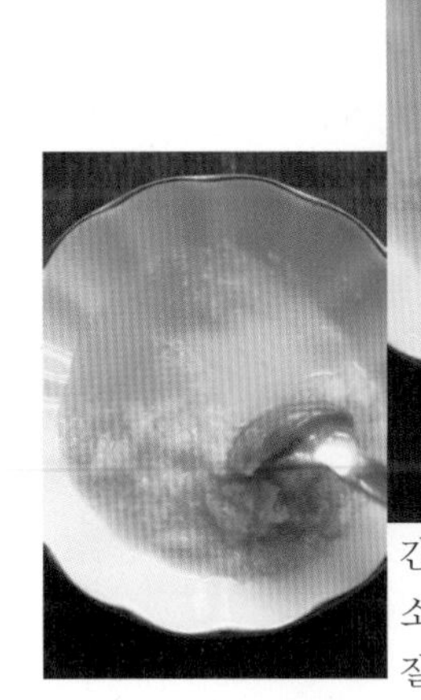

간 생강에 분량의 식초, 설탕, 소금을 넣고 설탕이 녹을 때까지 잘 젓습니다.

5

믹싱볼에 오이, 버섯, 생강 소스를 넣고 조물조물 무칩니다.

할머니의 우엉볶음

VEGAN

[67]

재료(2인분)

우엉 200g
식물성 오일 1큰술
마늘 2쪽
물 4큰술+@
* 국간장 1/4작은술
양조간장 1큰술
고춧가루 1/2큰술
올리고당 1작은술
통깨 1큰술

가끔 엄마는 외할머니의 맛을 일부러 찾으세요. 제가 좋아하는 엄마의 맛처럼 엄마도 기억하고 싶은 엄마의 맛이 있는 거겠죠. 갑자기 진미채 무침이나 빨간 감자조림, 그리고 이 우엉 볶음을 만들어 제 작업실에 놓고 가시는 날이면, 엄마가 말하지 않아도 그날은 '엄마도 엄마가 그리운 날이구나'하고 짐작하게 돼요. 어릴 땐 반질반질하고 보기 좋은 간장조림이 좋아 보여 자꾸 투박하게 빨간 고춧가루 양념이 가득한 엄마 음식들을 보며 싫다고 투정을 부리기도 했어요. 하지만 어른이 되어서야 저도 빨갛게 볶아낸 그 고유의 맛을 즐길 수 있게 된 것 같아요. 지금은 제가 기억하는 투박한 시골의 맛이라는 것이 가장 세련된 채소의 맛이라고 생각해요.

•
우엉을 썰어서 물에 담그면 갈변을 늦출 수 있어요.

•
우엉을 돌려깎기하듯 썰면 아삭한 맛이 살아있어요.

•
더 매콤한 맛을 원한다면 청양고추나 홍고추를 어슷썰어 넣으세요.

•
취향에 따라 얇게 슬라이스해도 좋아요. 이 경우 국간장은 생략하세요. 편썰기한 우엉은 양념이 잘 배어 밑간하지 않아도 돼요

1

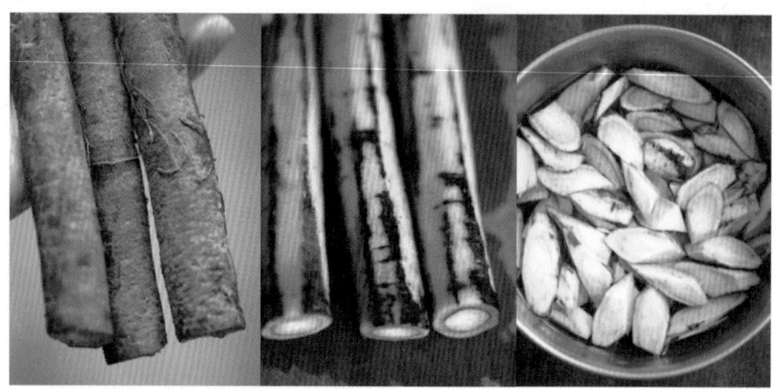

우엉은 껍질을 벗기고 깨끗이 씻은 후 돌려가며 어슷썰기합니다. 도마 옆에 물그릇을 두고 썬 즉시 물에 담가 놓으세요.

2

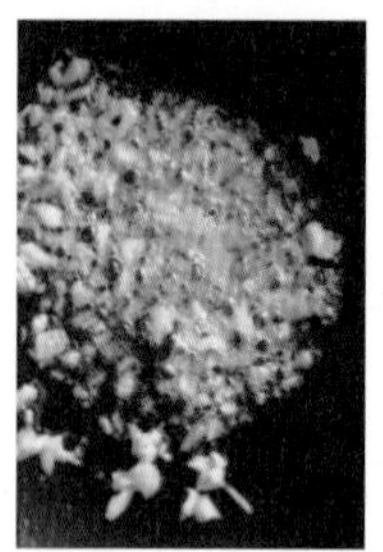

마늘은 칼 옆으로 내리쳐 으깬 후 다집니다.

3

달군 웍에 기름을 두르고 다진 마늘을 넣어 기름에 향을 낸 뒤 ①의 우엉을 넣고 볶습니다.

4

물 2큰술과 국간장 1/4작은술을 넣고 계속 볶습니다.

5

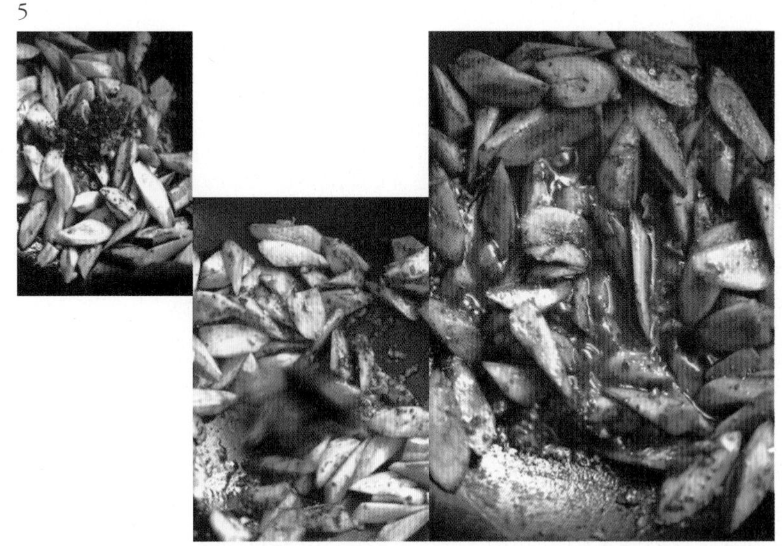

물이 줄어들면 불을 줄이고 양조간장과 고춧가루를 넣고 볶습니다. 이때 양념이 너무 졸았다면 팬 가장자리로 물 2큰술을 두르고 다시 볶습니다.

6

•
양념이 졸아들었을 때 추가로 넣는 물 양은 그때그때 조리 상태에 따라 생략할 수도 있고, 더 넣을 수도 있어요. 촉촉한 상태일 때 적당해요.

촉촉한 상태로 적당하게 볶아졌다 싶으면 분량의 올리고당과 통깨를 넣고 한 번 더 볶아 완성합니다.

밤수프

VEGETARIAN

[68]

재료(3~4인분)

밤 250g
콜리플라워 200g
샬럿 2개(또는 양파 1/2개)
버터 15g
서양식 채수(또는 물) 3컵
우유 1컵
생크림 1/2컵
소금 1/2작은술+@
후춧가루 1/4작은술
* 유기농 설탕 1작은술

햇밤이 나오면 밤 찌는 솥이 바쁩니다. 밤을 좋아하지만 까먹는 게 귀찮아 엄마가 애써 까놓은 밤을 낼름 받아만 먹던 저는, 이제 밤의 속살을 알뜰히 모아 식구들을 위해 매년 가을 밤수프를 끓이고 있어요. 다른 수프와 달리 이 밤수프만큼 두유나 식물성 대체 우유가 아닌 일반 우유와 버터를 넣어야 부드러운 밤의 풍미를 잔뜩 끌어 올릴 수 있습니다. 거기에 콜리플라워의 순한 맛이 더해져 밤을 더 돋보이게 하고 포만감까지 더해주죠. 갓 구운 따끈한 빵과 함께 내는 이 '오직 밤을 위한 밤 수프'를 날씨가 쌀쌀한 날 따뜻한 아침 식사로 권합니다.

•
샬럿을 넣으면 맛이 한결 부드럽지만, 없을 땐 양파로 대체할 수 있어요.

•
채수는 블록 형태의 서양식 간편 채수를 사용해도 좋고, 말린 표고버섯만 우린 버섯 국물도 좋아요. 여의찮다면 정수를 사용하세요.

•
속껍질까지 다 깐 밤을 구입했다면 쪘을 때 단맛이 덜할 수 있으니 ⑥ 과정에서 설탕 1작은술을 추가하세요.

•
저는 껍질이 있는 밤을 구입해 겉껍질만 살짝 벗겨낸 다음 쪘는데, 껍질째 찐 밤을 스푼으로 과육만 분리해 사용해도 됩니다.

1

밤은 찌거나 삶아 속살만 분리한 다음 한 김 식으면 잘게 썰어서 준비합니다. 이때 수프에 가니시로 올릴 밤은 따로 남겨 둡니다.

2

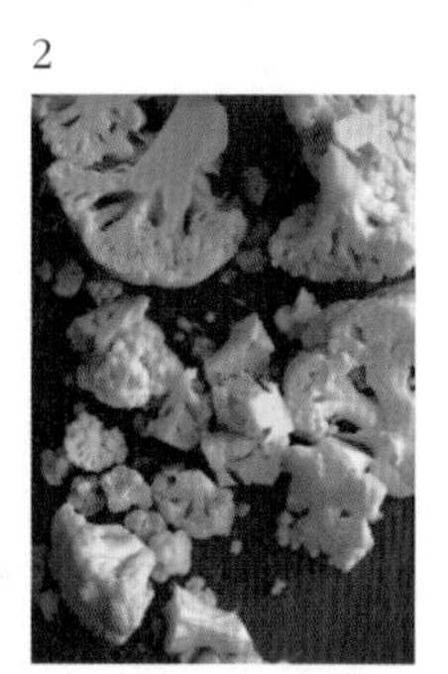

콜리플라워는 한입 크기로 자릅니다.

3

샬럿은 잘게 다집니다.

4

달군 냄비에 버터를 두르고 샬럿을 볶아 향을 냅니다.

5

④에 콜리플라워를 더해 볶습니다.

6

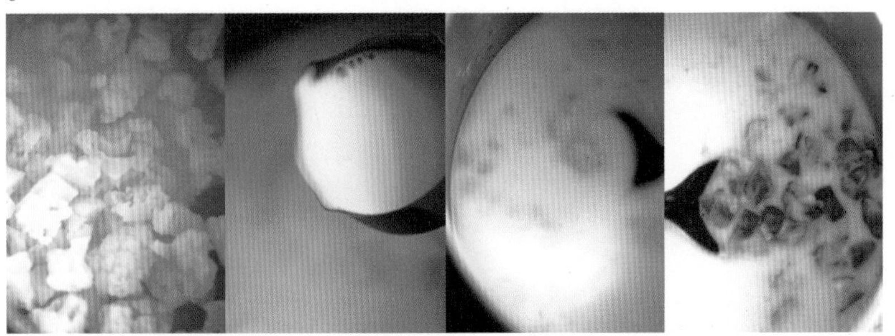

분량의 채수를 넣고 끓어오르면 우유 1컵과 ①의 밤을 넣고 끓여 식힙니다.

7

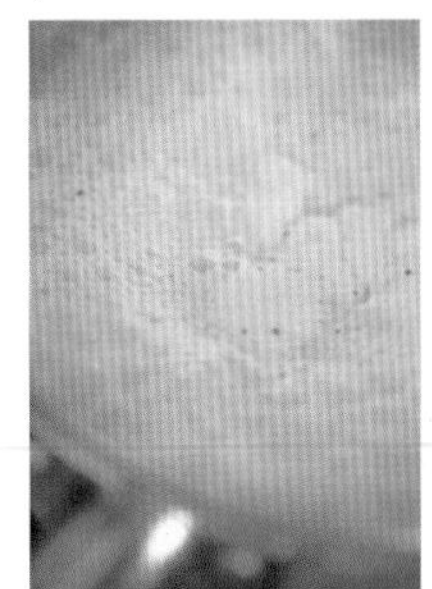

한 김 식으면 블렌더에 넣고 곱게 갑니다.

8

곱게 간 수프를 다시 냄비에 붓고 분량의 생크림을 넣고 끓입니다.

9

끓어오른 수프에 소금과 후춧가루를 넣고 접시에 덜어 가니시용 다진 밤을 얹고 따뜻할 때 구운 빵과 함께 냅니다.

달걀샌드위치

VEGETARIAN

[69]

재료(2~4인분)

달걀 4개
두유 마요네즈 3큰술
오이피클 30g
딜(또는 차이브나 실파) 10g
홀그레인 머스터드 1작은술
소금 1/2작은술
피클 절임물 1큰술
굵게 간 후추 1/4작은술
번 6~8개

고등학교 학창 시절 친구들은 저를 기억할 때 '샌드위치'나 '김밥'을 빠트리지 않습니다. 친구들이 맛있게 먹는 모습이 좋아서 잠을 줄여가며 함께 먹을 간식을 만들어 가곤 했거든요. 그때 자주 만든 음식이 우엉을 조려서 듬뿍 넣은 김밥과 이 달걀 샌드위치였어요. 친구들은 지금도 "네가 만들어준 샌드위치가 참 맛있었는데…" 라며 제 음식을 기억합니다. 음식의 기억은 이렇게 오래 남기에, 좋아하는 사람과 맛있는 음식을 함께 나눠 먹을 때는 맛 이상으로 쌓이는 게 많다고 믿고 있어요. 그 후로도 여러 가지 버전을 통해 만들게 된 저의 레시피를 소개합니다. 맛의 취향도 선호하는 음식도 세월 따라 바뀌겠지만, 제게는 그때 그 맛 그대로입니다.

- 달걀은 실온에 두어 차갑지 않은 상태에서 삶으세요.
- 두유 마요네즈는 일반 마요네즈로 대체할 수 있어요.
- 허브는 딜이 가장 잘 어울리고, 상황에 따라 쪽파를 넣거나 생략해도 됩니다.
- 빵은 호두가 들어 있는 잡곡이나 통밀 번이 가장 잘 어울려요. 하지만 식빵이나 발효빵으로 만들어도 맛있어요. 단, 발효빵을 사용할 경우에는 빵 사이에 속을 넣는 샌드위치 형태보다 한쪽 면에만 달걀 샐러드를 듬뿍 올려 먹는 오픈 샌드위치 형태가 더 잘 어울려요.

1

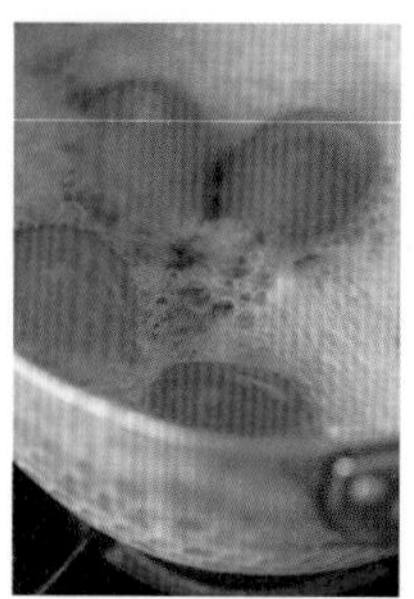

끓는 물에 소금을 넣고 달걀을 삶습니다.
센 불에서 최소 5분을 끓인 다음 불을 끄고
그대로 식힙니다.

2

식힌 달걀의 껍데기를 깐 다음 볼에 넣고
매셔나 포크로 잘게 으깹니다. 도마에 놓고
칼로 다져도 좋습니다

3

오이 피클을 잘게 다집니다.

4

양파도 잘게 다집니다.

5

허브 또는 쪽파를 잘게 다집니다.

6

달걀이 담긴 볼에 피클, 양파, 허브와 분량의 양념을 모두 넣고 잘 섞습니다.

7

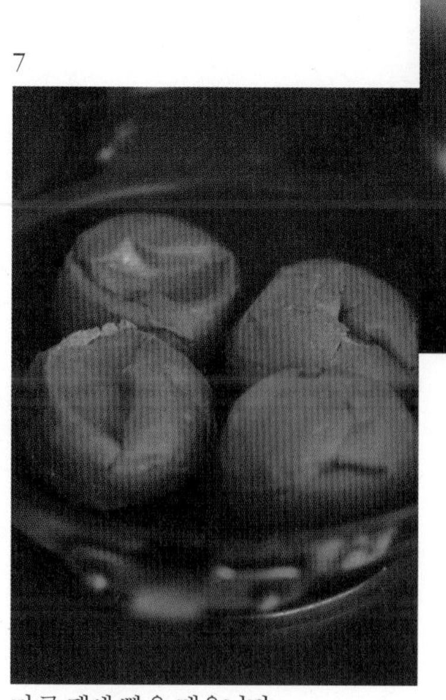

마른 팬에 빵을 데웁니다.

•
도시락용으로 준비할 때는 양파나 오이피클의 물기를 꽉 짜야 해요. 피클 절임물도 빼고 대신 피클의 양을 조금 늘려서 만드세요.

8

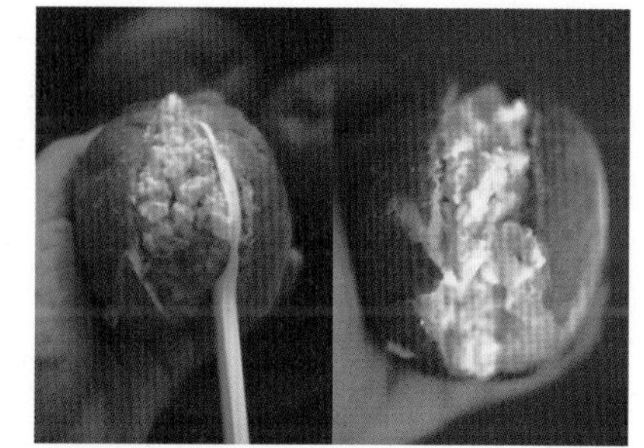

빵을 반으로 갈라 포켓을 만든 다음 빵과 빵 사이에 달걀 속을 채워 넣습니다.

루콜라와 구운 치즈샐러드

VEGETARIAN

[70]

만들기 정말 쉽고 맛있는 샐러드예요. 제가 운영하는 샐러드 클럽에서 소개했던 요리로 있는 재료를 활용해 즉흥적으로 만들었는데, 할루미 치즈와 발사믹 식초의 조합 때문인지 이 음식을 냈을 때 좋아하지 않는 사람을 못 봤을 정도예요. 질 좋은 발사믹 식초가 있다면 제대로 힘을 발휘할 수 있는 음식이기도 합니다. 만약 집에 있는 발사믹 식초의 산도가 너무 높다면 기호에 따라 설탕이나 꿀을 첨가해 드레싱의 당도와 농도를 맞추세요.

재료(2인분)

할루미 치즈(구워 먹는 치즈) 180g
미니 파프리카 3개
와일드 루콜라 30g
올리브 오일 2큰술+@
발사믹 식초 1큰술+@
* 레몬즙 1작은술
* 퀴노아 1/4컵

•
할루미 치즈는 제품에 따라 구웠을 때 상태가 달라요. 수입 할루미 치즈 중 어떤 브랜드는 구웠을 때 모양이 흐트러지지 않지만, 국산 브랜드는 작게 등분해 자르면 치즈가 녹아 형태가 뭉개집니다. 이럴 경우라면 썰기 전 먼저 넓은 면을 노릇하게 구워 한 김 식혀 치즈가 단단해지면 써는 것이 좋아요.

•
레몬즙은 음식에 신맛을 더하니, 가지고 있는 발사믹 식초의 신맛 정도에 따라 생략해도 됩니다.

•
와일드 루콜라는 일반 루콜라보다 잎이 작고 향과 맛이 진해요. 취향에 따라 일반 루콜라를 사용해도 됩니다.

•
치즈와 함께 곁들여 먹는 샐러드로 기호에 따라 발사믹 식초를 더해 드세요.

1

퀴노아는 씻어서 냄비에 물 1컵을 넣고 끓입니다. 센 불에서 끓어오르면 중간 불로 낮추고, 물이 절반 이상 줄면 약한 불에서 뚜껑을 덮고 뜸 들이듯 익혀 식힙니다.

2

할루미 치즈는 넓은 면을 기준으로 3등분해서 자릅니다.

3

달군 팬에 올리브 오일 1/2큰술을 두르고 치즈를 앞뒤로 노릇하게 굽습니다.

4

구운 치즈가 한 김 식으면 길쭉하게 썹니다.

5

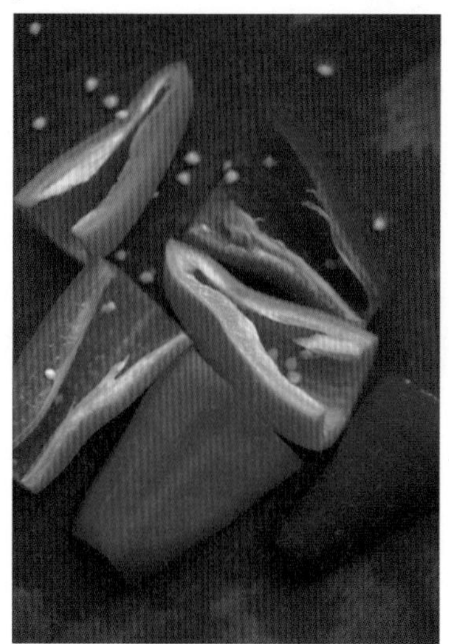

미니 파프리카를 절반으로 자른 뒤 치즈 길이에 맞춰 위아래 면을 잘라내고 비슷한 두께로 썹니다.

6

팬에 오일을 1/2큰술 두르고 파프리카를 볶습니다. 파프리카는 불향을 더하기 위해 중간 불 이상 센 불에서 재빨리 볶아 겉면이 살짝 그을릴 정도가 적당합니다.

•

할루미 치즈는 굽기 전 실온에 꺼내 두었다가 구우세요. 치즈가 녹으면서 바닥에 눌러붙기 쉬우니 코팅 팬에 굽는 것이 좋아요.

•

미니 파프리카도 일반 파프리카로 대체해도 돼요.

•

퀴노아는 1/4컵을 익히면 약 1/2컵의 익힌 퀴노아가 돼요. 집집마다 가지고 있는 냄비에 따라 다르지만, 곡물을 익힐 때 너무 적은 양을 가열하면 오히려 잘 익지 않아 1/4컵을 기준으로 했으니, 사용하고 남은 퀴노아는 밀폐 용기에 담아 냉장 보관하세요.

7

구운 치즈와 구운 파프리카를 섞어 놓습니다.

8

루콜라는 여린 잎 부분만 따로 분리해 흐르는 물에 헹구고, 샐러드 스피너나 면포로 물기를 최대한 제거합니다.

9

믹싱볼에 루콜라와 익힌 퀴노아를 넣고, 분량의 발사믹 식초, 레몬즙과 올리브 오일 1큰술을 넣어 손으로 리드미컬하게 섞습니다.

10

샐러드 접시에 ⑨의 루콜라 믹스를 담습니다. 이때 믹싱볼 아랫부분에 깔린 퀴노아도 함께 담습니다.

11

⑦의 구운 파프리카와 치즈를 함께 담으면 완성입니다.

두유현미리소토

VEGAN

[71]

재료(2인분)

현미밥 200g
양송이버섯 5개
호박 70g
양파 1/2개
마늘 1쪽
소금 1/4작은술+@
두유 160mL
물 150mL
올리브 오일 1큰술+@
(굽기용)

진짜를 흉내 낸 가짜 맛은 좋아하지 않는 편입니다. 하지만 이 식물성 리소토는 정말 추천하고 싶어요. 우유와 치즈를 두유와 채소로 대체하고 현미밥의 식감을 살렸습니다. 이 음식은 트뤼플 오일을 좀 더 편하게 즐길 수 있는 일상식이 없을까 고민하다가, 여행 중 냉장고에 남은 야채와 현미밥, 파우치 두유로 만들게 되었어요. 두유의 역할이 굉장히 중요한 요리로 더 건강한 맛을 내기 위해 콩물이나 무첨가 두유로도 만들어 봤는데, 파우치 두유만큼 감칠맛을 내긴 어려웠어요. 냉장고 재료로 15분이면 누구나 만들 수 있는 이 매력적인 음식 때문에 집에는 늘 파우치 두유가 있게 되었어요.

•
⑧ 과정에서 필요하다면 물을 더 추가해 적절히 농도를 맞추세요.

•
레토르트 파우치나 종이팩에 담긴 가공 두유로 만드세요. 콩물이나 순수한 두유를 사용할 땐 설탕을 약간 첨가하세요.

•
채수가 따로 필요 없으나, 넣으면 더 풍성한 맛을 낼 수 있어요.

•
신선한 버섯은 버섯의 갓이 갈변되지 않고 과육의 질이 탄탄하기에 굽지 않고 생으로 얇게 슬라이스해서 먹습니다. 가급적 농장에서 직접 판매하는 버섯을 구입하세요.

1

호박, 버섯, 양파를 잘게 다집니다. 이때 양송이버섯 1개는 장식용으로 슬라이스합니다.

2

마늘은 칼 옆으로 으깬 후 곱게 다집니다.

3

장식용 버섯을 기름 약간 두른 팬에 노릇하게 구워 놓습니다.

4

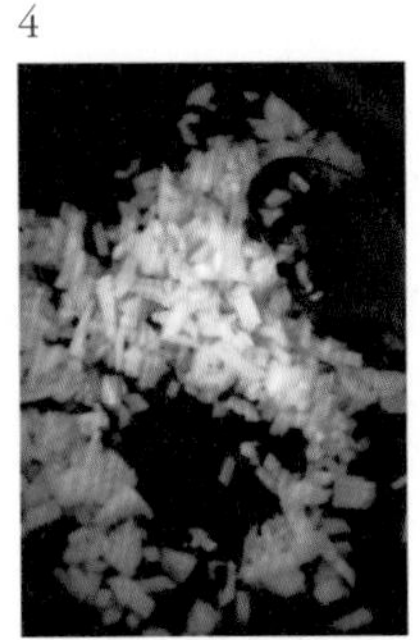

달군 팬에 올리브 오일을 두르고 마늘과 양파를 볶습니다.

5

양파가 투명해지면 호박을 넣고 볶습니다. 그런 다음 버섯을 더해 재료가 타지 않게 정성 들여 볶습니다.

6

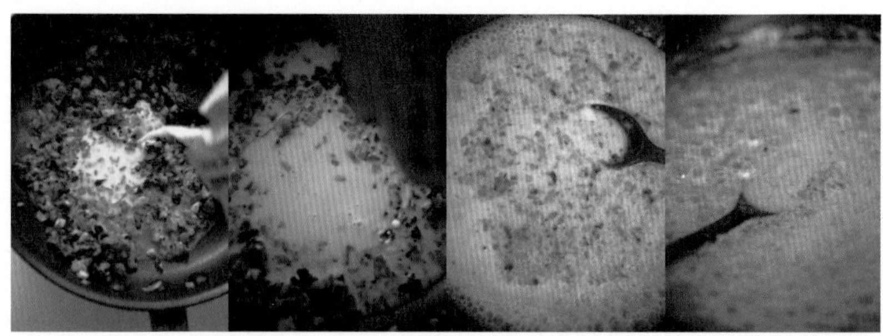

채소가 잘 볶아지면 분량의 물을 넣고, 보글보글 끓으면 바로 두유를 넣고 계속 끓입니다.

7

두유가 끓으면서 걸쭉해지려고 할 때 현미밥을 넣고 끓이듯 볶습니다.

8

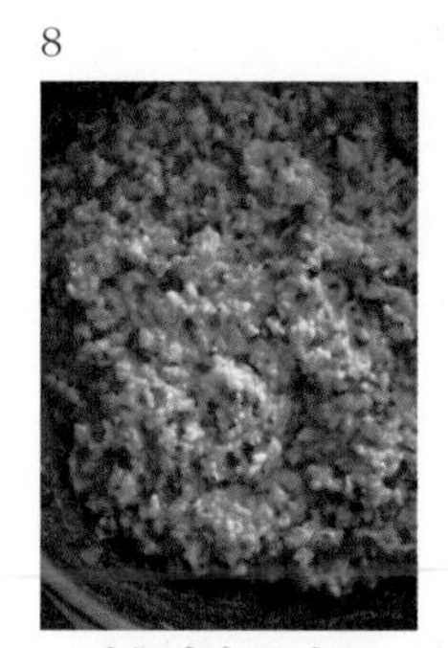

스패출러나 주걱으로 볶았을 때 팬의 아랫면이 보일 정도로 걸쭉하게 소스가 엉겨 붙으면 소금 간을 하고 불을 끕니다.

9

따뜻할 때 접시에 담고 구워 놓은 양송이버섯을 올려 마무리합니다.

버섯된장파스타

VEGAN

[72]

토마토가 들어간 미소시루를 먹다가 문득 '이런 파스타라면 어떨까?' 생각해봤어요. 가끔 만들어 먹던 한식 된장 파스타를 보완해 미소시루 같기도 하고 한식 된장국이 생각나기도 하는 파스타를 만들었지요. 마침 냉장고에 재료가 많이 있을 땐 버섯 종류를 더 다양하고 풍성하게 넣어요. 마지막에 넣는 오일이 맛을 좌우하는데 올리브 오일이 된장 베이스에서 은은한 향을 뽐낸다면, 들기름은 다들 아는 맛이라며 반가워할 수 있어요. 두 가지 맛 모두 된장과 어우러져 좋은 맛을 내기에 소개해요. 모두 만들어 맛을 보고 각자의 취향을 확인해 보세요.

재료(2~3인분)

스파게티 180g
표고버섯&양송이버섯 100g
토마토 1개
마늘 2쪽
채수 1컵+1큰술
미소된장 1큰술
된장 1작은술
소금 1/4작은술
쪽파 2대
올리브 오일 2큰술+
들기름 1/2작은술

•
버섯은 더 많은 종류를 넣어 풍성해도 좋은데, 표고버섯이나 양송이버섯 중 하나는 꼭 넣으세요.

•
미소된장은 가다랑어 엑기스가 없는 무첨가 미소 기준이에요.

1

냄비에 물을 올리고 끓으면 파스타를 넣고 알 단테로 삶습니다.

2

버섯은 겉면의 이물질을 깨끗하게 닦은 후 슬라이스합니다.

3

토마토는 깍둑썰기하고 마늘은 으깨어 다집니다. 쪽파는 5cm 길이로 자릅니다.

4

작은 볼에 채수 1큰술과 분량의 미소된장, 우리 된장을 넣고 풀어 놓습니다.

5

달군 팬에 오일을 두르고 마늘을 볶아 향을 냅니다.

•
⑥~⑨ 과정에서 필요하다면 채수를 더 넣으세요.

6

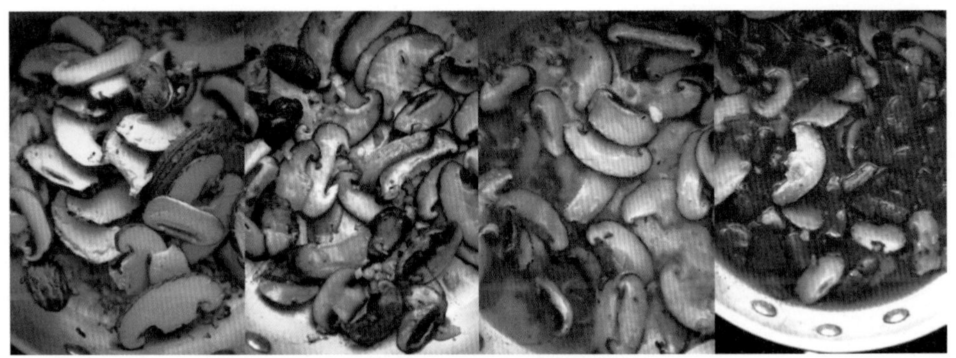

버섯을 넣고 노릇하게 볶다가 채수 1컵과 토마토를 넣고 끓입니다.

7

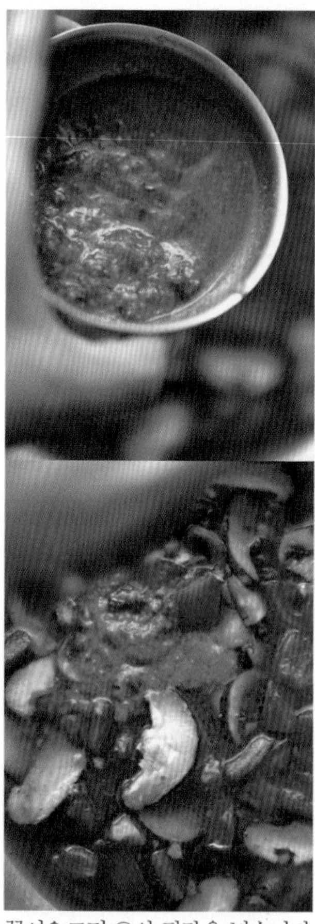

끓어오르면 ④의 된장을 넣습니다.

8

삶은 파스타를 넣고 익힙니다. 이때 면 삶은 물(면수)을 1/4컵 넣습니다.

9

쪽파를 넣고, 기호에 따라 소금으로 간을 맞춰 익히다가 팬 바닥에 된장소스가 자작하게 남아있는 있을 때 불을 끕니다.

10

취향에 따라 올리브 오일(또는 들기름 1/2작은술)을 더해 크게 한 번 뒤섞은 후 그릇에 담습니다.

향버섯솥밥

VEGAN

[73]

재료(2인분)

백미 1컵
참쌀(적찰미) 1/2컵
물 $1\frac{1}{2}$컵
잣 $1\frac{1}{2}$큰술
향버섯 3송이
소금 1/4작은술

'향버섯솥밥'은 애초 마르쉐 채소 시장에서 판매하는 버섯꾸러미를 맛있게 먹기 위해 소개했던 레시피예요. 가을 되면 송이를 비롯해 다양한 야생 또는 개량종 버섯들이 나옵니다. 이 시기 제철 버섯을 맛있게 먹을 수 있는 가장 기본적인 방법이기도 해요. 가을에는 버섯 중 으뜸으로 치는 송이버섯도 최상급이 아니라면 합리적인 값으로 구입할 수 있어요. 표고버섯 중 최고로 치는 백화고, 송화버섯도 먹기 좋은 철이고요. 버섯을 먹기 위한 음식이기보다 밥에 버섯의 향을 입히는 솥밥이랍니다. 잘 불린 쌀에 얹어 밥을 지어 가을 버섯의 진한 향을 제대로 느껴보세요.

•
향으로 먹는 밥은 현미보다 백미가 더 잘 어울려요.

•
버섯과 밥을 함께 섞어 밥그릇에 담아도 좋아요.

•
향을 즐기는 음식이니 양념장보다 소금을 조금씩 뿌려 드세요.

•
전기밥솥보다 뚝배기나 냄비를 추천하며, 쌀을 충분히 불려야 실패하지 않아요.

•
향버섯은 송화버섯,송이버섯, 화고 등을 사용하고, 향이 강한 송이버섯의 경우 분량을 1송이로 줄입니다.

•
취향에 따라 들기름이나 트뤼플 오일을 1~2방울 더해 기존 버섯 향과 섞어도 좋아요.

1

백미와 찹쌀은 흐르는 물에 깨끗하게 씻어 분량의 물에 최소 1시간 이상 불립니다.

2

송화버섯은 젖은 키친타월이나 면포로 깨끗하게 닦은 뒤 슬라이스합니다. 취향에 따라 갓과 기둥을 분리하고 갓을 굵게 찢어도 좋습니다.

3

①에 잣을 넣어 잘 섞은 후 그대로 솥에 담아 밥을 짓습니다.

4

센 불로 가열해 물이 끓고 밥 냄새가 나면 중간 불로 낮추고, 밥물이 보이지 않으면 뚜껑을 열어 준비한 버섯을 얹고 다시 뚜껑을 닫아 약한 불에서 뜸을 들입니다.(p.31 솥밥 짓기 참고)

5

개인 접시에 버섯을 덜어 소금과 함께 곁들이고, 밥그릇을 밤을 담아 따뜻할 때 먹습니다.

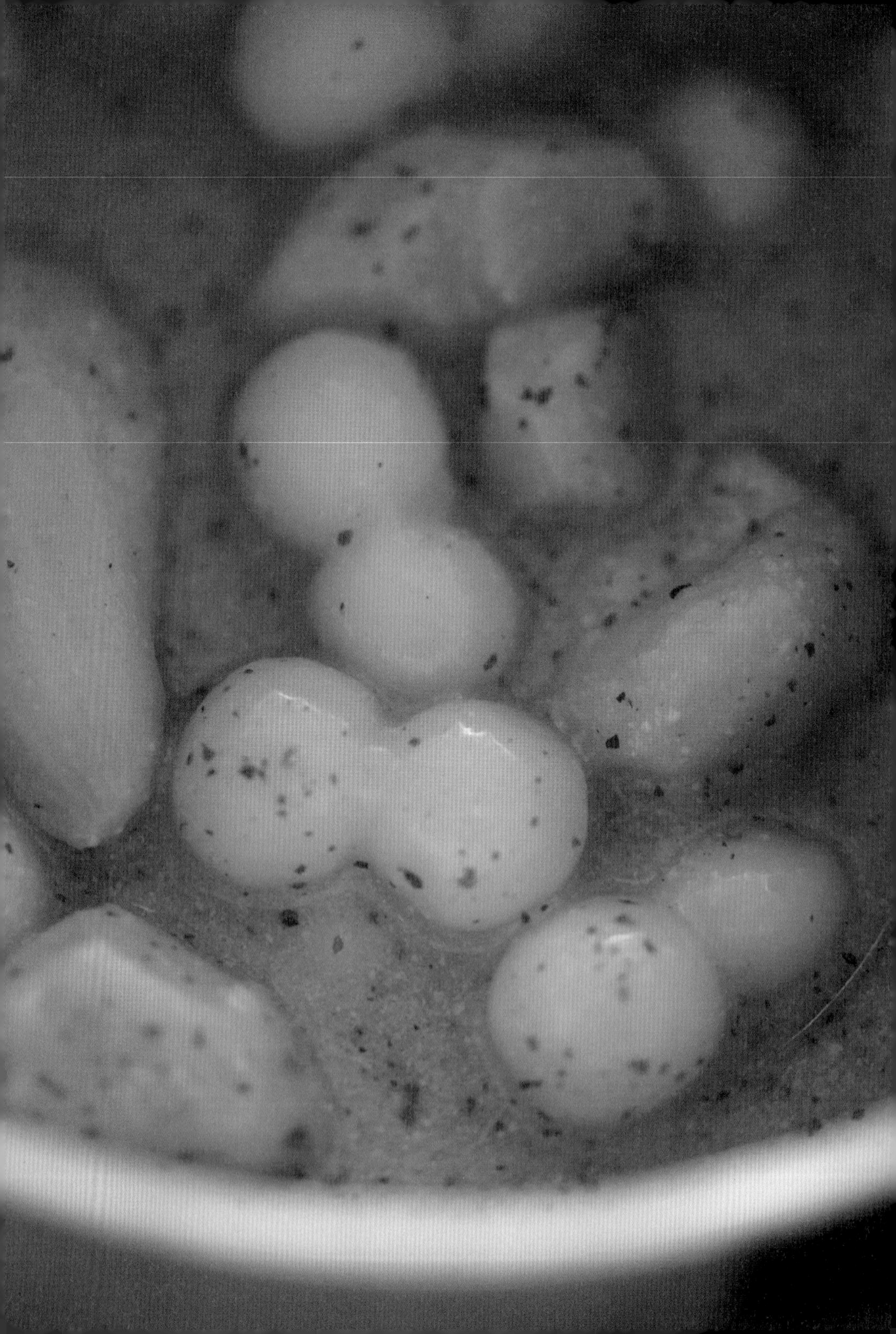

토란들깨떡국

VEGAN

[74]

재료(2~3인분)

- 토란 250g
- 조랭이떡 200g
- 쌀뜨물 2컵
- 채수 3컵+@
- 국간장 1큰술
- *마늘 1쪽
- 들깻가루 1/2컵+@
- 소금 1/4작은술+@
- 대파 흰 부분 1대

더운 여름 지나 쌀쌀한 가을이 오면 자연스레 보양식을 찾게 되죠. 가을에서 겨울로 넘어가는 시즌은 열매들이 풍성할 때라 참깨, 들깨 등 신선한 식물성 지방을 섭취하기 좋고, 뿌리채소들의 기운을 얻기 적당한 계절이에요. 매년 가을이면 빼놓지 않고 챙겨야 할 재료 중 하나가 토란이에요. 큼직한 계량 종보다 크기는 작아도 알찬 맛의 토종 토란을 조랭이떡과 함께 끓입니다. 아침저녁으로 쌀쌀한 때 뜨끈한 한국식 크림수프 같은 들깻국 한 그릇이 필요해요. 들깻가루로 만들면 편하지만, 가끔은 통들깨를 사용해 들깨의 거친 맛을 느껴 보세요.

- 깔끔한 국물을 좋아한다면 마늘을 생략해도 좋아요.
- 먹기 전 들기름을 한 방울 넣으면 들깨 향이 더욱 살아납니다.
- 취향에 따라 채수를 늘리고, 들깻가루도 적절히 가감해 국물의 농도를 조절하세요.
- 조랭이떡 대신 남은 밥이나 누룽지를 넣어 죽처럼 먹어도 맛있어요.

- 들깨 맛을 좋아하는 저는 분량의 들깻가루에 통들깨 1/2컵을 갈아서 더 진하게 먹습니다. 취향에 따라 들깻가루를 통들깨로 대체해도 좋아요.

1

토란은 껍질을 깐 후 쌀뜨물에 넣고 끓여서 1차로 익혀 채반에 건집니다. 이 과정에서 아린 맛과 독성이 빠져나가요.

2

붙어 있는 조랭이떡은 손으로 떨어뜨려 흐르는 물에 한 번 헹굽니다.

3

대파 흰 부분은 어슷썰기하고, 마늘은 다집니다.

4

냄비에 분량의 채수를 넣고 끓으면 익힌 토란을 넣습니다.

5

다시 한소끔 끓어올라 토란이 부드럽게 익으면 조랭이떡을 넣고 간장을 넣습니다.

6

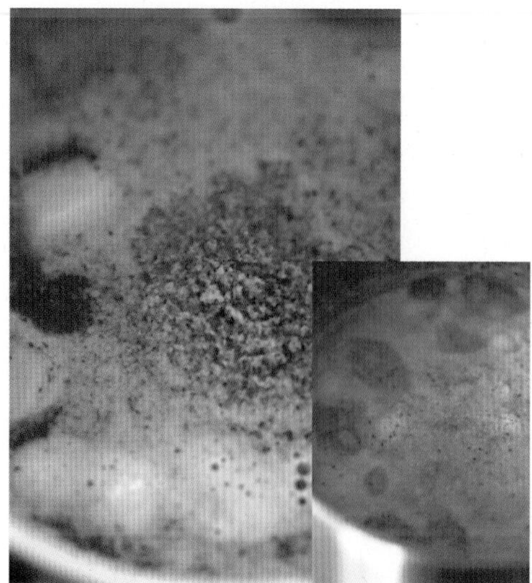

끓으면 들깻가루와 대파를 넣고 기호에 따라 소금으로 간을 맞춥니다.

7

불을 끄고 그릇에 담습니다.

쑥갓무말랭이겨자무침

VEGAN

[75]

재료(1~2인분)

쑥갓 80g
무말랭이(가늘고 얇은 것) 15g
꿀(또는 올리고당) 1큰술
샬럿 1개(10g)
화이트 발사믹 식초 1½큰술
올리브 오일 1½큰술
홀그레인 머스터드 1/2큰술

저는 가느다란 무말랭이를 좋아해요. 늘 무는 굵직하게 썰어야 맛이 좋다고 하셨던 엄마의 영향으로 우리 집 무말랭이는 늘 통통하고 굵은 모양이었지요. 그래서인지 가늘게 썰어 나풀거리는 무말랭이만 보면 너무 예뻐 보여 저도 모르게 집어와 장바구니에 담고 있어요. 하지만 무말랭이 김치용은 엄마 방식의 굵은 말랭이를 사용해 오도독한 씹는 맛을 살리고, 얇은 말랭이는 조리거나 볶아 나물 반찬처럼 요리해요. 처음엔 참나물과 함께 무치거나 아삭한 경수채 무침으로 만들었는데 지인이 알려준 팁으로 향긋한 쑥갓을 더하니 더욱 잘 어울렸습니다. 이 무침은 반드시 가느다란 무말랭이를 사용해주세요.

•
가을 단감을 응용해도 좋은 샐러드입니다.

•
① 과정에서 무를 뜨거운 물에 오래 넣어두면 달큰한 맛이 다 빠져나와요. 꼬들꼬들하고 씹힘이 있는 정도면 충분해요.

•
쑥갓은 줄기도 맛있으니 길이가 길다면 듬성듬성 잘라서 사용하세요.

•
쑥갓은 소스에 닿으면 잎 색깔이 변하니 버무려 바로 드세요.

1

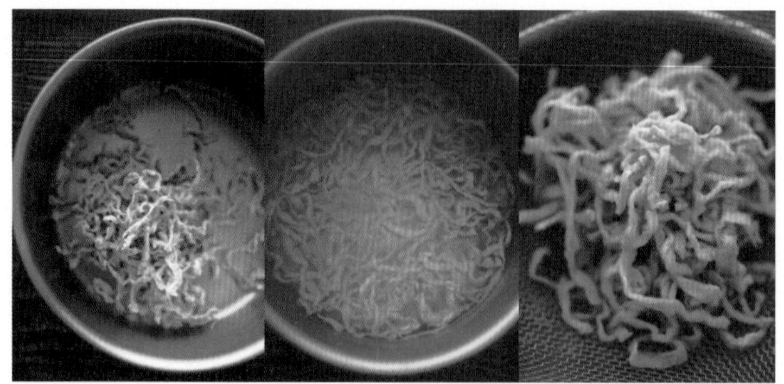

무말랭이는 흐르는 물에 헹궈 씻은 후 뜨거운 물에 담갔다 꺼내 물기를 꼭 짭니다. 담그는 시간은 말린 상태나 두께에 따라 다르겠지만, 보통 1~2분이고, 만졌을 때 무말랭이가 부드러워지면 건져냅니다.

2

볼에 무말랭이와 분량의 꿀이나 올리고당을 넣어 조물조물 버무려 재웁니다.

3

쑥갓은 깨끗하게 씻어 물기를 뺀 다음, 밑동을 조금 잘라내고 연한 잎 부분을 줄기에서 분리합니다. 줄기는 잎과 같은 길이로 자릅니다.

4 샬럿은 껍질을 벗긴 후 곱게 다집니다.

5

작은 볼에 다진 샬럿과 화이트 발사믹 식초, 올리브 오일, 홀그레인 머스터드를 넣고 잘 섞어 드레싱을 만듭니다.

•
무말랭이를 담근 물은 버리지 말고 채수로 사용하세요.

•
샬럿이 없을 땐 양파를 사용하세요. 적양파라면 더 좋아요.

6

볼에 재워둔 무말랭이와 쑥갓, ⑤의 드레싱을 넣고 잘 버무리면 완성입니다.

오렌지템페

VEGAN

[76]

콩을 발효시켜 만든 식품으로 한국에 청국장이 있다면, 일본에는 낫토(Natto), 인도네시아에는 템페(Tempe)가 있어요. 템페는 콩에 템페균을 넣어 발효시킨 음식으로 고소한 맛과 특유의 버섯 같은 향이 있어요. 두부와 비슷하게 요리해 먹기 때문에 해외에 거주할 때 냉장고에 없으면 아쉬워할 정도로 자주 사용했던 재료랍니다. 한국에 들어와서는 주로 수입 제품을 구입했었는데, 요즘은 국내에서도 생산하고 있어 신선한 템페를 쉽게 구입할 수 있게 되었어요. 발효 식품 특성상 처음 먹었을 때는 그 맛이 낯설게 느껴지기도 하는데, 이 요리는 템페를 처음 접한 사람도 거부감 없이 잘 먹을 수 있게 해요. 낯선 재료를 중국식 레몬치킨에 사용했던 오렌지소스를 응용해 친숙하고 맛있게 먹는 방법을 소개할게요.

재료(2~4인분)

템페 200g
오렌지(중간 것) 2개
감자 전분 1컵
물 1컵
생강 7g
마늘 1쪽
유기농 설탕 2큰술
양조간장 2작은술
식초 1큰술
소금 1/4작은술+@
후춧가루 적당량
통깨 적당량
튀김용 오일 적당량

- 템페는 냉동 제품으로 사용 전 냉장실로 옮겨 천천히 해동시키는 게 가장 좋아요. 급할 땐 실온에 꺼내 해동하세요.

- 후춧가루는 흰 후춧가루가 제일 좋으며 가급적 고운 후춧가루로 사용하세요.

- 템페를 튀기면 소스와 더 잘 어우러집니다.

- 전분 대신 찹쌀가루를 사용해도 괜찮아요. 이때에는 물반죽이 아닌 가루옷을 입혀 튀기세요.

1

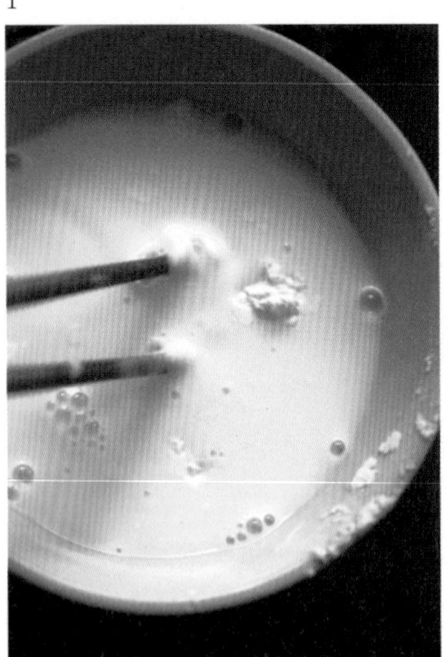

분량의 감자 전분과 물을 섞어 15분 정도 불립니다.

2

템페는 두께로 반 자르고 한입 크기의 납작하게 자른 다음 소금과 후춧가루를 뿌려 잠시 둡니다. 템페를 처음 먹어 익숙지 않다면 3등분해서 더 얇게 잘라도 됩니다.

•
템페는 노란 대두로 발효한 일반 템페와 검은콩으로 만든 템페를 섞어 사용했습니다.

3

분량의 오렌지 중 1/2개를 칼로 잘라 과육만 분리해 둡니다.

4

남은 오렌지는 스퀴저로 즙을 짭니다. 필요한 오렌지즙은 $1\frac{1}{2}$컵입니다.

5

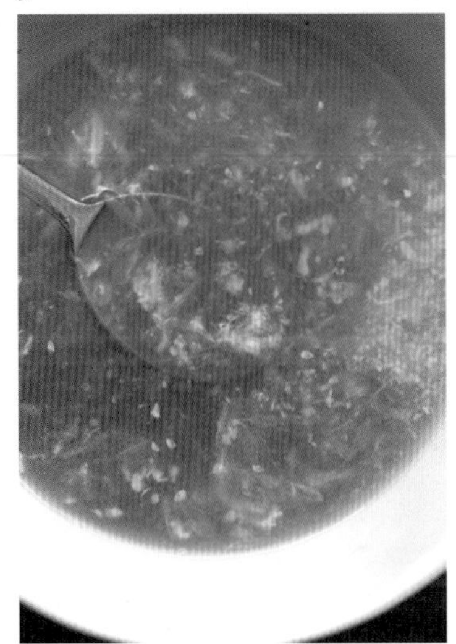

오렌지즙에 분량의 생강과 마늘을 다져 넣고, 설탕, 간장, 식초, 소금도 넣어 설탕이 녹을 때까지 잘 젓습니다.

6

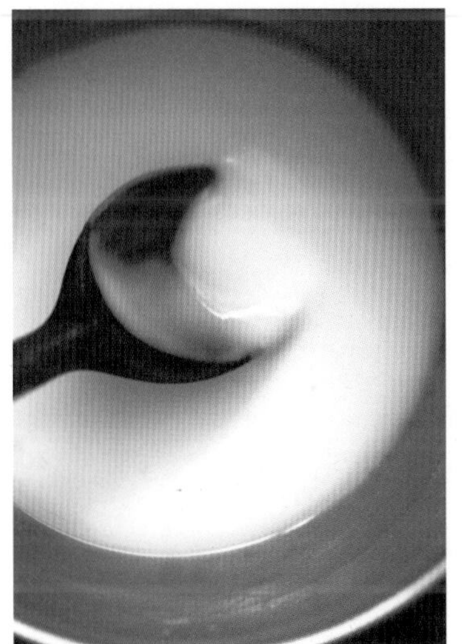

튀김솥에 기름을 부어 가열하고, ① 그릇에서 물 부분을 버려 전분 부분만 남깁니다.

7

잘라놓은 템페에 물전분을 넣고 버무립니다. 이때 템페 표면에 물전분이 잘 묻지 않으니 젓가락으로 굴려서 솜사탕을 한 겹 입힌다는 느낌으로 전분옷을 감아 바로 기름에 넣습니다.

8

템페는 생으로도 먹을 수 있는 재료이니 반죽옷만 부풀어 익으면 바로 꺼냅니다. 체망에 옮겨 기름을 빼고, 한 번 더 튀겨 냅니다.

9
웍에 ⑤의 소스를 넣고 끓입니다. 소스가 끓으면 ③의 오렌지 과육을 넣고 다시 한번 바글바글 끓입니다.

10
소스의 농도가 조금 진해졌다 싶을 때 튀긴 템페를 넣고 소스가 바짝 졸아들도록 센 불에서 볶습니다.

11

스패출러로 긁었을 때 냄비 바닥이 보일 정도로 걸쭉해지면 불을 끄고 통깨를 뿌려 마무리합니다.

트뤼플감자옹심이

VEGAN

[77]

재료(2인분)

감자 5개(350g)
버섯(황금 송이버섯 또는 양송이버섯) 100g
호박 70g
대파 1대
채수 $3\frac{1}{2}$컵
국간장 1큰술
양조간장 1/2작은술
소금 1/4작은술+@
트뤼플 오일(또는 참기름) 2작은술+@

같은 국물이라도 전분이 들어가면 목으로 넘어갈 때 뜨끈뜨끈함이 꽤 강렬하죠. 일교차가 큰 간절기에 따뜻한 옹심이 한 그릇 먹고 나면 몸에서 땀이 나고 속까지 따뜻해지는 게 보양식이 따로 없을 정도입니다. 감자옹심이는 추운 겨울 강릉 어느 식당에서 정말 맛있게 먹고 나서 날씨가 쌀쌀해질 때마다 즐겨 만들게 되었어요. 멸치육수의 진한 새알심도 맛있지만, 채수로 순수한 맛을 즐기는 것도 참 좋아요. 저는 여기에 '트뤼플 오일'을 추가해 먹는 것을 즐깁니다. 상에 내기 전 뜨끈한 국물 위로 트뤼플 오일을 더하면 새로운 맛의 신세계를 만나게 됩니다.

• 트뤼플 오일이 없다면 참기름과 쑥갓의 조합도 아주 좋습니다.

• 만약 채수가 진하지 않거나 감칠맛이 약하다면 마늘 1쪽을 곱게 으깨어 첨가하세요.

1

감자는 깨끗하게 씻어 껍질을 벗긴 다음 강판에 갑니다.

2

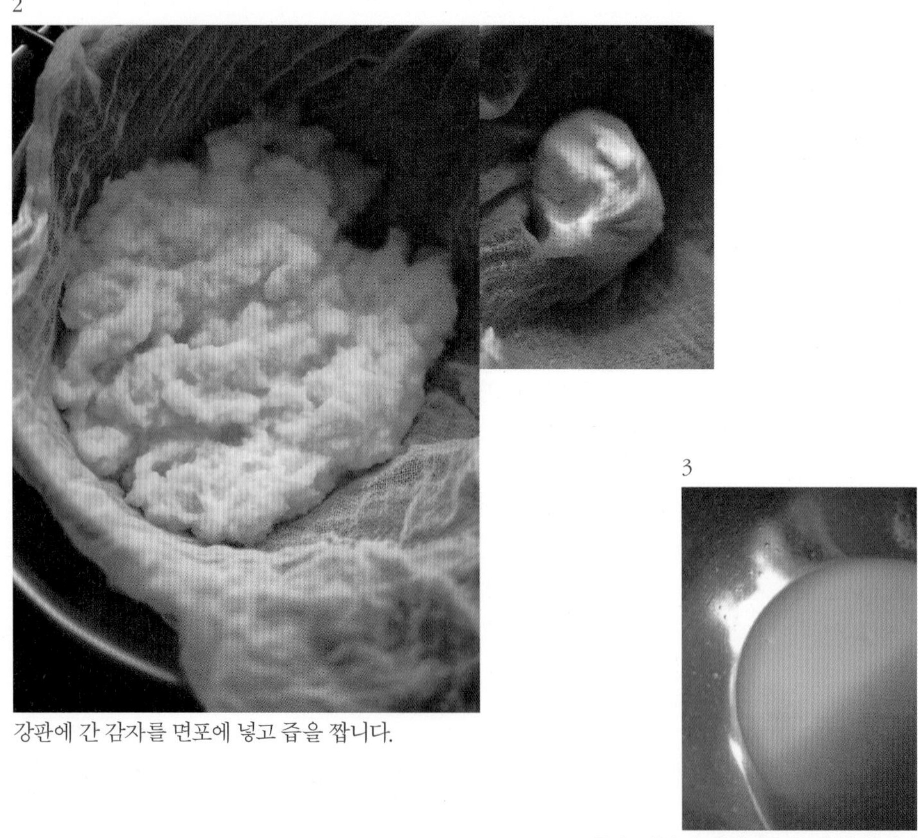

강판에 간 감자를 면포에 넣고 즙을 짭니다.

3

즙은 전분이 가라앉도록 잠시 둡니다.

4

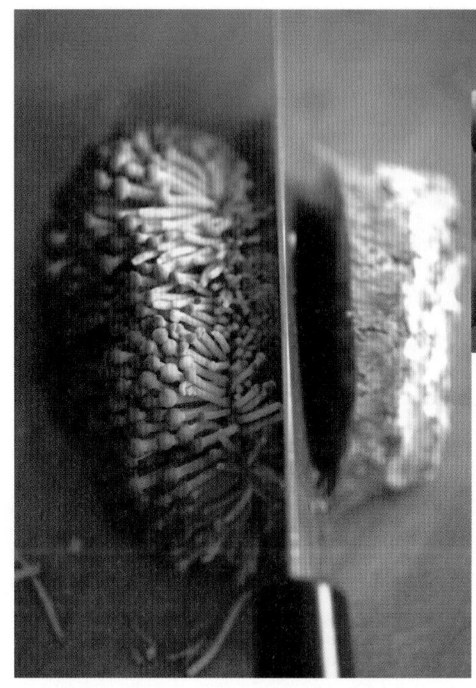

그 사이 버섯은 밑동을 자르고 손으로
한입 크기로 자릅니다. 이때 아랫부분이 붙어
있어야 씹는 맛이 좋습니다.

5

호박은 나박썰기하고 대파는 송송 썹니다.

6

냄비에 분량의 채수와 호박을 넣고 끓입니다.

7

감자즙은 윗물을 따라내고
그릇 아래 가라앉은 전분을
사용하는데, 스패출러로
모아 짜 놓은 감자 과육에 함께
섞습니다.

8

감자 반죽을 한입 크기로 빚습니다. 저는 진하고 걸쭉한
국물이 좋아 비정형 모양으로 빚지만, 취향에 따라
새알심으로 둥글게 굴려도 좋습니다.

9

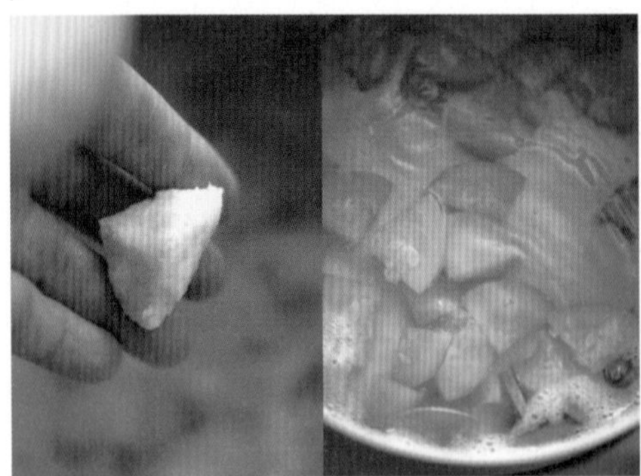

채수가 끓으면 감자 반죽을 넣고 다시 한소끔 끓입니다.

10
간장과 소금으로 간을 맞추고, 버섯과 대파를 넣어 끓입니다. 국물 농도가 걸쭉하게 끓으면 불을 끄고 그릇에 나누어 담습니다.

11

뜨거울 때 트뤼플 오일을 적당히 뿌리고 상에 냅니다.

땅콩호박치즈구이

VEGETARIAN

[78]

재료(2~4인분)

땅콩호박(버터 넛) 1/2개
쪽파 6~8대
모차렐라 치즈 130g
올리브 오일 1큰술
소금 1/2작은술
굵게 간 후추 1/4작은술
* 레몬 제스트 1큰술

저는 매해 텃밭에 '버터 넛'이라고 부르는 땅콩호박을 심어요. 처음 땅콩호박을 요리에 사용했던 2012년에는 이것을 판매하는 곳이 없어 직접 심어 사용하게 되었는데, 그때부터 늘 텃밭 한자리에 땅콩호박을 위한 공간이 있답니다. 지금은 대형마트나 로컬 마트에 가면 종종 이 호박을 볼 수 있어요. 땅콩호박은 단호박과 늙은 호박의 중간 즈음인 듯해요. 단호박보다 과육에 수분감이 있고, 비슷한 시기 나오는 늙은 호박보다는 식감이 쫀쫀하고 훨씬 달콤해요. 애지중지 수확한 땅콩호박의 첫 음식은 늘 단출하게 구워 그 자체로 즐기는 거예요. 여기에 치즈를 올리고, 간단하게 쪽파로만 맛을 더하면 남녀노소 누구나 좋아하는 세련된 맛 간식이 되지요.

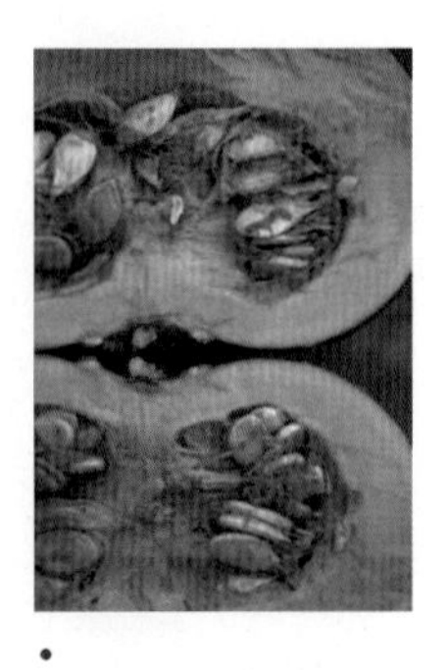

• 레몬 제스트는 맛을 깔끔하게 잡아주는 역할을 하니 되도록 생략하지 마세요.

• 대파가 아닌 쪽파를 사용해야 맛도 좋고 모양도 좋아요.

• 땅콩호박 대신 단호박을 사용해도 좋아요. 단호박은 땅콩호박보다 과육이 단단해 1차로 오븐에서 굽는 시간을 180도에서 50~60분으로 늘리세요.

1

오븐을 180도로 예열하고, 땅콩호박을 반 자른 후 껍질을 슬라이스하듯 벗겨 한입 크기로 썹니다. 칼 대신 필러로 벗겨도 괜찮아요.

2

볼에 자른 호박을 담고 올리브 오일을 넣어 마사지하듯 버무립니다.

3

버무린 호박을 오븐 용기에 담아 예열한 오븐에서 20~30분 굽습니다.

4

쪽파를 곱게 썹니다.

5

호박이 젓가락 들어갈 정도로 익으면
꺼내고, 오븐 온도를 200도로 올립니다.

6

꺼낸 호박에 소금과 굵게 간 후추를 뿌린
후 송송 썬 쪽파의 절반 분량을 얹고,
모차렐라 치즈도 얹어 다시 오븐에서
15~20분 치즈가 녹을 정도로 굽습니다.

7

구운 호박을 꺼내고 남아 있는 쪽파와
레몬 제스트를 올려 따뜻할 때 먹습니다.

모둠채소볶음두부쌈

VEGAN

[79]

가을 텃밭 식구들은 모두 마지막 힘을 짜냅니다. 아침저녁 기온이 내려갈수록 여름의 모습과는 달리 부추 자라는 속도도, 깻잎의 크기도, 줄콩이 열리는 속도도 현저히 줄어들게 되죠. 텃밭의 갈무리를 준비할 즈음 만들게 되는 모둠 채소볶음은 가을에 자주 등장하는 저녁 반찬입니다. 이 음식을 하는 날이면 저는 밥 대신 얇은 쌈두부나 포두부를 곁들여 두부 쌈을 싸 먹습니다. 시원한 맥주를 곁들이기도 하고요. 자주 볶다 보니 고춧가루를 넣어 매운 양념, 달달한 불고기 양념, 깔끔한 소금 양념 등 양념을 바꿔가며 다양하게 만들어요. 이 레시피는 제가 좋아하는 중화풍 양념이에요. 중식 고기 요리에 많이 사용하는 양념으로 버터를 소량 넣으면 뾰족하고 날렵한 맛이 둥글게 잘 어우러집니다.

재료(2인분)

모둠 버섯 300g
그린빈(또는 줄콩) 60g
깻잎 10g
부추 50g
쪽파 20g
홍고추 1개
마늘 1쪽
통깨 1큰술
식물성 오일 1큰술
* 참기름 1작은술
쌈두부 1팩

양념

두반장 1큰술
춘장 1작은술
양조간장 1큰술
소금 1/4작은술
유기농 설탕 1작은술
물 1/4컵

• ④ 과정에서 취향에 따라 버터를 넣으면 풍미가 좋아져요.

• 꼭 레시피대로 재료를 준비하지 않아도 됩니다. 손질한 재료가 총 400g이니 이를 기준으로 냉장고에 있는 재료를 적절히 활용하세요.

• 매콤한 맛을 위해 매운 고추기름을 추가해도 좋아요.

1

버섯은 밑동을 자른 후 찢고, 그린빈과 깻잎은 어슷썰기하거나 채 썰고, 부추와 파는 버섯 길이에 맞춰 자릅니다.

2

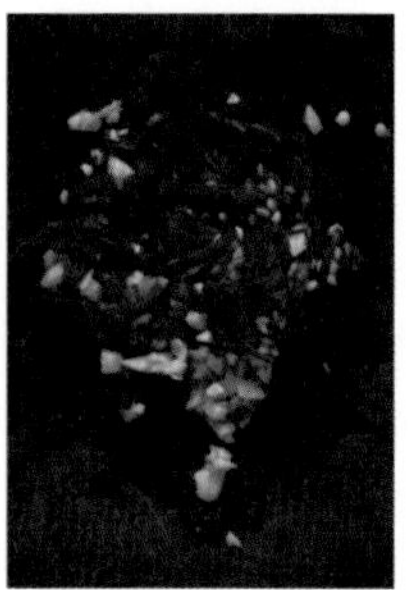

고추와 마늘은 잘게 다집니다.

3

종지에 물을 제외한 분량의 양념 재료를 미리 섞어 둡니다.

4

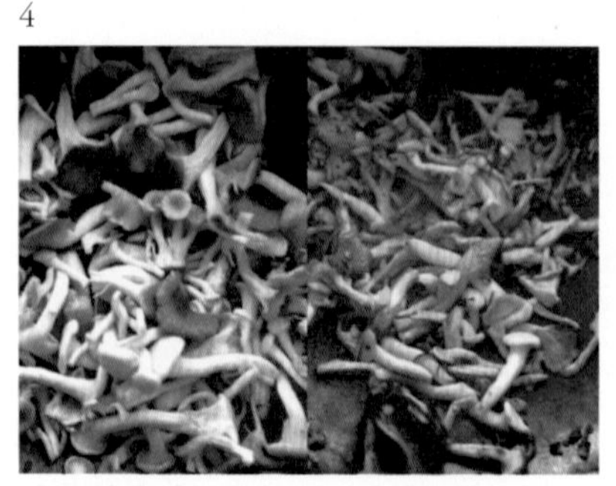

달군 팬에 기름을 두르고 버섯을 넣어 노릇해질 때까지 볶습니다.

5

버섯을 팬 한쪽으로 밀어 놓고, ③의 양념을 넣어 볶다가 분량의 물을 넣고 끓입니다.

6

자박한 양념에 나머지 채소를 넣고 버섯과 함께 볶습니다.

7

통깨를 넣어 마무리합니다.

8

쌈두부는 끓는 물에 넣고 따뜻해지면 건져내 볶음 접시에 담아 함께 냅니다.

어린 고추깨무침

VEGAN

[80]

가을이 깊어지면 텃밭은 어김없이 겨울 맞을 준비를 합니다. 다 자란 열매를 수확하는 즐거움이 가을이라면, 채 여물지 못한 작물들을 거둬들이는 것도 가을의 몫이죠. 서서히 일교차가 커지고 겨울로 옮겨가 기온이 낮아지면 더 자랄 수 없기에 적절한 때에 땅이 쉴 수 있도록 한 해 작물은 뽑아서 정리하고, 다년생 작물은 뿌리가 겨울을 날 수 있도록 땅 위 줄기를 정리해주는 일을 합니다. 이때가 되면 고추밭에서는 다 자라지 못한 어린 고추들이 가득합니다. 엄마는 이 고추들을 폭 쪄서 반찬으로 냅니다. 저도 엄마의 맛을 따라 하느라 여러 번 아기 고추를 쪘는데, 도저히 매워서 먹을 수 없었어요. 꽈리고추 찌듯 해서는 여물지 않은 고추의 매운맛을 결코 잡을 수 없습니다. 일반 고추보다 찌는 시간을 길게 잡고 고추가 물러지는 거 아닌가 싶을 정도로 푹 찌는 것이 포인트예요. 어린 고추는 가을철 가까운 로컬 마트에 가면 쉽게 구할 수 있어요.

재료(1~2인분)

어린 고추 200g
밀가루 1/4컵
통깨 1½ 큰술
* 마늘(작은 것) 1쪽
양조간장 2작은술
국간장 1/4작은술
참기름 1작은술

- 취향에 따라 양조간장으로 간을 조절하세요.
- 고추에 물기가 없으면 밀가루가 잘 묻지 않아요. 그럴 땐 물 스프레이를 하거나 채반에 올려 흐르는 물에 한 번 헹궈 사용하세요.
- 마늘 맛이 강하면 깨의 향이 덜하기에 곱게 으깬 마늘로 1작은술만 넣으세요. 저는 마늘을 으깨는 도구를 사용했어요.
- 깨의 신선도가 중요한 요리라 가급적 최근에 볶아 냉장·냉동 보관한 것을 사용하세요.

1

어린 고추는 흐르는 물에 깨끗이 씻습니다.

2

고추에 물기가 있는 상태에서 꼭지를 따고 바로 분량의 밀가루를 넣어 버무립니다.

3

김 오른 찜솥에 젖은 면포를 깔고 ②의 고추를 넣고 찝니다. 15~20분 푹 쪄야 매운맛이 없어집니다.

4

고추가 쪄지는 사이 분량의 통깨를 깨 절구에 넣고 갑니다.

5

마늘은 아주 곱게 으깹니다.

6

찐 고추에 빻은 깨, 으깬 마늘, 나머지 양념 재료를 넣고 잘 버무립니다.

제피가루 만들기

[A]

제피(초피)는 경상도 주방에선 없어선 안 되는 필수 향신료예요. 그래서인지 지리산 주변 시골 마을에는 집집마다 제피나무가 한 그루씩 있습니다. 어린 제피순은 봄에 무침이나 장떡으로 만들어 그 향을 즐기고, 가을 되면 붉게 익은 열매를 말려 곱게 갈아서 향신료로 써요. 제피 열매는 껍질이 마르면서 속에 있는 검은 씨앗이 보이는데, 이 씨앗을 버리고 잘 마른 겉껍질만 사용한답니다.
볕에 2~3시간 바싹 말린 후 씨앗이 빠질 만한 구멍 크기의 채반에 담아 살살 눌러가며 털면 씨앗은 아래로 쏙 빠지고 껍질만 남아요. 이것을 비닐백에 담고 다시 지퍼백에 넣어 이중으로 밀봉 보관해야 향이 빠져나가지 않아요. 이렇게 보관했다가 그때그때 필요한 만큼 꺼내 곱게 갈아서 사용하면 신선한 향을 오래 유지할 수 있어요. 시래기국에 넣고, 고추장으로 볶거나 무치는 한식 요리에 1작은술 넣으면 그 맛이 어찌나 향긋한지, 요즘 중식 마라에 많이들 중독성을 느끼는 것처럼 제피가루 역시 한 번 빠지면 자꾸 넣게 되며 보다 강렬한 향긋함을 추구하게 돼요.

산초 절임 만들기

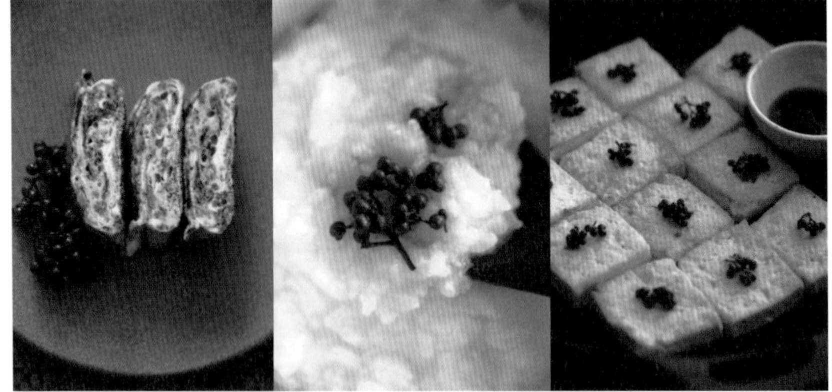
산초 절임 활용하기

산초 활용하기

[B]

산초 열매는 제피 열매와 모양이 비슷하지만 먹는 방법이 다릅니다. 제피는 시트러스 한 향이 강해 여린 순을 먹고 풋열매와 껍질을 식재료인 향신료로 사용하지만, 산초는 풋열매를 장아찌처럼 절여 먹거나 까맣게 익은 열매를 짜 기름을 내어 약성이 있는 재료로 먹어요.

산초기름 이렇게 작은 열매에서 짠 기름은 아주 귀해서 주방에 산초기름 한 병 있으면 독특하고 창의적인 요리가 가능해요. 어릴 때 할머니 집 찬장에도 산초기름이 있었는데 할머니는 두부를 구울 때 산초기름과 식용유를 섞어서 구워 주셨어요. 밋밋한 두부구이가 별미 요리처럼 느껴졌던 이유가 바로 이 산초기름 때문이었어요.

산초 절임 산초 절임은 절에서 배운 요리예요. 저는 산초 열매를 굵은 소금이나 소금물에 절여 두고 사용하기도 하지만, 사찰식 절임은 간장을 활용해요. 손질 후 끓는 물에 담가 두었다가 건진 다음 양조간장과 국간장을 3:1 비율로 섞어서 절이면 돼요. 열매를 먹기보다 산초 향 진한 간장을 얻기 위한 좋은 방법이랍니다. 완성한 간장은 찍어 먹는 양념장으로도 좋지만, 나물을 무칠 때 넣으면 정말 기가 막히게 맛있어요. 산초 열매를 초에 절이는 방법도 있어요. 양조간장, 식초, 설탕, 마른 고추를 넣고 끓인 물을 산초에 부었다가 2~3일 후 장물만 따라내 다시 한번 끓여 부어 두면 오래 보관할 수 있어요. 바로 먹을 수도 있지만 한두 달 숙성시키면 맛이 더 좋아요. 향에 호불호가 있어서 생소한 듯싶어도 필요할 때 제 몫을 하는 양념이라 한 병 가지고 있으면 뿌듯하답니다.

오미자청

오미자주

오미자청과 오미자주 만들기

[C]

저는 매년 매실청과 오미자청을 담가요. 엄마는 매실청의
쓰임이 높아 거의 모든 요리에 매실청을 넣는다 해도 과언이
아니지만, 제가 특별히 아끼는 양념은 오미자청이에요.
매실청이 당분과 식초 중간쯤 되는 맛의 역할을 한다면,
오미자청은 거기에 후추 같은 매운 맛이 더해지는 특징
때문에 요리에 따라 두 가지 청을 구별해서 사용하고 있어요.
열매를 먹는 과일인 만큼 오미자로 유명한 문경이나 함양에서
친환경 방식으로 재배한 농장에 주문을 넣고 잊은 듯 몇 주
기다리면 신선한 오미자가 도착해요. 포도알처럼 주렁주렁
달린 탐스런 오미자 열매를 보고 있으면 붉은 보석이 생각나
씻으면서도 연신 카메라 셔터를 눌러 댑니다. 오미자청은
만들기가 정말 쉬워요. 소독한 병에 씻어서 물기를 뺀 오미자
열매와 설탕을 1:1 비율로 버무려 넣기만 하면 끝이에요.
다른 음식에는 갈색빛의 비정제 설탕을 사용하지만,
오미자 만큼 선명하고 예쁜 색을 위해 백설탕을 사용한 병을
구분해서 담습니다. 여기서 끝나지 않아요. "이때다!" 하고
오미자 담금주도 유리병 가득 만들지요.

모둠버섯샤브샤브 즐기기

[D]

일교차가 커지고 쌀쌀해지면 뜨거운 국물 생각이 절로 나는데, 이럴 때 버섯을 활용한 샤브샤브가 안성맞춤이에요. 흔히 버섯전골 하면 쇠고기를 떠올리지만, 잘 우려낸 채수만 있다면 고기 없이도 충분히 맛있는 샤브샤브를 할 수 있어요. 하이라이트는 마지막에 먹는 국물이에요. 처음엔 버섯을 살랑살랑 데쳐 담백한 버섯에 다양한 소스를 찍어 먹는 소스의 맛에 집중하지만 시간이 지날수록 종류별 버섯 고유의 맛이 채수에 녹아 들어요. 버섯의 엑기스와도 같은 국물에 면이나 밥을 넣고 끓이면 비로소 이 요리를 먹어야 하는 진가가 발휘됩니다. 고기 없이도, 아니 고기가 없어야 향기로운 버섯 육수를 만날 수 있어요. 그래서 초반 버섯 준비에 힘을 싣습니다. 얇은 포두부에 팽이버섯을 돌돌 말아 실파로 고정하고, 유부는 한 번 데쳐 넓게 편 다음 버섯을 넣거나 파채를 넣어 말아줍니다. 쑥갓이나 경수채, 시금치 등으로 국물에 향과 맛을 더하거나 씹는 식감을 주는 채소도 함께 준비해요. 버섯의 종류는 다양할수록 좋습니다. 곁들이는 소스는 취향에 따라 즐길 수 있게 여러 종류로 준비해요. 간장, 식초, 홍고추, 고수를 듬뿍 다져 넣고 찍어 먹어도 맛있고, 향이 강한 버섯은 기름소금만 곁들이거나 심플한 와사비 간장이 어울려요.

겨 울

[WINTER]

추위를 많이 타는 저는 겨울이 늘 힘들고 싫었습니다. 외투를 껴 입어도 오들오들 떨었고, 몸이 자꾸 웅크려지는 느낌도 싫었던 것 같습니다. 하지만 문득 그런 생각을 합니다. 매일 따뜻한 봄날이라면 우리는 그 봄을 귀하게 여길 수 있었을까 하고요.

긴 겨울을 보내고 한 줌의 볕과 한 입의 따뜻한 공기로 봄을 맞을

때, 괜시리 좀 더 성숙해진건가 하는 생각을 하기도 합니다.

요즘은 전처럼 겨울을 못 느끼고 산다고 하지만, 자연의 흐름에서

겨울은 여전히 혹독한 멈춤의 계절입니다.

수많은 겨울을 보낸 나무의 영광스런 상처처럼 저도 매해 겨울을 맞이하며 세월의 굳은살이 생기고 맷집도 세졌습니다. 그렇게 인생의 겨울을 보내야 비로소 따뜻한 봄이 온다는 것을 알게 된 후, 겨울은 더 이상 피하고 싶은 힘든 계절이 아니었습니다. 모든 생명이 생장을 멈추고 일제히 땅 속 에너지를 응축하는 것처럼 오히려 몸과 마음의 에너지를 비축하는 영양제 같은 소중한 계절이 되었죠. 겨울의 재료도 그렇습니다. 여름 채소를 쉽게 구할 수 있는 풍족한 겨울이지만, 가능한 한 겨울의 생체 리듬에 집중하려고 합니다. 보물처럼 간직하고 있는 저장식과 발효의 맛을 즐기기도 하고, 적당한 산미를 더하거나 이국적인 향을 첨가해 가라앉은 몸을 깨우기도 하죠.

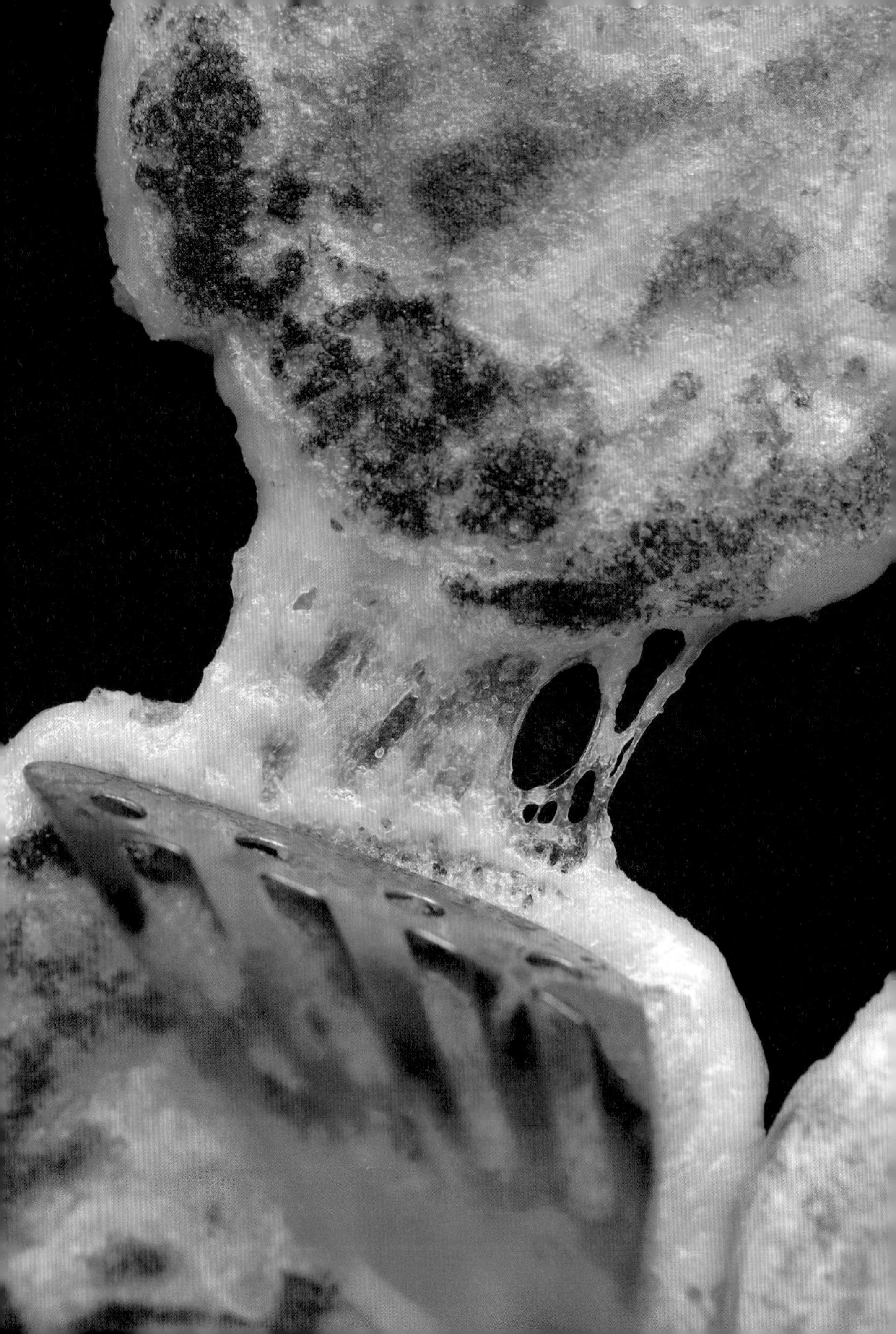

찹쌀전

VEGAN

[81]

유년 시절 겨울방학 때 할머니 댁에 가면 구워 주시던 찹쌀전입니다. 듣기엔 부추전, 파전 같은 식사용 전으로 들릴지도 모르겠지만, 이 전은 겨울 간식거리였어요. 마치 아궁이에 불을 붙이고 난 잔열로 가래떡이나 고구마 같은 저장 식품을 구워 먹듯 말이죠. 좋은 사람과 달콤한 음식을 나눠 먹으며 보내는 맛의 시간은 아주 오랫동안 추억거리가 됩니다. 겨울엔 조금 달콤해도 괜찮아요.

재료

찹쌀가루 2컵
뜨거운 물 1/2컵+1큰술
유기농 설탕 2작은술+@
소금 1/2작은술
* 볶은 통깨(검은깨, 흰깨 믹스) 적당량
식물성 오일 적당량

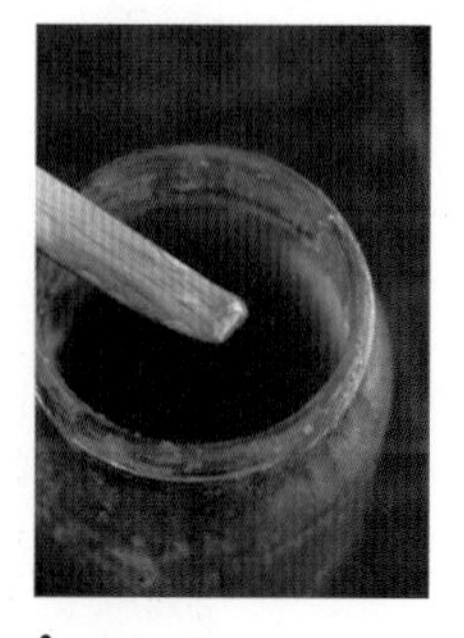

•
전 위에 통깨 대신 취향에 따라 다른 것을 올려도 좋아요.

•
뜨거울 때 먹어도 좋지만 한 김 식어도 맛있어요.

•
곁들이는 양념으로는 생강청, 꿀이 좋고, 아니면 유기농 설탕을 뿌려 내세요.

1

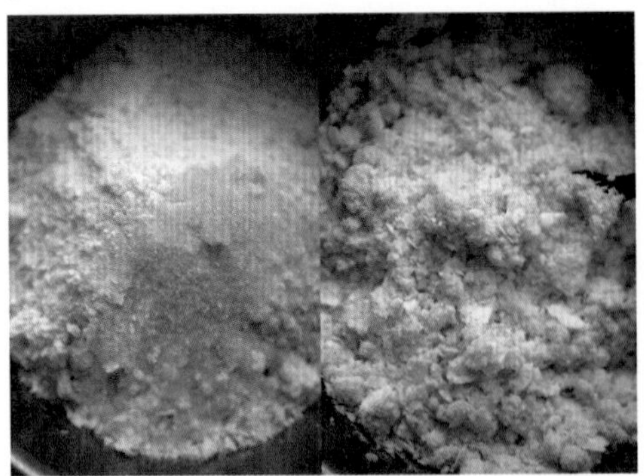

찹쌀가루에 분량의 설탕과 소금을 넣고 물을 넣어가며 반죽합니다. 물은 분량을 한꺼번에 다 넣지 말고 나누어 넣으세요.

2

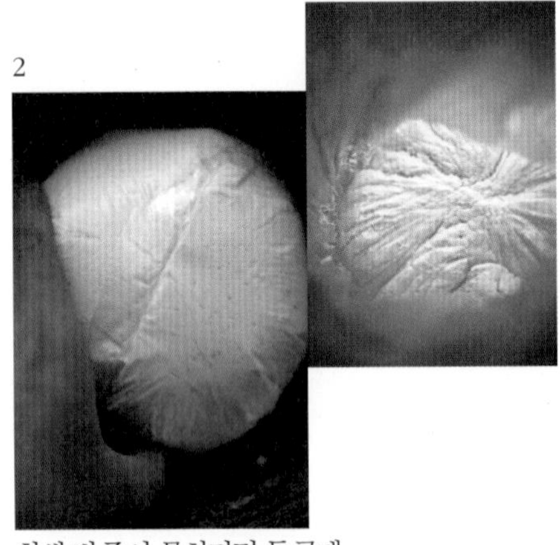

찹쌀 반죽이 뭉쳐지면 둥글게 만들어 비닐백에 넣고 최소 1시간에서 하룻밤 정도 냉장고에 둡니다.

3

반죽을 꺼내어 한입 크기로 분할합니다.

4

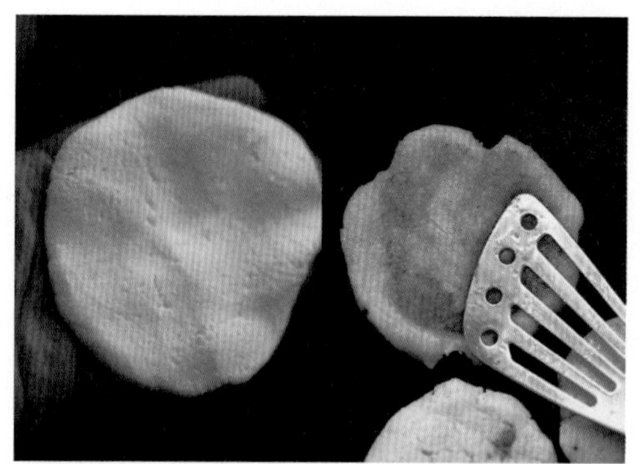

납작하게 빚어 달군 팬에 오일을 두르고 굽습니다.

5

취향에 따라 반죽 위에 검은깨와 흰깨를 보기 좋게 올립니다.

6

앞뒤로 노릇하게 지집니다.

7

뜨거울 때 취향에 맞는
양념을 곁들여 냅니다.

대파김오믈렛

VEGETARIAN

[82]

대파는 참 강인한 채소예요. 시골의 손바닥만 한 채소밭에 꼭 파를 심는 이유도 심어 놓으면 저절로 잘 자라는 것도 있지만, 추위에 강해 겨울을 나는 채소이기 때문이에요. 그래서인지 채소밭을 가꾸면서 제일 잘 길러 먹은 채소도 대파예요. 필요할 때 쪼르르 나가 한 뿌리 뽑아 쓰는 재미가 있답니다. 향과 맛은 또 얼마나 진하게요. 겨울엔 파 듬뿍 넣어 국을 끓이고 아침 메뉴가 궁색할 땐 대파 넣은 오믈렛을 만들어요. 아주 간단한데, 햇김 구워 살살 부숴 올리면 눈도 즐겁고 밥맛도 좋은 맛깔 난 반찬이 돼요.

재료(1~2인분)

대파(큰 것) 2대
달걀 2개
햇김 1/2장
소금 1/2작은술
굵게 간 후추 1/4작은술
식물성 오일 $1\frac{1}{2}$큰술+@

•

매운맛이 강한 대파라면
④ 과정에서 아주 노릇하게
볶으면 매운맛이 없어져요.

•

김은 조미하지 않은
김을 사용하세요.
집에 조미김뿐이라면
달걀에 들어가는
소금을 생략하거나 양을
조절하세요.

1

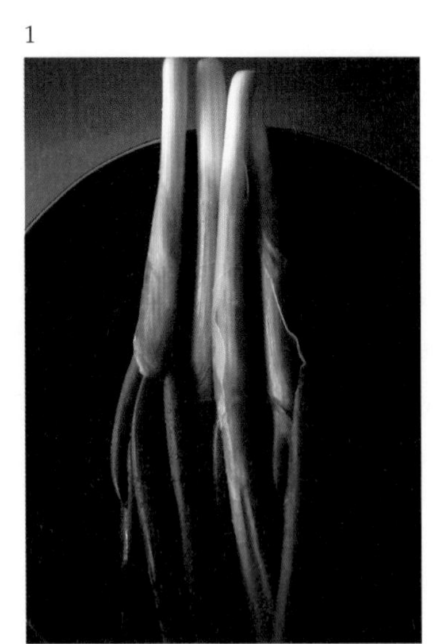

대파는 깨끗하게 씻어 흙을 제거하고 뿌리 부분을 잘라냅니다

2

세척한 대파를 송송 썹니다.

3

김은 한입 크기로 잘게 찢어 놓습니다.

4

달군 팬에 오일을 두르고 썰어놓은 대파를 노릇하게 볶습니다. 센 불에서 재빠르게 볶아야 합니다.

5

소금 1/4작은술과 분량의 후춧가루를 넣어 파에 밑간합니다.

6

불을 줄이고 대파를 새 둥지 모양으로 만들어 그사이에 달걀을 한 알씩 깨뜨려 넣습니다.

7

김을 뿌리듯 올리고 기호에 따라 달걀에 소금 1/4작은술을 넣어 간 합니다.

8

취향에 따라 달걀을 반숙 또는 완숙으로 익혀 상에 냅니다.

두부조림

VEGAN

[83]

MSG나 멸치육수 없이도 맛깔 난 두부조림을 만들 수 있어요. 무엇보다 직접 만든 채수의 힘을 확인하기 가장 좋은 요리가 아닐까 싶어요. 처음 동네 손두부 가게에서 산 두부로 만들었는데, 식구들 반응이 가히 폭발적이어서 두부가 맛있어 그런 거라고 생각했죠. 다음날 다시 마트에서 일반 두부를 사 와 채수의 힘을 빼고 최대한 가벼운 국물로도 만들어 보았답니다. 여러 시도를 해본 결과 가장 맛있다고 생각한 두부조림의 레시피입니다. 한식 조림 요리에는 반드시 멸치육수를 넣어야 맛이 난다는 엄마의 주장이 무색해진 음식이라 그만큼 채수의 힘이 중요해요. 기본이 맛있으면 양념을 많이 하지 않아도 충분히 맛있다는 제 요리 신념이 그대로 담긴 한 그릇 음식입니다.

재료(2인분)

두부 500g
양파 1/4개
소금 1/2작은술
들기름 $1\frac{1}{2}$큰술
쪽파 5g
채수 $1\frac{1}{2}$~2컵
국간장 1작은술

양념

양조간장 1큰술
고춧가루 1큰술
마늘 3쪽
후춧가루 적당량

•
채수는 무말랭이를 넣어 진한 채수를 사용하는 것이 맛있습니다.

1

두부는 두툼하게 슬라이스해서 소금을 뿌리고 20분 정도 그대로 둡니다.

2

달군 팬에 들기름을 두르고 ①의 두부를 앞뒤로 노릇하게 굽습니다.

3

마늘을 칼 옆으로 으깬 다음 다집니다.

4

양파는 두툼하게 슬라이스하고, 쪽파는 5cm 길이로 길게 자릅니다.

5

양념장을 만듭니다. 작은 종지에 분량의 양념 재료를 모두 넣고 잘 섞습니다.

6

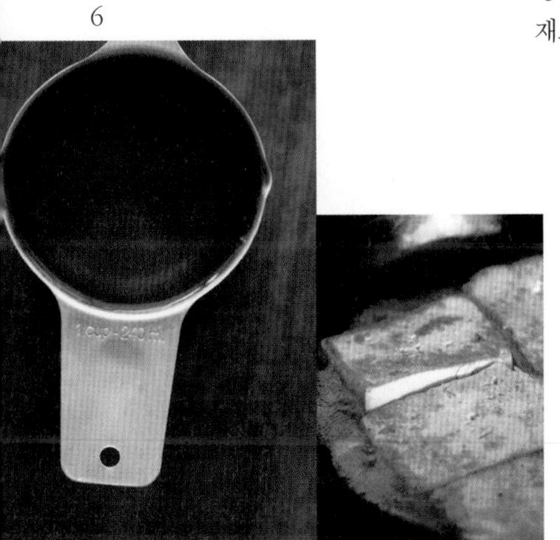

채수 $1\frac{1}{2}$컵에 분량의 국간장을 넣고, 두부가 담긴 팬에 부어 끓입니다. 두부 밑면까지 국물이 들어가도록 뒤집개로 두부를 살짝살짝 들어 움직입니다.

7

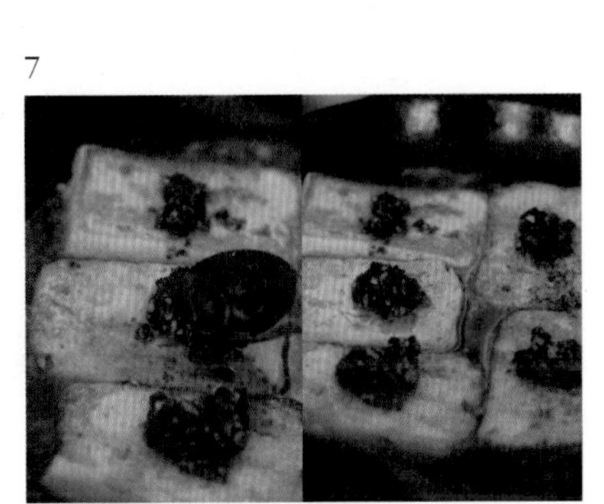

중간 불에서 끓여 국물량이 30%가량 줄면 만들어둔 ⑤의 양념장을 두부 위에 끼얹습니다.

8

양파를 국물 한쪽 편에 얹고 쪽파도 올립니다. 그런 다음 국물을 끼얹어가며 두부에 양념 국물에 잘 배이게 조립니다. 이때 채수를 1/2컵 더해 국물이 있는 조림으로 완성해도 좋습니다.

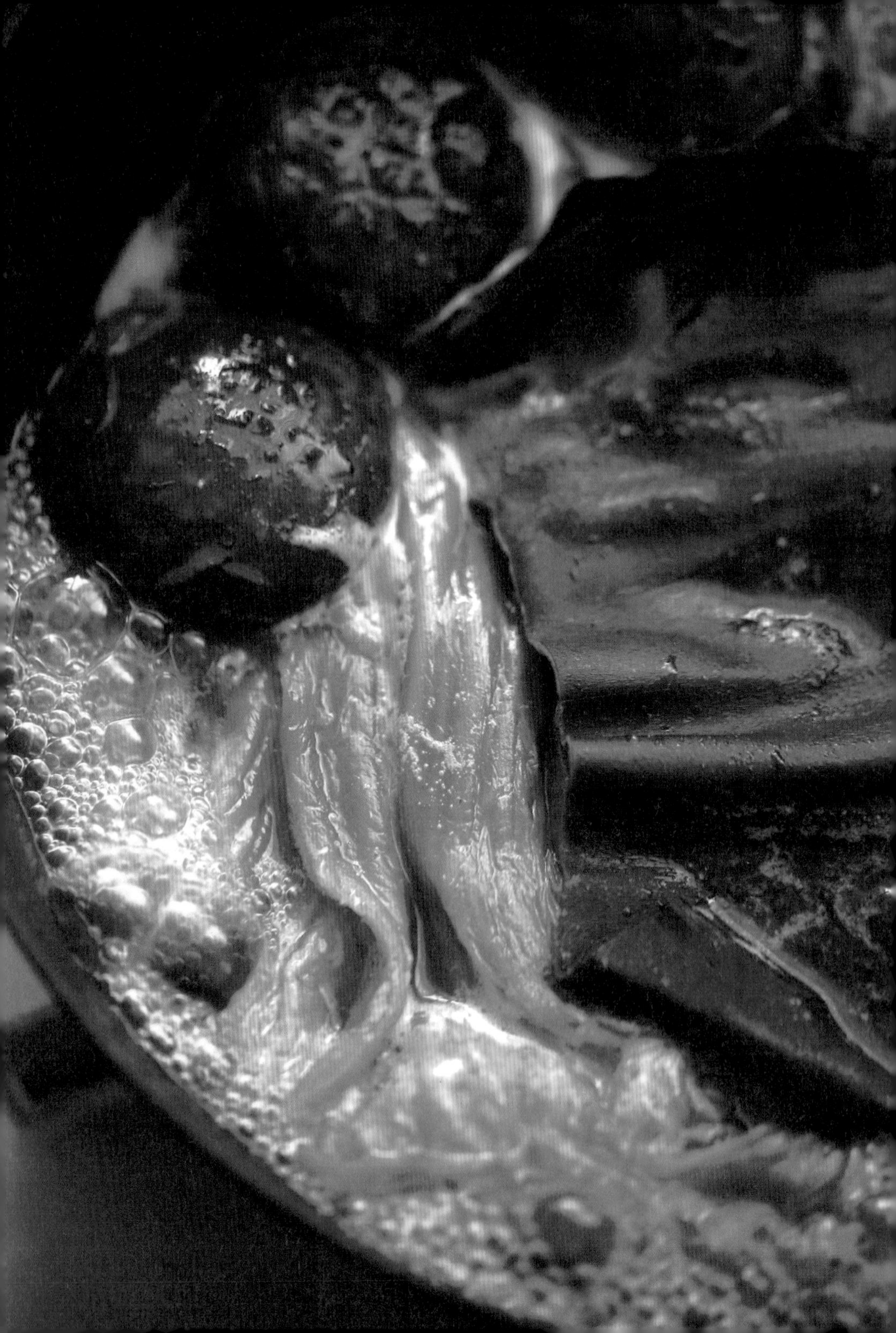

묵은지지짐

VEGAN

[84]

재료(4인분)

묵은지 1포기(750g)
채수 2컵+@
들기름 1큰술
국간장 1/2큰술
다시마 5g
불린 표고버섯 3개
* 설탕 1작은술

초겨울이면 김장을 앞두고 김치냉장고의 묵은지를 정리합니다. 묵은지가 없으면 서운할 때가 많아 따로 남겨두긴 하지만, 제철 신선한 재료를 먹는 편이라 웬만하면 냉장고를 자주 비우려고 합니다. 그럴 때 해 먹기 좋은 음식이 묵은지 지짐이에요. 고기를 좋아하는 사람은 여기에 당연히 고기를 넣겠지만, 저는 사찰식 묵은지 지짐을 먹습니다. 입맛 없을 때 따뜻한 누룽지 위로 죽죽 찢어 먹으면, 언제 입맛이 없었던 걸까 싶을 정도로 밥 한 그릇 뚝딱입니다. 여기에는 표고버섯이 필수입니다. 국물에 조려진 촉촉한 표고버섯 한 입 베어 먹으면 다른 반찬이 필요 없습니다.

• 국물이 너무 졸면 채수나 물을 더 넣으세요.

• 표고버섯은 채수에 사용한 버섯을 써도 좋으나, 다시마는 반드시 새로운 것으로 해야 감칠맛이 나요.

• 김치를 큼직하게 잘라 찢어 먹어야 더 맛있어요.

• 묵은지가 너무 익어 산미가 강하다면 ④ 과정에서 설탕 1작은술을 넣으세요.

1

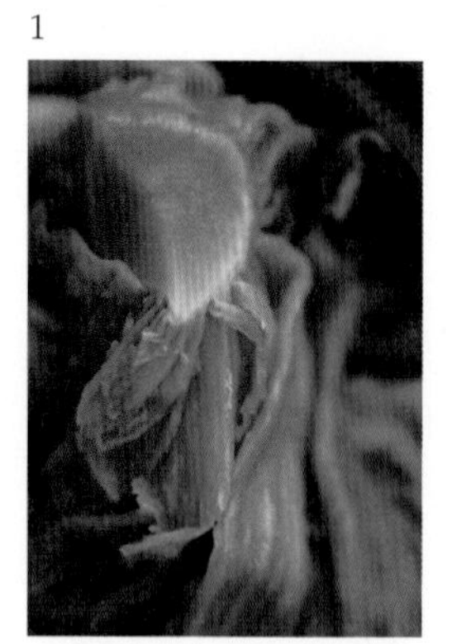

묵은지는 양념을 털고 흐르는 물에 깨끗이 씻어 물기를 꼭 짜서 준비합니다.

2

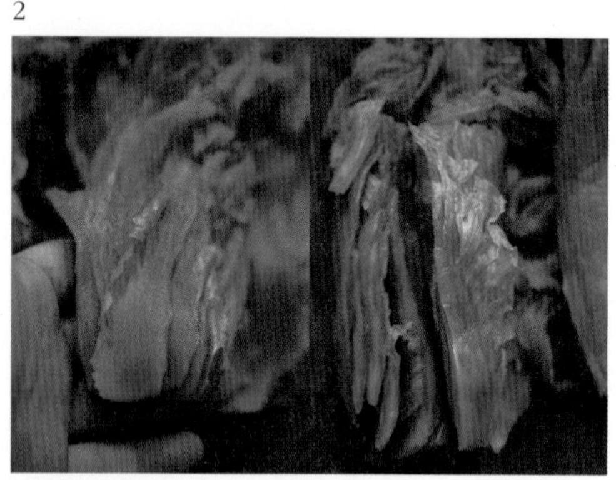

묵은지의 꼭지 부분을 잘라내고 취향에 따라 먹기 편한 크기로 자릅니다. 포기로 지지고 싶으면 그대로 사용하면 되고, 적당하게 잘라 지지고 싶으면 넓은 입 부분만 절반 자릅니다.

3

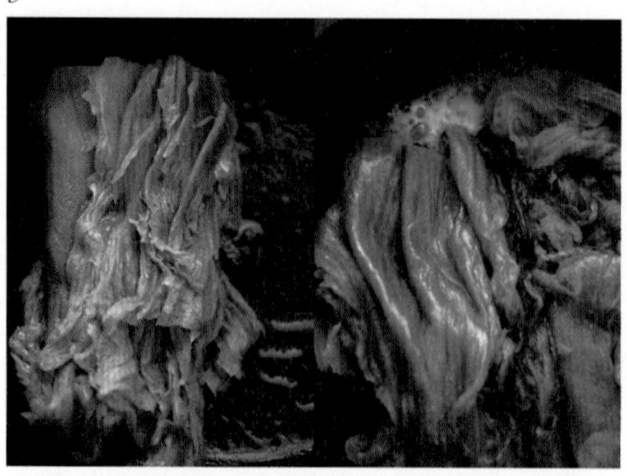

넓은 웍 또는 궁중 팬을 달궈 분량의 들기름을 넣은 다음, 김치를 넣고 앞뒤로 노릇하게 지집니다. 김치의 묵은내를 날려주는 과정이니 노릇하게 지지세요.

4

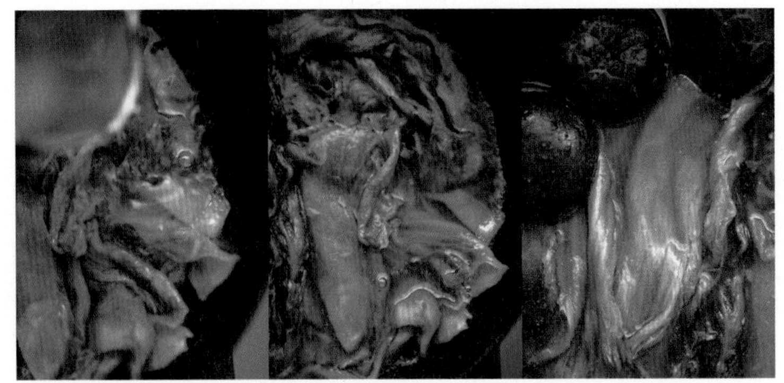

분량의 채수와 불린 표고버섯, 국간장을 넣고 끓입니다. 이때 채수 대신 표고버섯 불린 물을 넣거나 채수 속 표고버섯을 함께 넣어도 좋습니다.

5

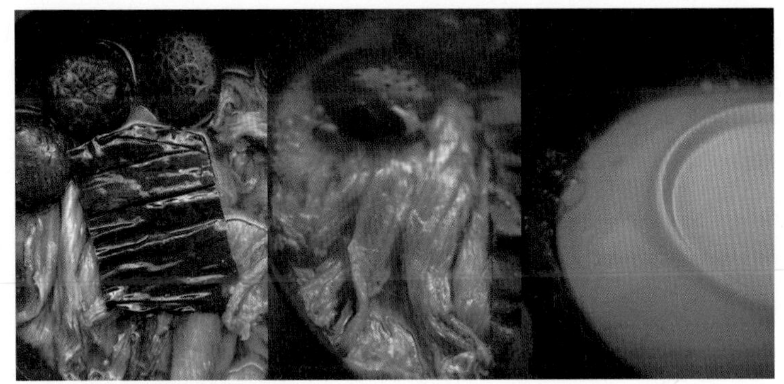

마른 다시마를 흐르는 물에 헹궈 묵은지 위에 덮은 후 접시나 누름판을 얹어 뭉근하게 조리듯 익힙니다.

6

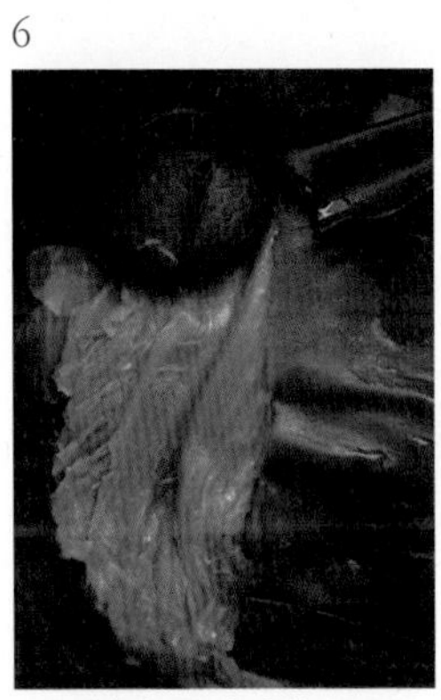

묵은지가 투명해지고, 국물이 약간 남아 있으면 완성입니다.

고구마톳밥

VEGAN

[85]

재료(3~4인분)

쌀 2컵
물 2컵
고구마 1개(180g)
말린 톳 20g
(또는 불린 톳 100g)
소금 한 꼬집

이 고구마톳밥은 해녀 할머니께 배운 조리법이에요. 부산에 계신 지인이 운영하는 요리 수업에서 이제 몇 분뿐인 해녀 할머니들을 모셔 해녀의 음식을 배울 기회가 있었어요. 그때 배운 여러 음식 중에 이 고구마톳밥이 가장 마음에 남았어요. 바닷속 온갖 귀한 재료를 채취하면서도 뭍에 올라와 먹는 음식은 소박하고 익숙한 재료라 고구마가 맛있어지는 한겨울이면 그 깊은 이야기가 더욱 생각나 이 밥을 지어 먹어요. 톳밥은 생톳보다 말린 톳을 불려서 사용하면 쌀과 더 잘 어우러지기에 봄에 햇톳 풍성할 때 한가득 사 말려서 밀폐 보관합니다. 그리고 고구마는 가을에 갓 수확한 것을 구입해 실온에 보관하며 숙성시켜 달콤해진 상태에서 꺼내 먹습니다.

•
고구마는 밥을 섞는 과정에서 자연스럽게 으깨어지니 두껍게 써는 게 좋아요.

•
자색 고구마와 일반 고구마를 섞으면 밥이 더 아름다워요.

1

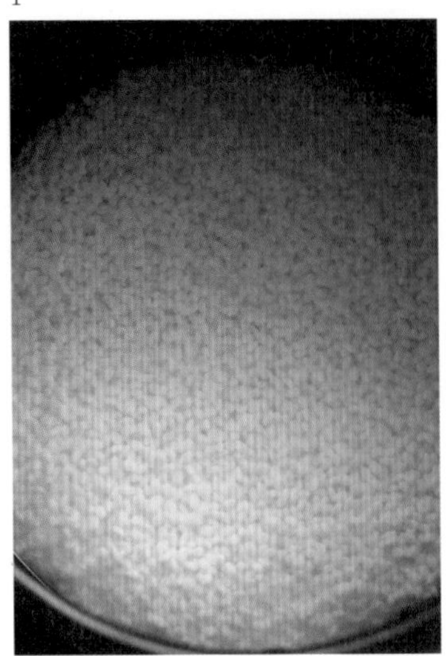

쌀은 밥하기 최소 30분 전에 깨끗하게 씻어 솥에 담고 분량의 물을 부어 그대로 불립니다.

2

톳은 깨끗이 씻어 물에 불려 준비합니다.

3

20~30분 후 불린 톳의 물기를 짜고 가위나 칼로 긴 줄기를 짤막하게 자릅니다.

4

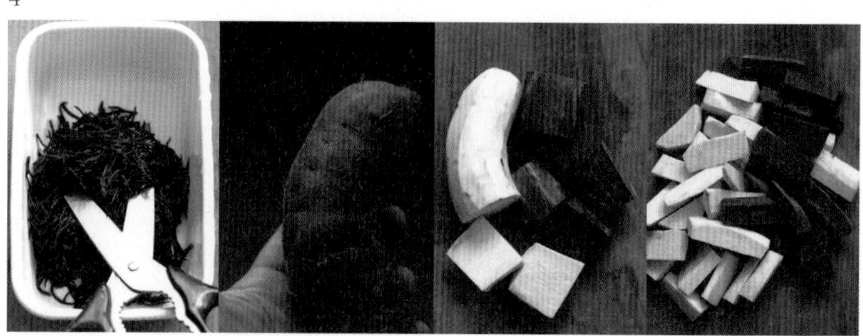

고구마는 껍질을 벗기고 2cm 두께로 썹니다.

5

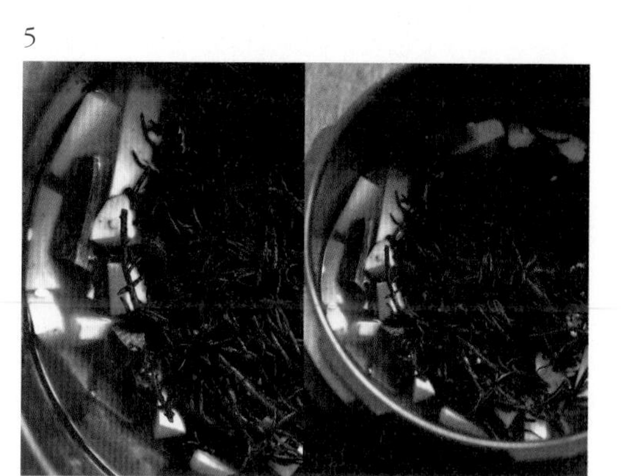

불린 쌀 위에 고구마를 넣고, 그 위에 톳을 살포시 얹어 밥을 짓습니다.

6

익은 밥은 뚜껑을 열어 고구마와 톳을 크게 한 번 섞은 다음 잔열에 마무리 뜸을 들여 그릇에 담습니다

병아리콩조림

VEGAN

[86]

재료(4인분)

말린 병아리콩 1컵
물 1/2컵+@
양조간장 1/4컵
유기농 설탕 2큰술
마른 고추 1개
쪽파 2대
생강 8g
팔각 1개
정향 3개
* 계피 5g

중국식 오향 양념에서 힌트를 얻은 이국적인 맛의 병아리콩 조림이에요. 추운 날 잘 어울리는 반찬으로 기존 한국식 콩조림과 달리 향신료가 들어가 마치 족발 양념 같은 느낌이 나는 별미 콩조림입니다. 다른 콩보다 고소한 맛이 강한 병아리콩이 특히 양념과 잘 어울려요. 계피는 주방 상황에 따라 생략해도 되지만, 그 밖의 다른 향신료는 꼭 넣어야 오향조림 스타일로 완성돼요. 들어가는 향신료를 다 빼고 조리면 평소 먹던 익숙한 콩조림이 되지요.

•
보관 용기 속 향신 재료는 먹지 않습니다.

•
계피는 통계피(계피 스틱)를 잘라 사용했는데, 상황에 따라 계핏가루 1/4작은술로 대체해도 됩니다.

•
여러 종류의 콩이 있지만, 꼭 병아리콩으로 만들어야 하는 요리예요.

•
조림 양념이 자작하게 남아 있어야 나중에 먹어도 촉촉하고 맛있어요.

1

병아리콩은 최소 5시간 이상 물에 담가 불립니다.

2

냄비에 물 2컵을 넣고 불린 병아리콩을 삶습니다. 콩 크기에 따라 차이가 있지만, 중간 불로 끓이다가 약한 불에서 물이 거의 없을 때까지 삶아 맛있게 씹힐 정도로 익습니다.

3

냄비를 기울여 보았을 때 콩 삶은 물이 약간 남아있는 상태가 되면 물 1/2컵과 분량의 양조간장, 설탕, 나머지 향신 재료를 모두 넣고 끓입니다.

4

중간 불에서 양념이 끓어오르면 약한 불로 낮춰 양념이 졸아들어 자작하게 남을 때까지 조리면 완성입니다. 보관하려면 쪽파는 제거하고, 나머지 향신료는 그대로 보관합니다.

감귤고수샐러드

VEGAN

[87]

재료(1~2인분)

오렌지(또는 한라봉) 1개
석류알 1/2컵+@
고수 20g
화이트 발사믹 식초 1큰술
올리브 오일 1큰술

아주 오래전부터 석류가 있는 날이면 자주 만들던 저의 이 샐러드는 어느 겨울 제주에서 더욱 빛이 났습니다. 일상식처럼 먹던 음식이 제주의 제철 과일과 토종 고수를 만나면서 근사한 계절 음식이 되었어요. 이 음식을 먹어본 사람들은 모두 '고수의 재발견'이라는 평을 남겨요. 특히 석류의 역할이 중요한데, 알이 크고 잘 익어 달콤한 석류일수록 샐러드의 품격이 높아집니다. 한라봉, 천혜향 등 감귤류라면 어떤 과일이든 잘 어울리며 익숙한 오렌지를 사용해도 됩니다.

- 석류 알은 취향껏 양을 추가해 즙을 짜도 좋아요. 갓 짜낸 석류즙만으로도 훌륭한 드레싱이 됩니다.
- 국산 석류는 크기가 작고 즙이 적은 편이라 드레싱의 색깔이나 맛이 달라질 수 있어요.
- 오렌지 대신 한라봉이나 레드향 등 겨울 감귤은 어떤 것도 다 좋으며, 여기에 레드키위를 곁들여도 좋아요.

1

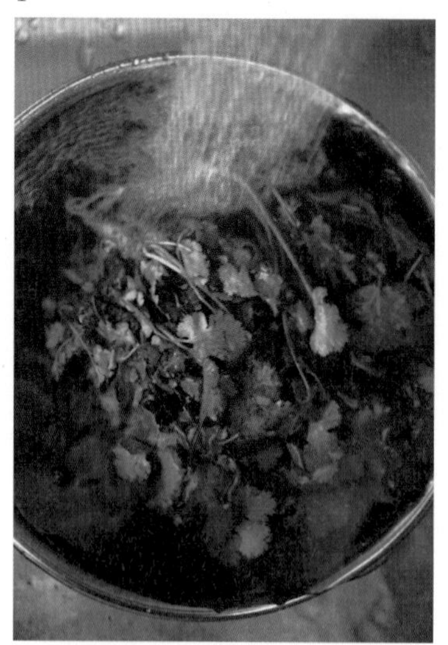

고수는 흐르는 물에 깨끗이 씻어
준비합니다.

2

석류 알은 1~2큰술을 따로 덜어 놓고, 나머지는
손으로 꽉 으깨어 즙을 냅니다.

3

오렌지는 칼로 껍질을 벗겨
슬라이스합니다.

•
겨울 고수는 짧고 잎이 작습니다. 향은 진하지만, 줄기는 억센 감이 있어 잎만 분리해 넣는 것이 과일과 잘 어우러져요.

4

석류즙에 화이트 발사믹 식초와 올리브 오일을 넣고 잘 섞습니다.

5

접시에 오렌지를 담고 남겨둔 석류 알과 고수잎을 올립니다.

6

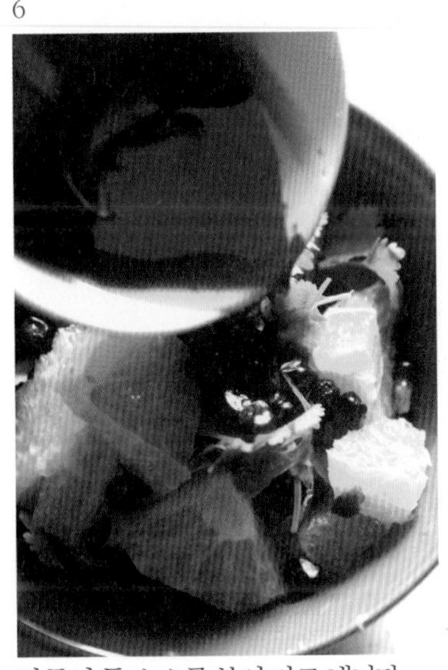

만들어 둔 소스를 부어 바로 냅니다.

금귤살사

VEGAN

[88]

금귤 맛을 제대로 알게 된 것은 어른이 되고 나서였어요. 어렸을 땐 속에 있는 씨앗 때문에 금귤의 참맛을 알지 못했는데, 지금은 한입에 쏙 들어가는 크기도, 적당히 새콤달콤한 산미도, 껍질째 다 먹을 수 있다는 편리함도 다 좋아 겨울 금귤 시즌이 오면 잊지 않고 챙겨 먹는답니다. 금귤 살사는 좋아하는 금귤을 숟가락으로 듬뿍 먹을 수 있는 요리로, 금귤과 코리앤더(고수) 씨앗이 어우러지는 색다른 매력을 소개할게요. 평소 고수 향을 싫어한다면 잎은 생략하더라도 살짝 구운 코리앤더 씨앗을 꼭 곁들여 보세요. 메인 요리에 사이드 메뉴로 곁들이거나 빵이나 스낵과 함께 먹기를 권합니다.

재료(1~2인분)

금귤 200g
적양파 1/4개
고수 10g
코리앤더 씨앗 2g
레몬즙 1작은술
화이트 발사믹 식초 1큰술
올리브 오일 1큰술

•
씨앗을 한 번 볶아 향을 깨우는 것이 포인트예요.

•
저는 겨울에는 움츠린 몸을 깨우기 위해 일부러 신맛을 더 추가해 먹기도 해요. 취향에 따라 레몬즙을 레시피의 양보다 더 늘려 상큼함을 더하는 것도 추천해요.

1

금귤은 반으로 잘라 속의 씨앗을 제거하고 다지듯 썹니다.

2

적양파는 잘게 다집니다.

3

고수는 잎만 분리합니다.

4

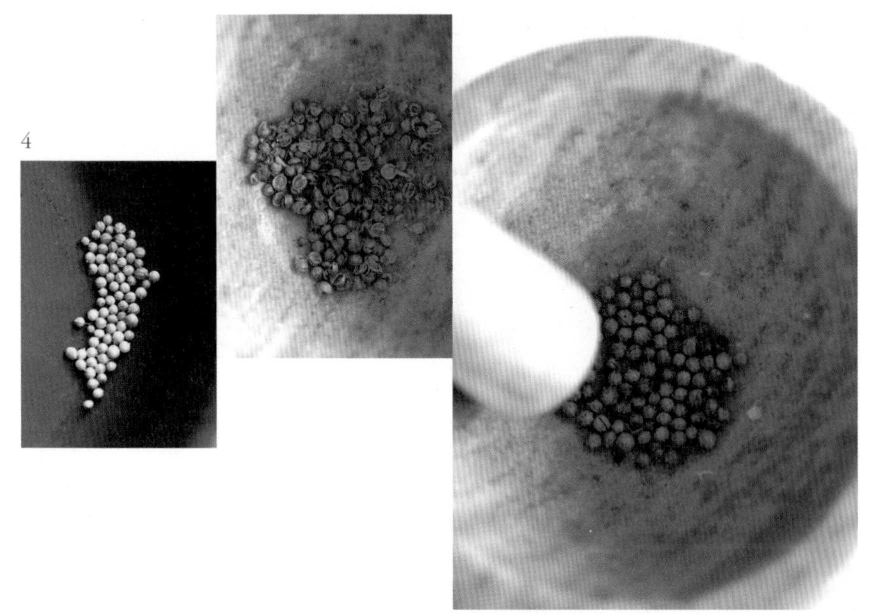

마른 팬을 가열해 코리앤더 씨앗을 넣고 볶습니다. 자칫 겉면이 타면 쓴맛이 날 수 있으니 씨앗에 담긴 향을 데운다는 느낌으로 따뜻하게 볶아 절구에 넣고 으깹니다. 절구 대신 칼이나 칼자루로 으깨도 됩니다.

5

준비한 재료를 모두 한곳에 넣고 가볍게 섞은 후, 분량의 레몬즙과 화이트 발사믹 식초, 올리브 오일을 넣고 잘 섞으면 완성입니다.

발사믹어니언브루스케타

VEGETARIAN

[89]

겨우내 먹는 저장 양파는 귀하기도 하지만 처치 곤란일 때도 있죠. 겨울의 끝이 보이고 봄이 다가올수록 햇양파가 기다리고 있으니까요. 발사믹에 조린 양파는 저장해둔 양파가 많을 때 종종 만들어 먹는 음식입니다. 어느 날 우리밀 빵을 맛있게 먹는 요리 수업이 있었어요. 다른 요리도 그렇지만, 유독 샌드위치나 브루스케타 같은 음식은 어떤 빵을 사용했느냐에 따라 요리의 질이 달라지는데요. 이 음식은 식빵보다 사워도우(Sourdough)처럼 산미가 있는 빵으로 만들어야 더 어울려요. 흔히들 맛있는 빵에는 잠봉이나 프로슈토를 얹어 먹지만, 저는 그 못지않은 맛을 내는 이 발사믹 양파와 치즈의 조합을 권해요. 여기에 타임잎은 절대로 빠져서는 안 될 향입니다.

재료(1~2인분)

발효빵 3쪽
양파(작은 것) 3개
식물성 오일 1큰술
발사믹 식초 2½큰술+@
* 유기농 설탕 1작은술
소금 한 꼬집
홀그레인 머스터드 3작은술+@
* 치즈 슬라이스 3장
타임잎 7g

•
만들어 놓은 발사믹 어니언은 일주일 정도 냉장 보관이 되지만 오일이 들어가 있기에 가급적 빨리 드셔야 해요.

•
발사믹 어니언을 만들 때 식초의 분량을 꼭 지켜 주세요.

•
치즈는 취향에 따라 원하는 것을 골라 사용하세요. 저는 12개월 숙성한 고다치즈가 가장 좋았어요.

•
질 좋은 발사믹 식초는 자연 숙성되어 점도가 높고 부드러운 단맛이 나는 데 반해, 낮은 등급의 저렴한 발사믹 식초는 캐러멜로 색과 점성을 만들어 신맛이 강합니다. 집에 있는 발사믹 식초가 저렴하고 신맛이 강하다면, ③ 과정에서 분량의 설탕을 넣어 볶으세요. 설탕이 양파의 캐러멜라이징을 빨라지게 합니다. 질 좋은 발사믹 식초라면 설탕은 생략하고, 대신 발사믹 식초를 1/2큰술 더 넣으세요.

1

양파는 껍질을 벗겨 흐르는 물에 세척한 후 슬라이스합니다.

2

팬을 중간 불에서 달구고 오일을 두른 뒤 양파를 볶습니다. 너무 약한 불에서 볶으면 양파가 죽이 되니 중간 불에서 타지 않게 볶습니다.

3

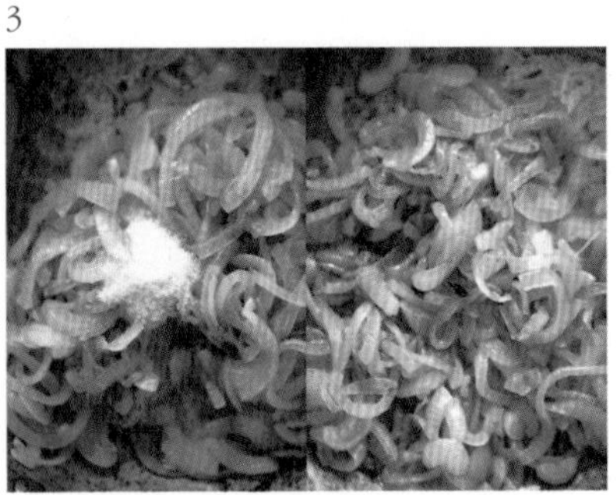

양파가 사진처럼 갈색빛이 돌 때까지 볶아주세요. 가지고 있는 발사믹 식초에 따라 분량의 설탕을 넣어 볶습니다(tip 참고).

4

양파가 갈색빛이 돌고 처음 양보다 반으로 줄면 팬을 불 옆으로 옮기고 발사믹 식초와 소금을 넣습니다.

5

다시 불에 올려 재빠르게 섞어 식초가 바닥에 보이지 않을 정도로 바짝 볶은 후 불을 끕니다.

6

발사믹 어니언이 식는 사이 빵을 굽습니다. 마른 팬에 빵을 얹고 약한 불에서 노릇하게 구우세요.

7

빵에 홀그레인 머스터드를 바른 후 발사믹에 조린 양파를 취향대로 올립니다.

8

치즈를 얹고 타임잎을 뿌리면 완성입니다.

브로콜리파니니

VEGETARIAN

[90]

겨울철 달콤한 브로콜리로 만든 파니니예요. 유명 베이커리 카페에 갔다가 채식인을 위한 메뉴로 나온 이 브로콜리 샌드위치를 정말 맛있게 먹은 기억이 있어요. 채식이 가능한 메뉴이지만 고기 좋아하는 사람도 편견 없이 맛있게 먹는 모습을 보고, 그 후 작업실로 돌아와 여러 방법으로 만들어 봤죠. 이 브로콜리 파니니는 다들 집에 한 병쯤 사두고 남아 있는 페스토를 활용하기에도 딱 좋아요. 처음엔 일반 팬에 굽다가 먹는 빈도가 잦아지자 파니니 팬을 구입했고, 지금은 마음껏 즐기고 있는 메뉴가 되었어요.

재료(1인분)

브로콜리 1/2개(100g)
코코넛 오일 1/2큰술
마늘 1쪽
소금 1작은술+@
치아바타 1개
* 페스토 1큰술
슬라이스 치즈 1장

• 뜨거운 팬에 눌러 파니니로 굽기 좋은 치아바타를 기준으로 만들었으나, 발효빵 2장을 사용해도 좋아요.

• 코코넛 오일이 브로콜리의 단맛과 풍미를 높여줍니다. 없을 땐 올리브 오일로 대체하세요.

• 페스토는 취향에 맞는 것을 골라 사용하세요. 저는 고수 페스토를 사용했어요.

• 치즈는 체다 계열이 잘 어울려요.

• 파니니 그릴이 없을 땐 마른 팬에서 구우세요. 이때 샌드위치 위를 무거운 도마로 눌러 놓으면 파니니 그릴의 효과를 낼 수 있어요.

1

브로콜리는 줄기 부분을 살려 꽃송이를 자릅니다.

2

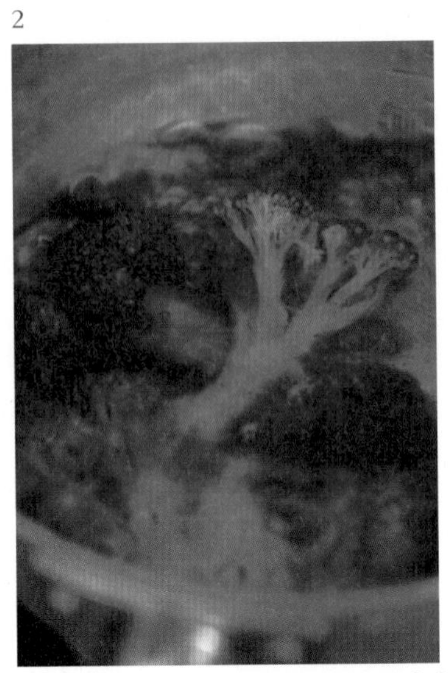

끓는 물에 소금을 넣고 브로콜리를 살짝 데칩니다.

3

데친 브로콜리는 재빨리 찬물에 헹궈 잔열을 씻어주고, 줄기 부분을 거꾸로 잡고 힘껏 털어 꽃송이 안에 있는 물기를 제거합니다.

4

데친 브로콜리는 한입 크기로 작게 썹니다.

5

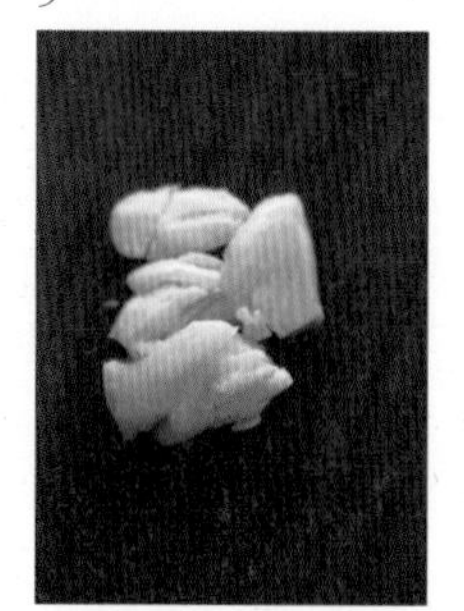

마늘을 칼 옆으로 살짝 으깹니다.

6

달군 팬에 코코넛오일과
으깬 마늘을 넣고 브로콜리의 겉면이
노릇하게 구워줍니다.

7

준비한 빵은 반을 잘라
페스토를 넓게 펴 바르고 구운
브로콜리를 올립니다.

8

슬라이스 치즈를 한 장 얹고 나머지 빵을 덮은 후 파니니 팬에
노릇하게 굽습니다.

사과블루베리피자

VEGETARIAN

[91]

저장용 사과로 사과 조림을 만들어 간편하게 즐기는 피자입니다. 이 음식은 제가 어느 숲속 게스트하우스에 묵으면서 호스트께서 조식으로 준비해 주셨던 음식이에요. 쌀쌀한 겨울 아침 따끈하게 녹은 치즈와 직접 만든 사과잼을 올려 구워 주셨는데, 지친 몸과 마음마저 치유되는 맛이었어요. 돌아와서도 한동안 편안했던 그날 아침의 기억이 자꾸 떠올라 저도 다른 분께 이 피자를 구워 드리곤 했어요. 저처럼 위로의 맛이 되기를 바라면서 말이죠. 여러분에게도 이 소박한 음식으로 따뜻한 위로를 전하고 싶어요.

재료(피자 1장 분량)

통밀 토르티야 1장
사과 조림 2큰술
모차렐라 치즈 60g
블루베리 1/4컵
* 고르곤졸라 치즈 2큰술
루콜라잎 20g
올리브 오일 1/2큰술
* 레몬즙 1작은술

사과 조림

사과 2개
유기농 설탕 60g
사과주스 1/4컵
* 레몬즙 1작은술

•
루콜라 대신 페퍼민트잎을 활용해도 잘 어울려요.

•
프라이팬은 반드시 뚜껑을 덮어 팬 내부 열기로 치즈가 녹을 때까지 익혀야 해요. 냄비 뚜껑을 활용해도 좋아요.

•
레시피의 사과 조림은 토르티야 사과 피자를 2~3장 구울 수 있는 분량이에요.

1

사과는 껍질을 벗기고 납작하게 썰어 냄비에 설탕 30g을 넣고 재웁니다.

2

1~2시간 후 분량의 사과주스를 넣고 냄비를 가열해 사과 과육을 익힙니다.

3

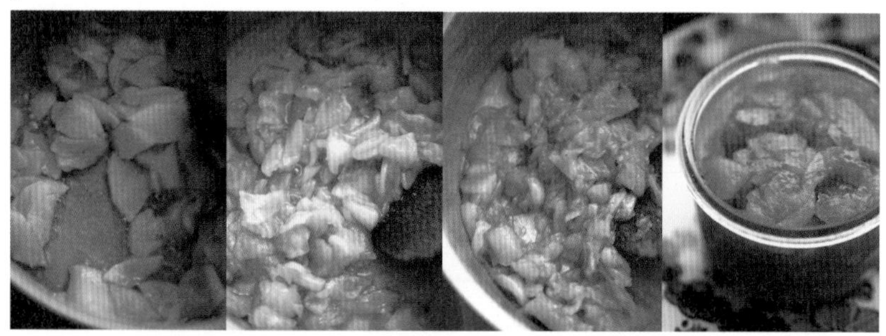

끓어오르면 나머지 설탕 30g을 넣고 약한 불에서 볶듯이 섞어가며 천천히 조립니다.

4

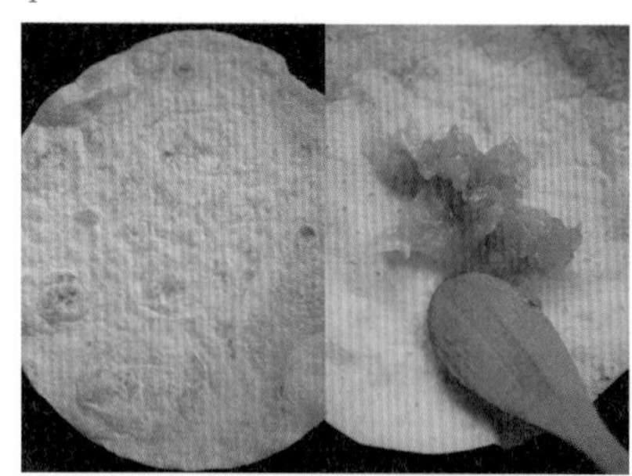

토르티야 한 장에 사과 조림을 얹어 얇게 폅니다.

•
피자에 들어가는 레몬즙은 달고 느끼할 수 있는 맛을 산뜻하게 잡아줘요. 사과 조림의 레몬즙은 보관을 위한 것이니 바로 먹을 거라면 생략해도 돼요.

5

모차렐라 치즈를 올리고 블루베리도 올립니다.

6

고르곤졸라 치즈를 넣는 경우
크럼블 형태로 조금씩 떼어 군데군데
올립니다.

7

마른 팬에 ⑥을 올리고 약한 불에서 뚜껑을 덮고 치즈가 녹을 때까지 굽습니다.

8

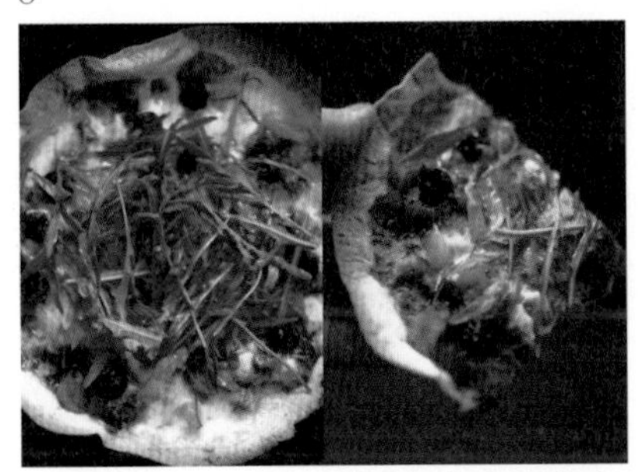

루콜라와 올리브 오일, 레몬즙을 가볍게 버무려 피자 위에 듬뿍 올려 냅니다.

펜넬셀러리샐러드

VEGETARIAN

[92]

재료(1~2인분)

펜넬 80g
셀러리(큰 것) 1대
레몬즙 2큰술
올리브 오일 1큰술
소금 1/4작은술
굵게 간 후추 약간
* 파르메산 치즈 20g

달콤한 호두

호두 반태 1/2컵
유기농 설탕
1큰술+1작은술
물 1큰술

펜넬은 제가 정말 좋아하는 향채소예요. 아직 한국에서는 가격대가 있고 생소하지만, 분명 매력적인 맛을 가지고 있는 채소랍니다. 개인적으로 봄에 파종한 펜넬보다 늦여름 파종해 초겨울에 수확한 펜넬의 맛을 좋아해요. 겨울 펜넬은 봄 펜넬보다 구근이 크고 식감이 아삭하며 달큰한 맛도 더 크기 때문이랍니다. 펜넬은 독특한 향 때문에 호불호가 있지만 의외로 젊은 사람보다 어른들에게 냈을 때 반응이 더 폭발적이었어요. 주로 익혀서 수프로 먹기도 하고 볶아 먹기도 하지만, 단연 으뜸은 신선한 펜넬을 얇게 썰어서 생으로 먹는 거예요. 저는 슬라이서를 이용해 종이처럼 아주 얇게 썰어 그 향을 즐겨요. 여기에 제철 레몬을 곁들입니다. 웅크렸던 몸이 펜넬 향을 만나 활력 있게 깨어나는 기분이에요.

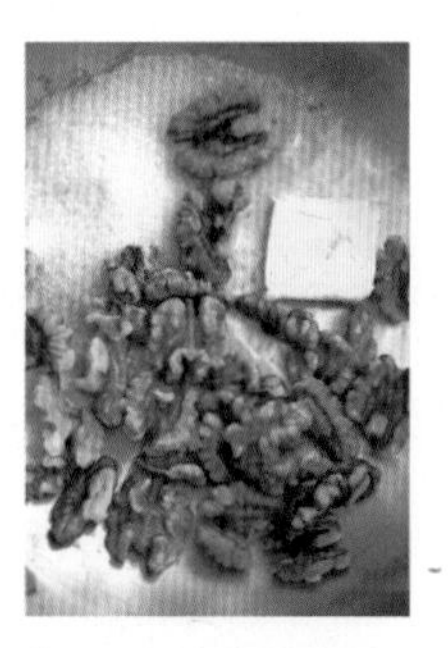

- 비건일 경우 파르메산 치즈를 생략하고 만들어도 맛있습니다.
- 기호에 따라 당 조림 없이 구운 호두를 곁들여도 좋습니다.
- 산미가 포인트인 샐러드로 레몬즙을 꼭 넣으세요.
- 달콤한 호두는 기호에 따라 버터를 사용하면 풍미가 더욱 높아집니다. 호두 40g 기준 유기농 설탕 1큰술과 버터 15g을 팬에 함께 넣고 설탕이 녹을 때까지 바글바글 끓여 걸쭉해지면 접시에 옮겨 식혀서 사용합니다.

1

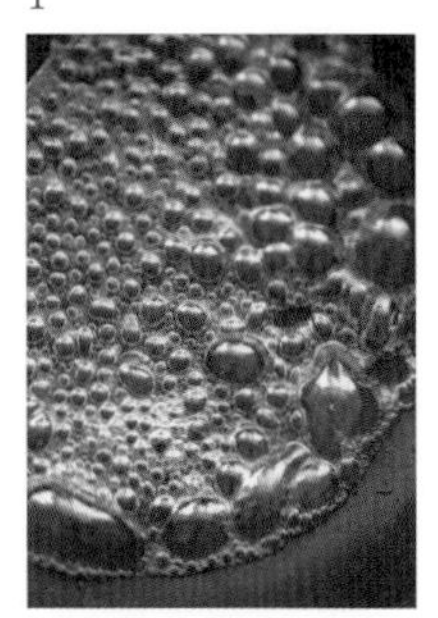

동량의 설탕과 물을 팬에 넣고 그대로 바글바글 끓입니다.

2

시럽처럼 농도가 생기면 호두를 넣고 시럽이 잘 묻게 볶습니다.

3

시럽이 남지 않을 정도로 졸아들면 불을 끄고 설탕 1작은술을 넣어 버무린 다음 접시에 덜어 식힙니다.

4

펜넬은 밑동을 자른 후 얇게 슬라이스합니다. 채칼을 활용해 썰어도 좋아요.

5

셀러리는 펜넬 길이에 맞춰 자른 후 얇게 슬라이스합니다.

6

레몬은 깨끗하게 씻어 껍질을 필러로 얇게 벗기고 곱게 채 썹니다.

7

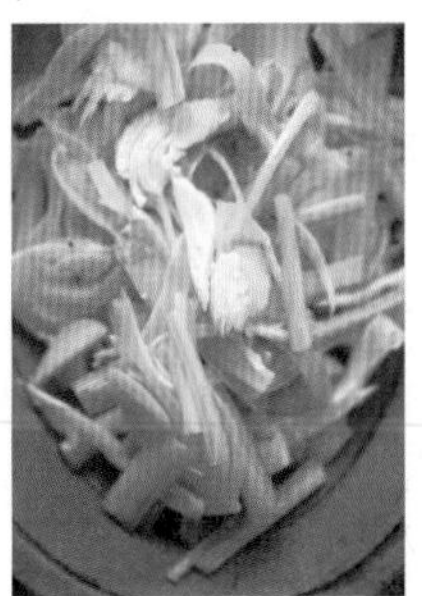

믹싱볼에 펜넬과 셀러리를 담고, 분량의 레몬즙, 올리브 오일, 소금을 넣고 잘 버무립니다.

8

샐러드 접시에 담고, 취향에 따라 파르메산 치즈를 갈아서 올린 후 채 썬 레몬 껍질과 달콤한 호두를 군데군데 올립니다.

구운 비트샐러드

VEGAN

[93]

추운 날 뿌리채소의 달콤함은 더 깊어집니다. 겨울이면 콜라비와 함께 빼놓지 않고 자주 등장하는 것이 비트인데, 봄 비트가 아삭아삭해 생으로 먹기 좋은 맛이라면 겨울 비트는 굽거나 익혀서 먹으면 더 달큰하게 맛있어요. 그래서 겨울이면 꼭 먹어야 하는 채소로 권하고 있습니다. 이 요리는 비트를 부드럽게 잘 굽는 것이 포인트이며, 시트러스 한 과즙에 절여 굉장히 섬세한 맛이 특징이에요. 때로는 풍성한 맛을 즐기기 위해 리코타 치즈를 곁들여 냅니다. 상에 낼 때는 리코타 치즈를 곁들여 냅니다. 취향에 따라 치즈를 살살 섞어가며 먹으면 비트의 색깔이 분홍빛이 되어 더욱 아름답습니다.

재료(2인분)

비트 2개
오렌지와 자몽 2개
처빌 7g
굵게 간 후추 1/4작은술
과일즙 1큰술
화이트 발사믹 식초 1/2큰술
올리브 오일 1큰술
소금 1/4작은술+@

•
비트는 실온에 꺼내 놓은 상태로 오븐에 구우세요. 부드러운 상태로 구워야 하고, 굽는 것 못지않게 식히는 과정이 중요해요. 음식을 만드는 날 여유 있게 시간을 잡고 굽거나 하루 전날 구워 충분히 식힌 다음 손질하면 껍질이 잘 벗겨지고 맛도 더 좋아져요.

•
자몽과 오렌지는 섞어서 사용해도 좋고 오렌지만 사용해도 좋아요.

•
취향에 따라 리코타 치즈를 곁들이면 더욱 맛있어요. 그릇 한쪽에 덜어내거나 샐러드에 조금씩 올려 내면 아름답습니다.

•
처빌은 비트와 잘 어울리는 허브로 대형마트나 온라인 몰에서 구입할 수 있어요.

1

오븐을 200도로 예열하고 깨끗이 씻은 비트를 한 개씩 포일에 싸 40~60분 굽습니다. 크기가 큰 것은 잘라서 구워도 좋아요.

2

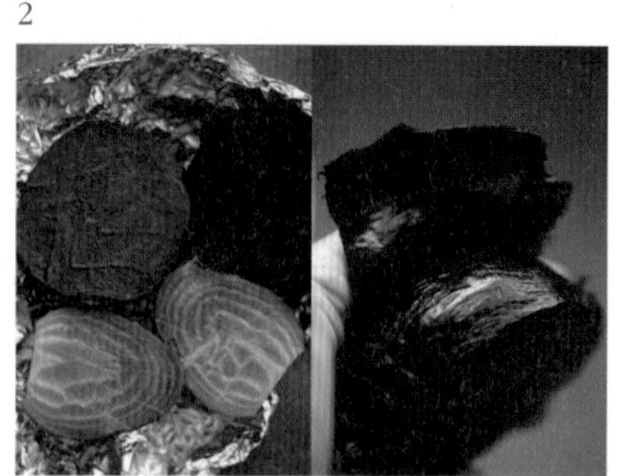

실온에 꺼내어 충분히 식힙니다. 잘 구운 비트는 식었을 때 껍질이 잘 벗겨집니다. 냉장 보관했다가 벗기면 더 수월하고 단맛도 진해져요.

3

껍질 벗긴 비트는 깍둑썰기하고, 소금과 오일을 넣어 잘 버무려 둡니다.

4

처빌은 흐르는 물에 씻어 물기를 최대한 뺀 후 줄기에서 여린 잎만 분리해 준비합니다.

5

자몽과 오렌지는 껍질을 벗기고 심지를 제거한 뒤 깍둑썰기합니다. 이때 1/4개는 남겨 두세요.

6

샐러드 볼에 손질한 과일과 재워둔 비트를 담습니다.

7

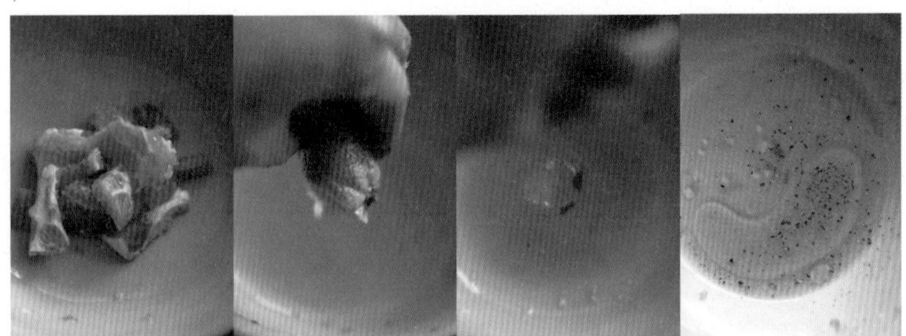

남겨둔 오렌지와 손질하고 남은 심지 등의 자몽 과육을 짜서 나온 즙을 작은 볼에 담고, 나머지 드레싱 재료를 모두 섞습니다.

8

손질한 처빌 잎을 얹고 드레싱을 뿌립니다.

9

그대로 상에 내거나 기호에 따라 리코타 치즈를 곁들여 냅니다.

고기 없이 끓이는 라구(Ragout)

VEGAN

[94]

재료(3~4인분)

양파 1/2개
당근 1/2개
셀러리 1대
양송이버섯 8~10개
뜨거운 물 2컵
채수 큐브 1개
마늘 2쪽
올리브 오일 2큰술
캔 토마토(토마토퓌레) 650g
붉은 렌틸(껍질 깐 렌틸) 1/2컵
이탈리안 허브 1작은술
발사믹 식초 1작은술
소금 1/2작은술+@

저는 애써 고기 요리를 대체하기보다 채소만으로 고기 생각나지 않게 하는 맛 찾기를 좋아해요. 이 점이 제가 느끼는 채식의 가장 큰 매력이라고 생각하고 있고요. 이번에 소개하는 라구(Ragout)가 바로 그런 요리예요. 라구는 본래 채소와 함께 고기를 뭉근하게 끓인 스튜를 말하지만, 저는 고기 없이 채소를 가득 넣어 새로운 라구 맛을 만들었어요. 자투리 채소가 많이 있을 때 레시피의 곱절로 한솥 가득 뭉근하게 끓여서 다음 날 소분해 두면, 언제든 맛있는 파스타를 즐길 수 있어요. 어디 그뿐인가요. 전을 좋아하는 저는 추석 때 남은 전을 냉동실에 넣어 두었다가 파스타 위에 얹고 라구를 듬뿍 끼얹은 다음, 모차렐라 치즈 올려 오븐에 구워요. 말만 들어도 고기 들어간 라구 못지않겠죠?

•
버섯과 셀러리는 빠트리지 말고 꼭 넣으세요.

•
채수는 다시마가 들어간 동양식 채수가 아니라, 채소와 허브를 사용한 서양식 채수를 사용해요.

•
만들어 놓은 라구는 파스타 소스로 활용하거나 파스타나 명절에 남은 전을 올려 그라탱으로 만드는 등 다양하게 활용할 수 있어요.

1

양파, 당근, 셀러리, 버섯, 마늘은 각각 곱게 다져서 팬 옆에 준비해 놓습니다.

2

볼에 분량의 뜨거운 물과 채수 큐브 1개를 섞어 채수를 만들어 둡니다.

3

달군 냄비에 오일을 두르고, 양파-마늘-당근-셀러리와 버섯 순으로 더해가며 볶습니다.

- 이 라구는 통조림 같은 저장 토마토가 어울려요. 완숙 토마토를 사용한다면 토마토 넣을 때 설탕 1작은술을 추가하세요.
- 라구 타입의 소스는 많은 양을 뭉근하게 끓여야 더 맛있어요. 오래 끓일 경우 여분의 채수를 더해 한 솥 끓여 하루 지난 다음 날 사용하면 더 좋아요.
- 냉장고에서 1주일 정도 보관 가능하며, 장기 보관 시 소분하여 냉동해두고 필요할 때 꺼내 쓰세요.

4

③에 캔 토마토와 잘 씻은 렌틸을 넣고 재료가 잘 섞이도록 볶습니다.

5

준비해둔 채수를 넣고 팔팔 끓어오르면 불을 줄여 뭉근하게 끓입니다.

6

렌틸이 익으면 허브와 발사믹 식초를 넣고 부족한 간은 소금으로 맞춥니다.

인도식 시금치카레

VEGETARIAN

[95]

재료(2~4인분)

시금치잎 200g
버터(또는 식물성 오일) 2큰술
토마토 2개
양파 1개
풋고추 1개
마늘 1쪽
생강 5g
물 1컵
큐민시드 1작은술
가람 마살라 1/2작은술
코리앤더 파우더 1/4작은술
소금 1/2작은술+@
* 계핏가루 약간
* 생크림 2큰술(또는 파니르 150g)

겨울이 오면 연례행사처럼 시금치 카레를 한 솥을 끓입니다. 고기 잘 먹던 제가 채식에 관심을 갖게 된 건 두바이에 있을 때였어요. 그때 채식주의자가 되고 나서 처음으로 홀딱 반한 음식이 바로 이 시금치 카레랍니다. 사촌동생이 맛있는 채식 카레가 있다며 저를 끌고 간 인도 식당에서 '팔락 파니르(Palak Paneer)'라는 이 요리를 먹게 되었는데, 고기가 없어도 카레가 맛있을 수 있다는 게 놀라울 정도였어요. 앞으로 펼쳐질 채식 생활을 설레게 만든 음식이기도 했지요.
두바이에는 인도인이 많이 살아 맛있는 인도 음식을 자주 먹을 수 있는데, 한동안 여러 인도 식당을 돌며 이 시금치 카레에 탐닉했던 기억이 있어요. 이 카레는 비건 버전도 가능하지만, 유제품이 들어간 오리지널 버전이 시금치의 색다른 매력을 느낄 수 있어서 더 좋아요. 시금치는 키 작고 뿌리가 붉은 우리 섬초보다 잎이 넓고 길쭉한 시금치가 더 잘 어울린답니다. 겨울에도 키 큰 시금치를 쉽게 볼 수 있으니, 이왕이면 길쭉한 것으로 골라 만들어 보세요.

• 버터 대신 기버터나 파니르가 들어가면 시금치와 유제품이 어우러지며 맛이 더 풍부해져요.

• 시금치는 섬초가 아닌 일반 종을 구해 줄기 부분은 떼어내고 잎만 사용하세요.

• 비건일 경우 버터 대신 식물성 오일을 사용하고, 생크림과 파니르는 생략하세요.

1

시금치는 줄기 부분을 떼어내고 잎만 준비합니다.

2

끓는 물에 소금을 넣고 시금치잎을 살짝 데쳐
찬물에 즉시 옮겨 헹군 뒤 물기를 꼭 짭니다.

3

블렌더에 물 1/2컵과 데친 시금치를 넣고 곱게
갈아 퓌레를 만듭니다. 뻑뻑해서 잘 갈리지
않는다면 물을 1~2큰술 더 넣어 갑니다.

4

토마토, 양파, 고추, 마늘, 생강 모두 잘게 다져 팬 가까이에 둡니다.

5

향신료도 바로 넣을 수 있도록 준비해 팬 가까이에 둡니다.

6

달군 웍에 오일을 두르고 큐민시드를 넣고 볶아 향을 냅니다.

•

시금치 카레는 중간중간 맛을 봐도 갸우뚱할 정도로 맛이 애매모호하다가 마지막 약한 불에서 뭉근하게 익히는 과정 제 맛이 납니다.

•

파니르는 인도식 코티지 치즈예요. 여의치 않으면 일반 코티지 치즈나 리코타 치즈를 면포에 싸서 꾹 눌러 단단하게 만들어 넣으세요.

7

그런 다음 양파를 넣고 양파가 노릇해질 정도로 잘 볶습니다.

8

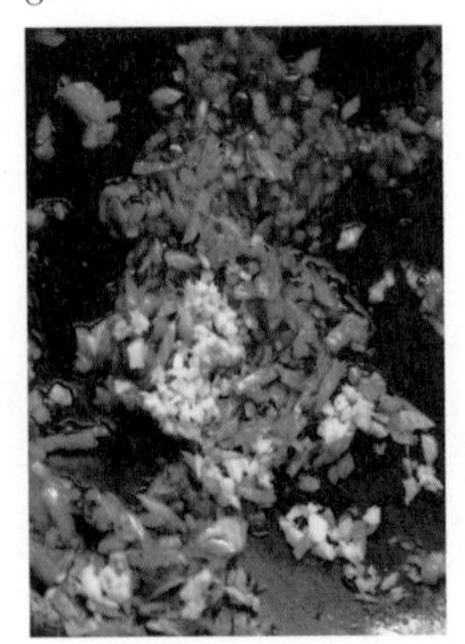

마늘과 생강을 더해 계속 볶습니다.

9

토마토와 고추를 넣고 또 볶습니다. 토마토 가장자리가 흐물흐물해질 때까지 볶습니다.

10

가람 마살라와 코리앤더 파우더, 계핏가루, 소금 1/4작은술을 넣고 다시 한번 잘 볶습니다.

11

③의 시금치 퓌레를 넣고, 남은 물 1/2컵을 블렌더에 부어 헹구듯이 흔들어 가며 용기에 남은 퓌레를 스패출러로 깨끗하게 긁어서 팬에 붓습니다.

12

퓌레 믹스가 한 번 끓으면 남은 소금 1/4작은술을 넣고 약한 불로 낮춰 뭉근하게 익힙니다. 걸쭉한 상태가 되어야 하는데, 그러다 너무 걸쭉해지면 물을 1~2큰술 넣어 원하는 농도로 만듭니다.

13

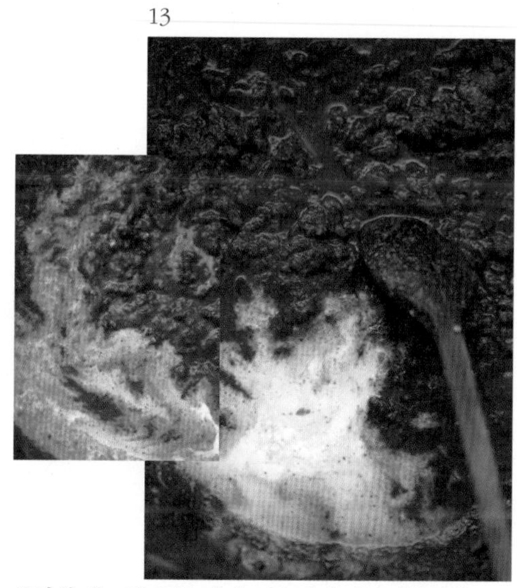

분량의 생크림 또는 파니르를 넣어 마무리합니다. 입맛에 따라 소금으로 간을 맞추세요.

배추파스타

VEGETARIAN

[96]

재료(2~3인분)

배추(작은 것) 1/4포기
감자(중간 것) 1개
* 건 파스타 160g
마늘 2쪽
버터 30g
소금 1작은술+@
굵게 간 후추 적당량
올리브 오일 1큰술
파르메산 치즈 30g+@

이탈리아 북부 지역엔 메밀과 밀가루를 섞어 만든 '피초게리(Pizzoccheri)'라는 파스타가 있어요. 양배추, 감자와 같은 채소를 카세라(Casera)나 폰티나(Fontina)처럼 향이 진한 치즈와 버터를 듬뿍 넣어 만드는데, 그 진한 파스타에서 아이디어를 얻어 우리 겨울 배추로 만들어 보았어요.
겨울 배추는 단맛이 강해 어떻게 먹어도 맛있지만, 버터와 만났을 때 정말 기가 막히게 맛있어요. 물론 배추의 계절이 아닐 때 만들어도 되지만, 비교적 칼로리가 높은 파스타라 겨울에 먹으면 에너지가 채워지는 따끈한 요리입니다.
육가공품 안 들어간 파스타를 연구하면서 늘 치즈를 대체할 방안을 고민하는데, 여기선 버터와 치즈의 역할은 아주 중요하기에 생략하지 말고 사용하세요.

•
저는 아티잔 계열의 메밀 파스타 면을 사용했어요. 넓고 짧은 면이 잘 어울리고, 탈리아텔레 면을 짧게 부러뜨려 사용해도 좋아요. 여의찮다면 일반 파스타 면을 사용하세요.

•
아티잔 계열의 파스타처럼 오래 익혀야 할 경우 면을 먼저 냄비에 삶다가 그 물에 감자와 배추를 넣어 마무리로 익혀도 좋아요. 이 방법은 채소에서 우러난 물에 파스타를 익히는 기존 레시피보다 맛은 떨어지지만 만들기는 간편해요.

•
파스타 면은 종류에 따라 익히는 시간이 다르니 제품에 표기된 설명서대로 삶으세요.

•
후춧가루와 파르메산 치즈는 생략하지 말고 넣고 파스타의 간은 소금이 아닌 치즈로 맞춥니다.

1

배추는 밑동을 자르고 2~3cm 너비 리본 모양으로 자릅니다.

2

감자는 1/4등분 한 후 두툼하게 자릅니다.

3

마늘은 칼 옆으로 으깬 후 잘게 다집니다.

4

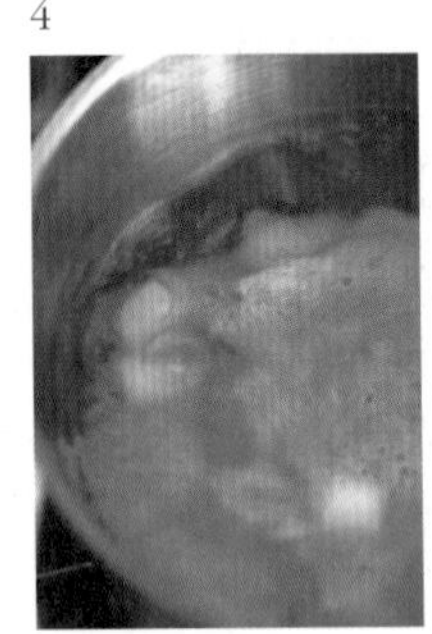

냄비에 물을 넣고 끓으면 소금 1작은술과 감자를 넣습니다.

5

1분 30초~2분 정도 지나 감자가 살짝 익으면 잘라 둔 배추와 파스타를 넣고 10분 정도 익힙니다.

6

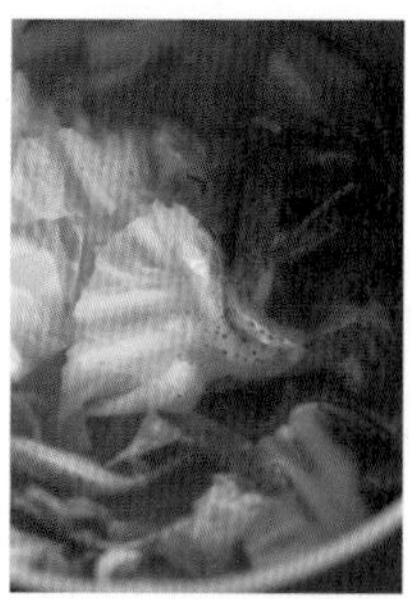

파스타가 알맞게 익으면 채반에 파스타와 채소를 건져냅니다.

7

접시에 익힌 파스타와 채소를 나누어 담습니다.

8

버터 소스를 준비합니다. 마른 팬에 분량의 버터와 다진 마늘을 볶습니다.

9

마늘이 갈색이 되기 전 버터가 모두 녹으면 파스타에 뿌립니다.

10

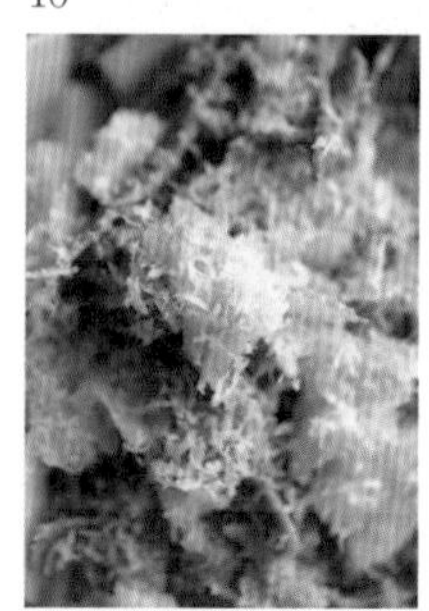

파르메산 치즈를 10g씩 듬뿍 갈아 올리고, 올리브 오일을 1/2큰술씩 뿌려 냅니다.

호박수프

VEGAN

[97]

재료(4인분)

땅콩호박(또는 단호박) 200g
당근 1/2개
양파 1개
마늘 2쪽
생강 7g
코코넛 오일 $1\frac{1}{2}$큰술
튜머릭(강황) 파우더 1/2작은술
통조림 토마토 $1\frac{1}{2}$컵
병조림 콩 1/2컵
대파 1대
채수 $3\frac{1}{2}$컵+@
소금 1작은술
* 이탈리안 파슬리 10g
* 올리브 오일 1작은술
* 치아바타 1조각+@

아주 오래된 일인데 지금도 기억이 생생해요. 동틀 무렵 일찍 작업실에 가 뒤편에서 청소를 하고 있는데, 맛있는 냄새가 나는 거예요. 어느 집에서 이른 시간에 맛있는 김치찌개를 끓이나 생각하며 킁킁거렸는데, 알고 보니 그 냄새가 제 작업실 환풍기에서 나오는 거죠. '설마' 하고 작업실로 들어와 냄비 뚜껑을 열어 보니, 이 호박 수프 냄새였어요. 얼른 그릇에 담아 빵 한 쪽을 구워서 빵에 올려가며 한 그릇 먹었죠. 호박에 강황과 생강을 넣어서 한 그릇 먹고 나면 몸에서 열이 나고 속이 따뜻하게 차올라요. 한식 채수와 서양식 해독 수프의 컬래버레이션으로, 다시마 국물의 감칠맛 때문인지 아주 익숙하게 맛있는 맛이랍니다. 이 수프는 만들어서 바로 먹는 것보다 하루 지나면 더 맛있어요. 바로 먹는다면 약한 불로 30분가량 천천히 익혀 호박의 달콤한 맛과 재료의 맛을 충분히 끌어내고, 다음 날 먹는다면 국물이 넉넉한 상태에서 불을 끄고 먹기 전 다시 끓여 드세요.

•
마찬가지로 병조림(통조림) 콩은 직접 삶은 동량의 콩으로 대체할 수 있어요. 콩을 넣을 땐 콩 삶은 물도 같이 넣고, 통조림 콩이라면 그 안의 물을 넣으세요.

1

호박은 껍질을 벗기고 한입 크기로 깍둑썰기합니다. 당근은 깨끗하게 씻어 작게 깍둑썰기합니다.

2

마늘과 생강은 각각 곱게 다집니다.

3

양파는 잘게 썹니다.

4

대파는 송송 썹니다.

5

달군 냄비에 코코넛 오일을 두르고, 분량의 양파, 마늘, 생강을 넣고 볶아 향을 냅니다.

6

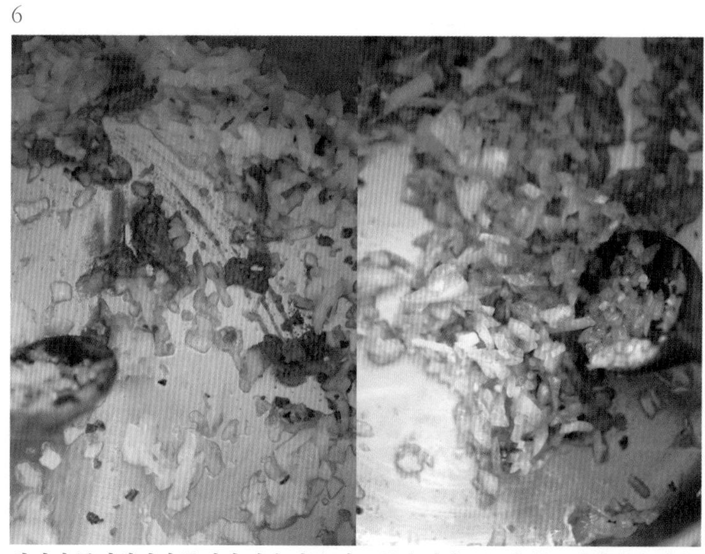

양파가 투명해지면 튜머릭 파우더를 넣고 볶습니다. 곧, 맛있는 냄새가 올라옵니다.

7 준비해둔 단호박과 당근을 넣고 볶습니다.

8

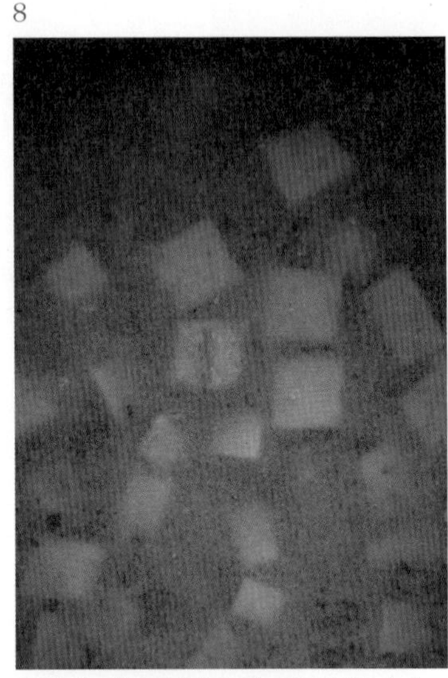

분량의 채수를 넣고 한소끔 끓입니다.

9

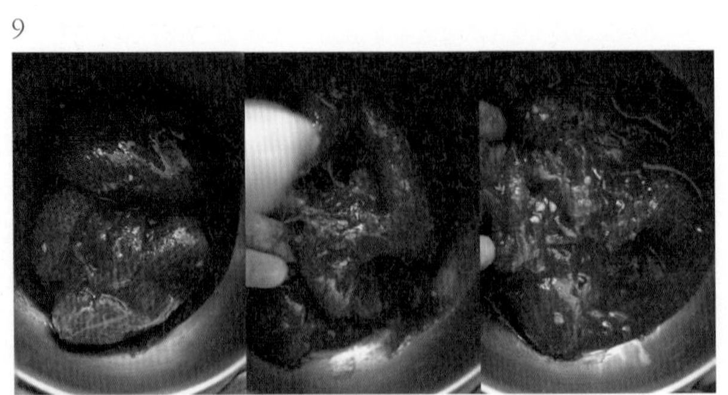

그사이 토마토를 준비합니다. 작은 볼에 분량의 토마토를 넣고 손으로 마사지하듯 으깹니다. 부득이 생토마토를 사용한다면 잘게 썹니다.

10

⑧이 끓어오르면 준비한 토마토를 넣고, 다시 끓어오르면 콩과 대파를 넣고 뭉근하게 끓입니다. 소금으로 간을 맞춘 다음 다진 이탈리아 파슬리와 올리브 오일을 취향대로 올려 냅니다.

- 뭉근하게 끓이다가 너무 걸쭉하다 싶으면 여분의 채수를 넣어 농도를 조절하세요.
- 겨울에는 병조림(통조림) 토마토를 이용합니다. 토마토가 맛있는 계절엔 완숙 토마토 2개로 대체할 수 있으며, 토마토와 함께 설탕을 1작은술을 추가하세요.

빵과 함께 먹으면 맛있습니다.

박고지조림김밥

VEGETARIAN

[98]

재료(김밥 8줄 분량)

김밥용 김 8장
현미밥 800~900g
당근 180g
시금치(섬초) 150g
달걀 4개
단무지 8개
오일 1큰술 +@
통깨 1큰술+@
소금 1작은술+@
참기름 1½큰술+@

박고지 조림

박고지(박오가리) 50g
소금 1큰술
* 채수 2컵+@
유기농 설탕 1/2컵
양조간장 1/4컵+1큰술
국간장 1/2작은술

어렸을 적 엄마와 함께 부산 시장에서 박고지 조림을 넣은 김밥을 먹은 적 있어요. 꼬맹이 입맛에도 그 박고지의 맛은 꽤 매력적이었나 봐요. 그 뒤로도 여러 번 엄마에게 우리 김밥에도 박고지를 넣어 달라고 했었는데 슬프게도 엄마는 딸의 애타는 요청을 들어주지 않았던 거죠. 어른이 되어서도 유년 시절의 기억 때문인지 잘 말린 박고지만 보면 김밥을 쌀 생각부터 합니다. 너무 편하게 김밥을 사 먹을 수 있는 요즘이지만, 김밥 좋아하는 사람은 집에서 만든 김밥의 비교할 수 없는 손맛을 잘 알잖아요. 우엉조림, 유부조림, 들어가는 속재료에 변화를 줘 가며 이렇게 저렇게 만들 텐데요. 그때 이 박고지 조림도 빠트리지 말고 넣어 보세요. 박고지의 쫀득한 식감이 좋아 색다른 맛의 즐거움을 선사해요. 박고지는 식감이 강해 한두 개만 넣어도 존재감이 확실하지만, 저처럼 박고지를 즐기는 사람이라면 밥에 밑간하지 않고 듬뿍 넣어도 좋아요.

•
로컬 마트나 재래시장에서 판매하는 국산 박고지를 사용합니다.

•
박고지 불린 물은 달큰하니 버리지 말고 기존 다시마 채수와 섞어 다른 요리에 사용하세요.

•
박고지가 두꺼우면 간이 잘 배지 않을 수 있어요. 간이 약하다면 마지막 간장을 더하기 전 채수를 넣고 천천히 조려 속까지 배도록 하세요.

1

박고지는 흐르는 물에 씻은 후 물에 담가 불립니다. 50g을 불리면 200g 정도 됩니다.

2

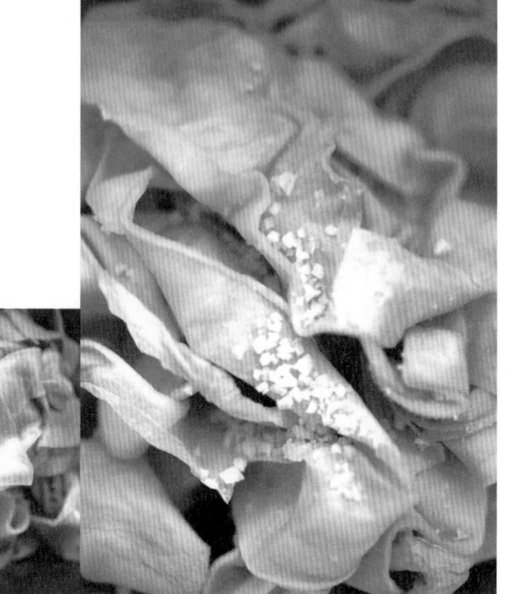

건진 박고지는 소금을 넣고 한 번 치대듯 버무려 아린 맛과 묵은내를 뺍니다. 이렇게 하면 표면에 양념이 더 잘 배어들어요.

3

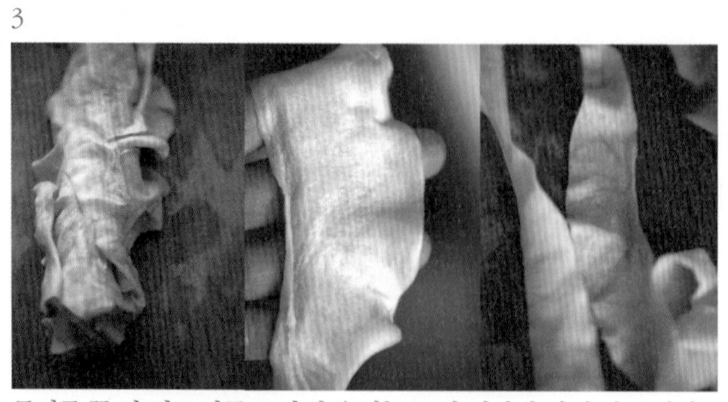

물기를 꼭 짠 박고지를 도마에 올려놓고 김 길이에 맞춰 자릅니다. 두께가 두꺼울 땐 반으로 자르면 간이 더 잘 뱁니다.

•
소금 간은 레시피를
기준 삼아 취향에 맞게
조절하세요.

•
어떤 박고지를
구입하느냐에 따라
들어가는 양념의 양이나
조리는 상태가 조금씩
달라요.

4

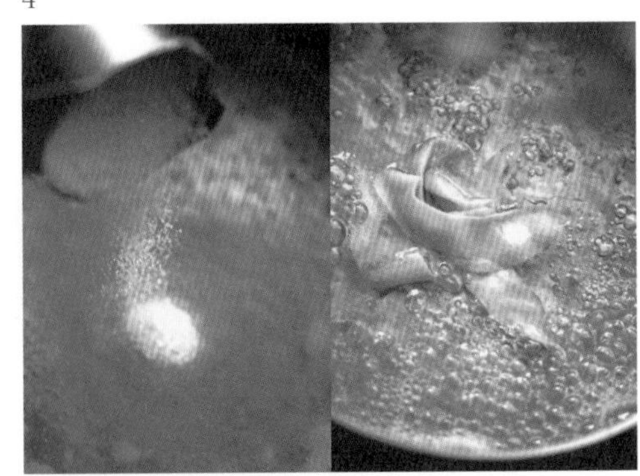

넓은 냄비나 웍에 분량의 채수와 설탕을 넣고 바글바글 끓여 손질한 박고지를 넣습니다.

5

끓어오르면 양조간장 1/4컵과 국간장 1/2작은술을 넣고 중간 불에서 계속 조려 양념을 입힙니다.

6

양념이 줄어들면 간장 1큰술을 더해 한 번 더 색을 입힙니다.

7

약한 불에서 젓가락으로 빠르게 뒤적이고 양념이 줄고 박고지가 쫀득한 상태가 되면 불을 끕니다. 접시에 뭉쳐 두지 말고 펴서 빠르게 식힙니다.

8

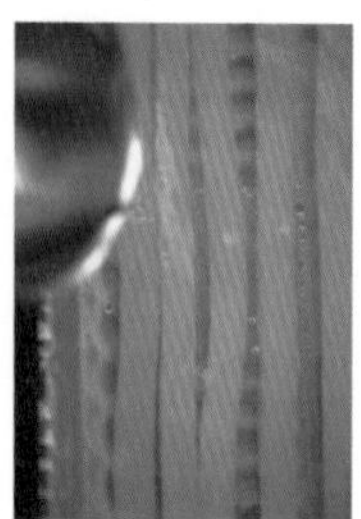

단무지는 물에 30분 정도 담가 짠맛을 제거합니다.

9

당근은 채 썰어 팬에 오일 1큰술을 두르고 볶습니다. 이때 물 1~2큰술을 넣어 속까지 익힙니다.

10

섬초는 끓는 물에 소금을 넣고 데친 후 찬물에 헹궈 물기를 꼭 짠 다음 깨 1작은술, 소금 1/4작은술, 참기름 1/2큰술을 넣고 조물조물 무칩니다.

11

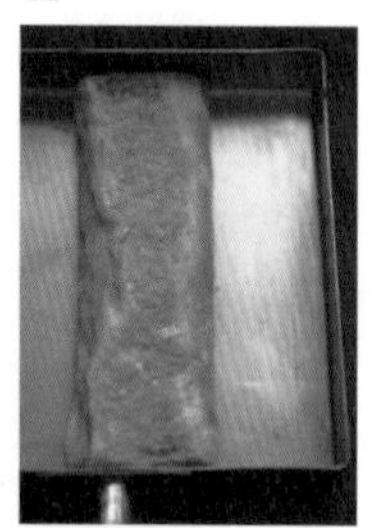

달걀은 소금 1/4작은술을 넣고 풀어서 도톰한 달걀말이로 만들어 식으면 세로로 8등분합니다. 지단으로 부쳐 넓게 썰어도 됩니다.

12

밥은 따뜻한 상태에 참기름 1큰술, 깨 1큰술, 소금 1/2 작은술을 넣고 고루 섞습니다. 소금 간은 아주 약하게 하는 것이 좋습니다.

13

김 위에 준비한 재료를 골고루 얹어 맙니다.

채소만두

VEGAN

[99]

재료(2~4인분)

만두피 25장
양배추 500g
두부 300g
소금 3작은술+@
참기름 1/2큰술
흰 후춧가루 1/4작은술
말린 표고버섯 5개
무말랭이 20g

버섯 양념

유기농 설탕 1/2작은술
국간장 1작은술
참기름 1작은술

무말랭이 양념

양조간장 1작은술
참기름 1작은술

만두를 빚을 때면 "속 먹자고 빚는 만두인데, 내가 좋아하는 것 잔뜩 넣는 거지 뭐"라고 하신 한 스님이 생각나요. 사실 저는 만두를 즐겨 먹지 않았는데 채식을 접한 이후로 만두를 즐기게 되었죠. 향긋한 봄나물로 빚고, 신선한 여름 채소로도 빚고, 계절마다 각기 다른 채소 만두를 만드는데, 그중 제일은 겨울 만두예요. 겨울 만두는 가을에 갈무리해서 말린 버섯과 아작아작 씹히는 무말랭이, 달큰한 양배추를 듬뿍 넣어 만들어요. 레시피는 두 식구가 쪄서 한 번, 국으로 한 번 끓여 먹을 수 있는 양이에요. 만두 좋아하는 사람이라면 한 번에 쪄서 다 먹을 수도 있는 양이기도 하죠. 채소 만두를 만들 때는 꼭 레시피의 재료만 고집하지 않아도 돼요. 이를 기준으로 좋아하는 재료를 더해 나만의 만두를 빚어 보세요.

- 만두소를 꽉 채우기 위해서는 숟가락으로 넣는 것보다 손으로 넣는 게 더 좋아요.
- 표고버섯과 무말랭이를 밑간할 때는 각기 다른 간장을 사용합니다.
- 양배추 대신 겨울 배추를 사용해도 괜찮아요.

1

표고버섯을 미지근한 물에 부드러워질 때까지 불립니다.

2

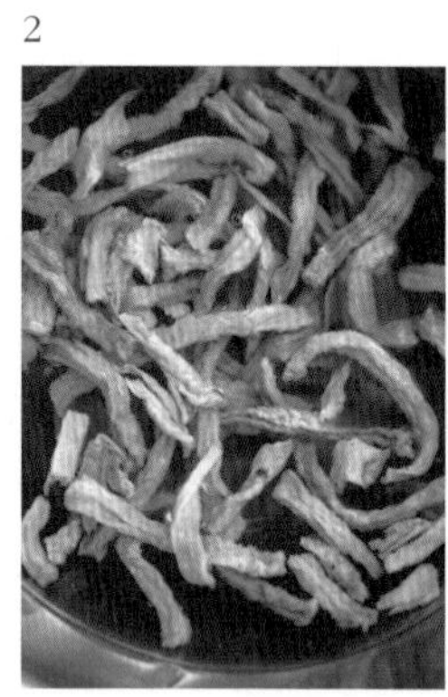

무말랭이도 미지근한 물에 부드럽게 불립니다.

3

양배추를 잘게 썰어 소금 2작은술을 넣고 버무려 절입니다.

4
두부는 으깬 후 면포에 넣고 꼭 짜 물기를 뺍니다.
이때 물기 없는 마른 두부를 이용하면 편리해요.

5
불린 표고버섯의 물기를 꼭 짜 잘게
다집니다.

6

불린 무말랭이의 물기를 꼭 짜 버섯 크기로 잘게 썹니다.

7
표고버섯에는 버섯 양념을 넣고 버무리고,
무말랭이에는 무말랭이 양념을 넣고 잘
버무려 잠시 둡니다.

8

절인 양배추를 면포에 넣고 꼭 짜 물기를 뺍니다.

9

큰 볼에 절인 양배추, 표고버섯, 무말랭이, 두부를 넣고 분량의 참기름과 후춧가루를 넣어 잘 치댑니다. 촉촉한 상태로 소를 살짝 입에 대 보고 소금으로 간을 맞춥니다.

10
만두피의 가장자리에 물을 바르고, 준비한 소를 채워 만두를 빚습니다. 만두가 마르지 않게 면포로 덮어가며 작업합니다.

11

김이 오른 찜솥에 만두를 넣고 찝니다. 약 10분 정도면 적당한데, 시간보다 만두피가 투명해지면 꺼내면 됩니다.

올리브오일초콜릿케이크

VEGETARIAN

[100]

재료(지름 18cm 케이크 팬)

달지 않은 코코아 파우더 50g
뜨거운 블랙커피 120mL
달걀 3개
유기농 설탕 150g
올리브 오일 160mL
통밀가루 160g
소금 1g
베이킹소다 3g
* 슈거 파우더 적당량

단 과자를 좋아하지 않아도 가끔은 달콤한 케이크나 머핀류가 필요할 때가 있지요. 그래서 저는 겨울이면 초콜릿 케이크를 구워요. 벌써 수년째 되었는데, 코송 일을 시작한 후로는 올리브 오일을 테스트할 일이 많아지자 개봉한 오일을 소진하는 게 숙제 아닌 숙제가 될 때가 있어요. 그럴 때 이 올리브 오일 케이크를 구워 간식거리로, 선물로 활용해요. 평소엔 올리브 오일만 넣기도 하지만, 날씨가 추울 땐 진하고 쌉싸름한 초콜릿을 넣어요. 슈거 파우더도 눈처럼 하얗게 뿌려 겨울 분위기를 내고, 오일 향과 초콜릿 맛을 눈을 감고 제대로 음미합니다. 오일이 들어가 촉촉한 케이크예요.

•
하루 지나 먹으면 더 촉촉해져요. 먹기 좋게 잘라 랩으로 싸서 냉장고에 두면 1주일 정도 보관할 수 있어요.

•
사용하는 오일의 향이 색다르면 케이크의 캐릭터도 달라져요.

•
뜨거운 블랙커피는 시판 스틱형 블랙커피를 뜨거운 물에 녹여 쓰고, 카페에서 구입할 경우 더블샷 에스프레소가 들어간 아메리카노를 사용하세요.

1

오븐을 170도로 예열하고, 컵에 분량의 코코아 파우더와 뜨거운 커피를 넣고 잘 젓습니다.

2

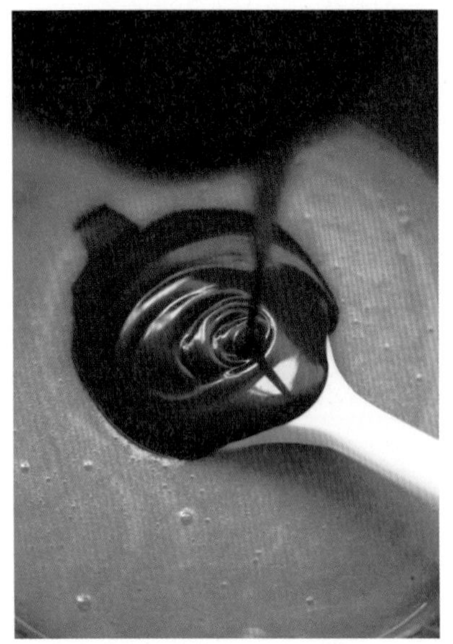

볼에 분량의 달걀, 설탕, 오일을 넣고 재료가 크림 형태로 다 섞일 때까지 잘 젓습니다. 전동 믹서를 사용하면 편리합니다.

3

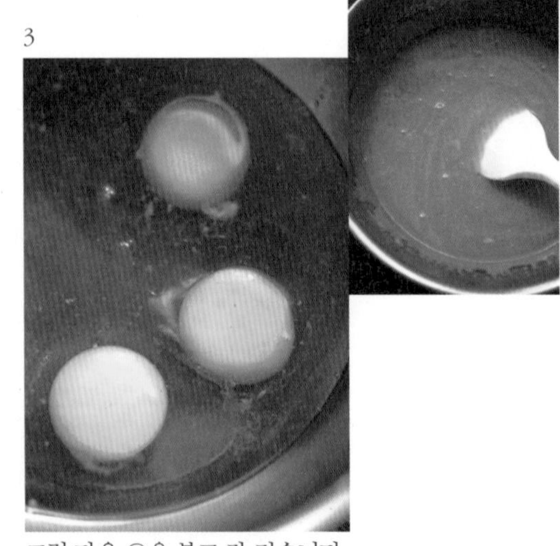

그런 다음 ①을 붓고 잘 젓습니다.

4

다른 볼에 분량의 밀가루, 소금, 베이킹소다를 체 쳐 놓습니다.

5

③의 볼에 ④을 넣고 스패출러로 크게 자르듯 섞습니다.

6

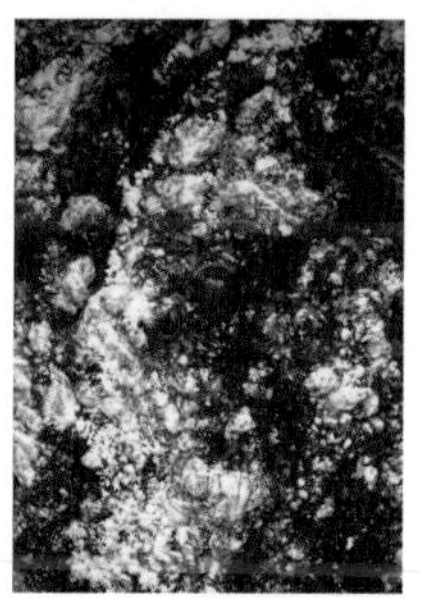

케이크 팬에 유산지를 깔고 반죽을 부은 후 예열한 오븐에서 40분 정도 굽습니다. 꼬챙이로 찔러 보아 반죽이 묻어나지 않으면 완성입니다.

•

⑤ 과정에서 너무 많이 저으면 케이크의 식감이 안 좋아져요. 살짝 가루가 보여도 괜찮으니 빠르고 크게 섞으세요.

7

케이크를 틀에서 분리해서 한 김 식으면 취향에 따라 슈거 파우더를 뿌립니다.

노란 유자로 만든 생강 버전

초록 풋유자로 만든 오리지널 버전

유즈코쇼 만들기

WINTER CADENZA

[A]

겨울은 유자, 유즈코쇼(柚子胡椒)의 계절입니다. 매년 늦가을에서 초겨울로 넘어갈 때 초록색 풋유자로 일본식 양념인 유즈코쇼를 만들어요. 고기 드시는 분들은 고기에 곁들여 먹기도 하지만 저는 샐러드 드레싱으로 즐기거나 가끔 어묵탕이 생각날 때 뜨끈한 어묵에 유즈코쇼를 얹어 먹기도 해요. 유자의 껍질을 곱게 갈아 쓰는 만큼 무농약으로 재배한 유자를 사용해요. 풋유자의 쓰임이 많아지면서 요즘은 유자가 익기 전 풋유자를 판매하는 알림을 보내주는 농장도 많아졌어요. 그런가 하면 매년 남해에 사는 지인분께서 유자청을 담가 먹으라며 노란 유자를 보내 주시는데, 예전처럼 유자차나 청을 많이 먹지 않아 저는 이 유자도 유즈코쇼로 만들어 발효시킵니다. 풋유자는 초록색 풋고추를 준비하고, 노란 유자는 홍고추를 사용하며 매운맛을 즐기지 않지만 후추 같은 톡 쏘는 맛을 내기 위해 청양고추를 함께 섞기도 해요. 유즈코쇼는 만들 때 정성이 많이 필요해요. 껍질을 필러로 깎지 않고 모두 제스터를 이용해 한 알씩 아주 얇고 곱게 갈아야만 유자의 향은 더 잘 살리고 쓴맛을 최소한으로 줄일 수 있어요. 손질한 유자 껍질과 곱게 다진 고추를 동량으로 넣고 소금은 20%로 맞춰 버무립니다. 이렇게 해서 냉장고 깊숙한 곳에서 숙성시키면 돼요. 일주일 정도 두었다가 바로 먹을 수 있지만, 숙성 기간이 길어질수록 맛이 깊어져요. 음식에 세련된 맛을 표현하고 싶을 때 사용하면 참 좋은 별미 양념입니다.

홍시 요거트
홍시 드레싱 샐러드

붕어빵
생강라테

햇콩떡
들깨강정

겨울 간식 즐기기

WINTER CADENZA

[B]

따뜻한 히터가 있고 보일러로 훈훈한 공기를 만들어도
겨울에는 움직임이 적고 실내에 있는 시간이 길다 보니
면역력이 약해지기 쉽죠. 동물들이 동면을 하듯, 저는
겨울에 많은 휴식을 취하는 것 같아요. 작업실을 떠나
여행을 다녀오는 쉼도 있지만, 평소 먹지 않던 달콤한 음식을
즐기는 맛 휴가를 갖는 편이에요. 붕어빵 반죽과 틀을 챙겨
숲속에서 구워 먹기도 하고, 어느 땐 늦가을의 홍시를 나란히
세워두고 매일 아침 말랑하게 익은 홍시 한 알을 톡 깨트려
요거트에 섞어서 달콤한 아침을 맞이하기도 하지요.
이 자연이 주는 달콤함을 화이트 발사믹 식초와 함께 곁들여
샐러드드레싱처럼 먹기도 해요. 커피 대신 따끈한 우유에
생강고를 넣은 생강라테를 호호 불어 먹거나, 깊은 맛의 차와
함께 곁들이는 달콤한 들깨강정이나 햇콩으로 만들어둔 떡이
너무나도 잘 어울리는 계절이에요.

한겨울에 묵나물 즐기기

WINTER CADENZA

[C]

가을볕 받고 말린 나물은 겨울에 진가를 발휘해 유독 달콤하고 맛있어요. 그래서 꼭 대보름이 아니라도 햇볕이 짧은 겨울엔 종종 묵나물(묵은 나물)로 반찬을 준비해 부족한 비타민 D를 섭취합니다. 고사리와 죽순은 끓는 물에 삶아 아린 맛을 빼내야 하고, 다래순이나 취나물도 폭폭 삶아 보드랍게 만들어야 해요. 나물수가 부족할 때는 채수용으로 말려둔 표고를 꺼내 한 번 헹군 다음 미지근한 물에 불리고, 불린 버섯은 편으로 썰어 나물을 만들기도 합니다. 그런가 하면 말린 가지와 말린 호박은 유독 달콤해서 모둠 나물을 내기로 마음먹었다면 꼭 갖추길 바라는 나물이지요. 저는 채수와 국간장으로만 간을 해요. 그래서 채수가 진하고 맛있어야 하고, 질 좋은 국간장이 있어야 합니다. 나머지는 나물의 종류에 따라 들기름, 참기름, 깨, 소금, 들깻가루, 파, 마늘 등으로 양념합니다. 호박고지(건호박)는 촉촉해야 맛있는 나물이니 불린 후 팬에 마늘을 넣어 볶다가 채수와 간장, 양념을 넣고 끓인 후 불린 호박고지를 넣고 뒤듯이 볶아내고, 말린 가지는 물에 불린 후 물기를 꼭 짜내고 참기름과 국간장, 마늘, 다진 파를 넣고 조물조물 버무려 두었다가 볶습니다. 표고버섯은 충분히 불린 다음 물기를 짜내어 참기름과 국간장으로만 간을 해서 볶고, 고사리는 불려서 반드시 한 번 삶아낸 후 참기름과 국간장에 볶아야 쓴맛이 없어집니다. 말린 죽순은 들기름과 마늘, 국간장으로 깔끔하게 볶는데 여기에 들깻가루를 더해도 별미예요. 큰 통에 완성한 나물을 차곡차곡 담아두면 마음이 그렇게 든든할 수 없답니다.

모둠채소구이와 라클렛 즐기기

[D]

겨울은 비교적 마음 편히 치즈를 먹는 계절입니다. 기온이 뚝 떨어지는 날씨 만큼 몸에 지방이 필요하니까요. 제가 매년 겨울마다 즐기는 별미는 '라클렛(Raclette)'입니다. 전용 그릴을 구입할 정도로 이 묵직하고 고소한 치즈 요리를 좋아하는데요. 무엇보다 이 요리는 추운 날 여럿이 함께 모여 앉아 먹어야 정말 맛있는 음식이에요. 보통 고기나 해산물도 함께 구워서 곁들이지만, 저는 평소에 먹기 어려운 겨울 채소들을 다채롭게 구성하는 편입니다. 빼놓을 수 없는 건 감자고요, 콜리플라워나 방울양배추, 다양한 버섯도 좋고 냉동실에 넣어둔 빵도 함께 굽습니다. 이 채소구이의 팁은 모든 채소를 미리 초벌로 구워서 준비를 해야 한다는 거예요. 감자나 콜리플라워, 브로콜리, 양배추 등은 살짝 찌고, 버섯도 바로 먹을 수 있게 초벌로 익힌 후, 라클렛 그릴에서는 초벌한 채소를 마무리로 익히거나 따뜻하게 데우는 용도로 사용합니다. 라클렛 그릴은 아래쪽에 치즈를 녹일 수 있는 트레이가 따로 있어 치즈를 팬에 담고 녹인 후 구운 빵이나 채소에 끼얹어 먹습니다. 하지만 전용 그릴이 없어도 괜찮아요. 그 전에 저는 넓은 무쇠 팬에 버터를 한 번 두르고 채소를 구워 팬째로 식탁에 올린 다음 인덕션을 따로 준비해 팬에 치즈를 녹여가며 이 요리를 즐겼답니다. 이 때 치즈가 눌러 붙지 않게 반드시 코팅 팬을 사용해야 해요. 피클 같은 초절임을 준비해 놓아야 더 맛있게 즐길 수 있고요. 라클렛 치즈는 대형 마트에서 구입할 수 있고, 그뤼에르 같은 퐁듀용 치즈나 에멘탈 치즈를 섞어서 구우면 더 진하고 다양하게 즐길 수 있습니다.

[EPILOGUE]

1984년 저의 시작이 단풍이 어여쁜 어느 가을날이었던 것처럼

이 책의 시작도 가을이 되었습니다. 호기심 많던 어린 시절

'왜 늘 계절의 시작은 봄일까?' 이런 우스꽝스러운 생각을 했습니다.

'모든 생명의 시작은 작은 한 알의 씨앗이니,

가을을 특히 좋아하는 관점에서 보면 모든 생명의 시작점은 가을이

될 수도 있지 않을까?'라고 말이죠. 흙에서 시작해 식탁으로 이어지는

긴 여정 속에서 가을은 더욱 반짝입니다. 여러분의 사계가 늘 귀한

손님처럼 소중하기를 바랍니다.

생 강

이렇게 맛있고 멋진 채식이라면

IMPRESSIVE :
VOL.
3

사계절이 내 안으로

1판 1쇄 인쇄 2021년 10월 6일
1판 1쇄 발행 2021년 10월 30일
1판 2쇄 발행 2021년 12월 10일

지은이 생강
펴낸이 이정훈, 정택구
책임편집 송기자
디자인 LOOKBOOK(kmj1478@hanmail.net)

펴낸곳 (주)혜다
출판등록 2017년 7월 4일(제406-2017-000095호)
주소 경기도 고양시 일산동구 태극로11 102동 1005호
대표전화 031-901-7810 팩스 | 0303-0955-7810
홈페이지 www.hyedabooks.co.kr
이메일 hyeda@hyedabooks.co.kr
인쇄 (주)재능인쇄

ISBN 979-11-91183-09-2 13590